Hans Karl Wytrzens

Projektmanagement

Begleitende PowerPoint-Folien finden Sie unter:

http://www.facultas.at/list/978-3-7089-1202-8

Testen Sie Ihr Wissen nach der Lektüre mit unserer Facultas-Lern-App:

Über Google Play

Im AppStore

Und so kommen Sie zur App:
- FacultasApp gratis herunterladen (erhältlich für iPhone, iPad und Android)
- Quiz auswählen → Projektmanagement

Hans Karl Wytrzens

Projektmanagement

Der erfolgreiche Einstieg

4., überarbeitete Auflage

Unter Mitarbeit von
Gabriele Wytrzens

facultas.wuv

Ao. Univ. Prof. DI Dr. Hans Karl Wytrzens
Department für Wirtschafts- und Sozialwissenschaften
Institut für Nachhaltige Wirtschaftsentwicklung
Universität für Bodenkultur Wien
e-mail: hans_karl.wytrzens@boku.ac.at

Bibliografische Information der Deutschen Nationalbibliothek

Die Deutsche Nationalbibliothek verzeichnet diese Publikation in der
Deutschen Nationalbibliografie; detaillierte bibliografische Daten sind im Internet über
http://dnb.d-nb.de abrufbar.

4. Auflage 2014
Copyright © 2009 Facultas Verlags- und Buchhandels AG,
facultas.wuv Universitätsverlag, Wien, Austria
Alle Rechte, insbesondere das Recht der Vervielfältigung und der
Verbreitung sowie der Übersetzung sind vorbehalten.
Umschlagbild: © istockphoto.com
Druck: Finidr, Tschechien
ISBN 978-3-7089-1202-8

Inhaltsverzeichnis

Einstieg

Einführung

Projektorganisation

Projektanbahnung & -auswahl

Projektauftrag

Projektplanung

Projektdurchführung

Projektabschluss

6

Leitfragen

- Was will das Buch?

- Was bringt der Erwerb von Projektmanagementkenntnissen?

- Wie hängen Alltagserfahrung und Projektmanagement zusammen und wie lässt sich das eine für das andere nutzbar machen?

- Warum und worüber lohnt es, nach einem einmaligen Unterfangen speziell zu reflektieren?

- Welche Chancen eröffnet systematisches Nachdenken über Geschehnisse in der Vergangenheit für das tiefere Verständnis und die Verbesserung des Projektmanagements?

- Welche Strategien helfen dabei, in Zukunft Vorhaben erfolgreicher zu bewältigen?

Lehr- und Lernziele

- Die organisatorischen Komponenten von Vorhaben als Erfolgsfaktoren erkennen

- Den Blick für erfolgskritische Situationen schärfen

- 5 Hauptfragen zur Aufarbeitung persönlicher Projekterfahrungen situationsadäquat anwenden und die Antworten nutzbringend interpretieren können

- 10 häufige Mängel benennen können, welche einer unprofessionellen Abwicklung von Vorhaben zugrunde liegen

1. Einstieg

1.1. Zur ersten Orientierung

Wer Großes vorhat und Einmaliges leisten will, setzt auf Projektmanagement: Seien es Wissenschafter bei ihrer Forschungs- und Versuchstätigkeit oder Studierende beim Erstellen von Qualifikationsarbeiten, seien es UnternehmerInnen, Bedienstete der öffentlichen Verwaltung, Mitglieder privater Vereine, von Kirchen oder MitarbeiterInnen von Non-Profit-Organisationen – letztlich kann jede(r) vom Projektmanagement profitieren. Solide Projektmanagementkenntnisse erleichtern einem in vielen Situationen das Leben wesentlich und heben die Berufschancen am Arbeitsmarkt. Professionelles Projektmanagement realisiert singuläre Vorhaben höchst effektiv und effizient. Es gibt universelle Werkzeuge und Hilfsmittel an die Hand, mit denen sich selbst schwierigste Herausforderungen erfolgreich meistern lassen.

Projektmanagement-Basiswissen zu erwerben und praktisch anzuwenden, lohnt allemal. Der Einstieg ins Projektmanagement macht sich für Studierende schon während ihrer Ausbildung bezahlt, etwa wenn sie bei Seminar- oder Doktorarbeiten ihr Wissen fallstudien- und projektorientiert erweitern sollen. Dann hilft ein Rückgriff auf den Werkzeugkasten des Projektmanagements, rascher und rationeller die gesteckten Lernziele zu erreichen. Genauso profitiert beruflich wie privat, wer Projektmanagementqualifikationen besitzt, schafft das doch die Voraussetzungen, um selbst komplizierte Vorhaben erfolgreich zu realisieren. Schließlich weist das Projektmanagement den Weg, was, warum und wie zu tun ist, um bei neuen Herausforderungen qualitätsvolle Resultate rechtzeitig und im vorgegebenen Kostenrahmen zu liefern.

Projektmanagement – Der erfolgreiche Einstieg

- richtet sich sowohl an Studierende aller Fachrichtungen als auch an Berufseinsteiger sowie Neulinge in Projektteams, die sich in kurzer Zeit die wichtigsten Grundlagen des Projektmanagements aneignen wollen;
- bietet ihnen einen kompakten Leitfaden, um sich eigenständig und praxisorientiert ins Projektmanagement einzuarbeiten;
- setzt weder spezielle Managementfähigkeiten noch sonstiges sozial- und wirtschaftswissenschaftliches Wissen voraus;
- macht theoretische Zusammenhänge in leicht fasslicher Form verständlich, veranschaulicht diese durch Fallbeispiele, unterstützt die praktische Arbeit durch Checklisten und sichert den Lernerfolg durch zahlreiche Übungsaufgaben (mit Musterlösungen im Anhang).

Das Buch ist so konzipiert, dass es

- seine Benützer dazu anhält, möglichst aus eigenen Erfahrungen zu lernen;
- Wege zeigt, wie sich Projektmanagementtechniken schon während des Studiums und danach verwerten lassen;
- einen situativen Einsatz des Projektmanagementinstrumentariums unterstützt.

Das Buch hat seine Ziele erreicht, wenn die geschätzten LeserInnen

- sich nach seiner Lektüre mit den Grundlagen des Initiierens, Planens, Organisierens, Durchführens und Abschließens von Projekten vertraut fühlen;
- sich nach einigen Tagen des Übens befähigt sehen, wenigstens einen Teil des Vermittelten selbst praktisch anzuwenden;
- Spaß und Befriedigung empfinden, sowohl beim Aufarbeiten persönlicher Projekterlebnisse als auch beim Lösen von Übungsaufgaben;
- Lust bekommen haben, eigene Vorhaben mit Selbstvertrauen anzupacken, um dabei authentische Erfahrungen mit dem Projektmanagement zu sammeln.

Zur Ermutigung sei vorab festgehalten, dass kein Weg zur Abwicklung von Projekten der allein selig machende ist. Freilich hat sich systematisch fundiertes Projektmanagement gegenüber dem bislang weit verbreiteten chaotischen Durchwursteln durchgesetzt, weil Projektmanager und einschlägig tätige Wissenschafter im Laufe der Zeit eine Fülle von Best-practice-Strategien entwickelt haben. Das Befolgen und Umsetzen dieser im Buch präsentierten Projektmanagementregeln bietet zwar keine absolute Garantie gegen Fehlschläge, erhöht aber die Erfolgswahrscheinlichkeit signifikant. In diesem Sinne mögen die Auseinandersetzung mit dem Projektmanagement und seine praktische Anwendung als Baustein für viele Erfolge dienen.

1.2.   Reflexionen zum Einstieg

Projektmanagement umfasst viel Erfahrungswissen. Um aus Erfahrungen für die Zukunft zu lernen, hilft es, sich vorerst systematisch damit auseinanderzusetzen, was einem in der Vergangenheit selbst widerfahren ist und was man höchstpersönlich erlebt hat. Dabei gilt es, seinerzeitige Vorhaben nochmals geistig Revue passieren zu lassen und festzuhalten, was sich damals als gelungen und was als missglückt erwiesen hat. Damit sich derartige Lerneffekte einstellen, muss man sich selbst kritisch beobachten und sich selbst gegenüber ehrlich Rechenschaft ablegen. Impulse für solche Reflexionen liefern Checklisten oder Fragebögen, die einen strukturierten Nachdenkprozess gezielt anregen. In diesem Sinne ist auch die nachstehende Einstiegsübung (nach HAYNES 1999) gedacht.

Denken Sie bitte an ein Projekt zurück, das Sie während des letzten halben Jahres abgeschlossen haben; es kann sich um irgendein privates Vorhaben (wie beispielsweise eine größere Familienfeier, eine Übersiedlung oder eine größere gemeinsame Reise) respektive um ein Projekt im Rahmen des Studiums bzw. des Berufes handeln. Beantworten Sie in Bezug darauf folgende Fragen möglichst in schriftlicher Form:

(1) Wann hatten Sie die erste Idee für dieses Vorhaben? Wie lange dauerte es und was unternahmen Sie zwischen erster Idee und einem klaren Konzept?

(2) Wie nahmen Sie die Planung in Angriff? Entschieden Sie über allfällige Hilfsmittel, die Sie benötigen würden? Dachten Sie nach, woher Sie diese bekommen würden? Haben Sie für den Fall, dass Sie Ihr Vorhaben nicht allein bewältigen könnten, daran gedacht, zusätzliche Unterstützung beizuziehen?

(3) Lief alles wie geplant, als Ihr Projekt im Gange war? Hielten Sie sich im vorgesehenen Kostenrahmen? Wurden Sie rechtzeitig fertig? Entsprach das Resultat Ihren (Qualitäts-)Vorstellungen? Traten unerwartete Probleme auf? Falls es überraschende Schwierigkeiten gab: wie haben Sie diese gelöst?

(4) Gab es, als das Projekt beendet war, Dinge, die Sie retournieren mussten? Waren „Aufräumarbeiten" notwendig?

(5) Dachten Sie nach Abschluss des Projektes über Erfahrungen nach? Haben Sie nach Verbesserungsmöglichkeiten gesucht? Wenn nicht: Überlegen Sie nochmals kurz, und halten Sie fest, was Sie ein nächstes Mal besser machen würden.

Ein paar Bemerkungen sollen bei der Auswertung der eigenen Antworten helfen. Jeder der fünf Fragenblöcke adressiert eines der klassischen Hauptstadien der Projektbearbeitung (Anbahnungsphase, Planung, Ausführung samt Kontrolle, Abschluss, Nachbereitung). Außerdem spricht jeder Fragenkomplex Ursachen für Ineffizienzen an, welche erfahrungsgemäß recht verbreitet sind. Die von den Fragen erfassten Problemfelder verursachen bei der Abwicklung von Vorhaben bisweilen beträchtliche Schwierigkeiten, ja sie können sogar ein völliges Scheitern nach sich ziehen.

- Bei Ihren Antworten zum ersten Fragenblock sollten Sie vor allem zweierlei prüfen:
  - Haben Sie wirklich exakte Daten (wenn schon nicht mit Tag, so doch wenigstens mit Monat und Jahr) angegeben? – Wenn nicht, sollte man sich vergegenwärtigen, dass Projekte einmalige Vorhaben darstellen. Deren Einmaligkeit impliziert logisch zwingend, dass es für das Unterfangen sowohl einen eindeutigen End- als auch einen klaren Anfangszeitpunkt geben sollte. Während bei Projekten der Blick auf einen Abschlusstermin als gang und gäbe gilt, wird gerade das Faktum, dass es genauso einen markanten Beginn geben müsste, landläufig gerne übersehen. Es kommt relativ häufig vor, dass sich bei Vorhaben – im Nachhinein betrachtet – kein präziser Startzeitpunkt identifizieren lässt. Das ist als Verlust zu qualifizieren, denn ein eindeutiger Auftakt könnte Aufbruchsstimmung erzeugen. Wo der Beginn unscharf bleibt und das Startsignal fehlt, lässt sich keine Anfangseuphorie auslösen und kein zusätzliches Engagement mobilisieren.

11

- Hatten Sie überhaupt die Idee zum Vorhaben als schlüssiges Konzept niedergeschrieben? – Wenn nein, sei zu bedenken gegeben, dass ein inhaltlich diffuses Beginnen rasch in die Orientierungslosigkeit abrutscht, zur bloßen Beliebigkeit gerät und letztlich nie zu einem klaren Ergebnis führen kann, das den Erwartungen entspricht. Denn wo ein Projekt in Angriff genommen wird, sind immer Erwartungen vorhanden, nur bleiben diese in solchen Fällen, die ohne verschriftlichtes Konzept operieren, unausgesprochen, was deren genaue Erfüllung umso schwerer macht.

- Die Antworten zum zweiten Fragenblock über die Projektplanung wären primär nach folgenden beiden Gesichtspunkten zu hinterfragen:

    - Hatten Sie überhaupt einen Plan (schriftlich!) erstellt? – Wenn nicht, wäre zu erwägen, ob nicht bei dem Vorhaben wegen Planlosigkeit manches umständlicher, langwieriger und/oder teurer als notwendig war.

    - Haben Sie systematische Planungsschritte aufgelistet? – Wenn nein, sei zu überlegen gegeben, dass unkoordinierte Planung genauso lähmend wirken kann, wie deren gänzliches Fehlen.

- Die Notizen zum dritten Fragenblock über die Projektdurchführung und die Projektresultate sind vor allem hinsichtlich folgender Aspekte zu beleuchten:

    - Hatten Sie überhaupt klare inhaltliche Ziele, ein eindeutiges Zeitziel und eine solide Kostenkalkulation? – Wenn Sie auch nur eine dieser drei Dimensionen (inhaltliche, terminliche, finanzielle) in Ihren Antworten gar nicht erwähnt haben, so sei der Hinweis gestattet, dass man sich durch den Verzicht auf die Festlegung von Zielen selbst um den Erfolg bringt. So verständlich es aus psychologischer Sicht sein mag, einer (Selbst-)Verpflichtung auf genaue Ziele so weit als möglich aus dem Weg zu gehen, so sicher und so logisch zwingend verbaut man sich mit dieser Vermeidungsstrategie jede Chance auf Erfolg, zumal ja Erfolg zu definieren ist als das Erreichen (selbst) gesteckter Ziele. Und wo gleich gar keine Ziele gesteckt werden, können mit Sicherheit auch keine Ziele erreicht werden.

    - Haben Sie den Projektfortschritt kontinuierlich dokumentiert und haben Sie immer wieder Ihre Fortschritte mit den Plänen verglichen? – Wenn nein, sei darauf aufmerksam gemacht, dass einen regelmäßige Kontrollen vor bösen Überraschungen bewahren. Wer aber keinerlei Aufzeichnungen zur Finanzgebarung führt, darf sich nicht wundern, wenn plötzlich die Kosten explodiert sind. Und wer nie auf die Uhr oder den Kalender schaut, darf nicht erstaunt sein, wenn auf einmal ein gewaltiger Terminverzug eingetreten ist.

- Die Antworten zum vierten Fragenkomplex über die Endphase des Projektes wären vor allem dahingehend zu prüfen, ob aus den Notizen nicht nur ein eindeutiger

Abschlusszeitpunkt hervorgeht, sondern ob auch inhaltliche Fertigstellungs-bedingungen für das Vorhaben definiert waren. Hatten Sie also seinerzeit selbst im Vorhinein eine konkrete Vorstellung entwickelt, was alles erfüllt sein musste, damit Sie Ihr Vorhaben als vollständig ausgeführt ansehen würden. – Wenn nein, sei darauf hingewiesen, dass es oberflächlich betrachtet oft recht klar scheint, wann ein Vorhaben als abgeschlossen angesehen werden kann, dass aber näher besehen beim Projektende vielfach solche Dinge, die jedenfalls noch zu erledigen sind, außer Acht gelassen werden, weil man nur das Erreichen eines Resultats, nicht aber allfällige Nacharbeiten vor Augen hatte.

Zum Beispiel ist es bei einem Haus- oder Wohnungsumbau mit dem letzten Handgriff der Professionisten und mit der Endreinigung meist noch nicht getan, sondern es folgt ein Rattenschwanz lästiger Tätigkeiten: neben der Endabrech-nung und neben allfälligen Reklamationen samt Nachbesserungen noch allerlei bürokratischer Kram, wie das Einholen von Benützungsbewilligungen oder das Beibringen von Förderungsbelegen etc. Wer allerdings einen Teil der unbedingt zu erledigenden Arbeiten übersieht, wird dafür weder Zeit noch Ressourcen einkalkuliert haben. Weil die Arbeiten trotzdem zu erledigen sind, wird man den damit verbundenen Aufwand aus Eigenem zu tragen haben, das heißt man wird dafür – oft im wahrsten Sinne des Wortes – Lehrgeld zahlen.

■ Die Antworten zum fünften Fragenkomplex über die nachträgliche Aufarbeitung des Projektgeschehens, sind nach dem Schlüsselkriterium zu prüfen, ob die per-sönlichen Erfahrungen und die für die Zukunft zu ziehenden Schlüsse tatsächlich bereits seinerzeit zu Papier gebracht worden waren.

–   Wenn ja, dann ist eine zentrale Voraussetzung für Professionalisierung im Projektmanagement gegeben: Selbst- und Fremdbeobachtung sowie die Bereitschaft, eigene Stärken als solche zu nutzen, aber auch eigene Fehler offen einzugestehen und aus ihnen zu lernen, was sich im Ablei-ten klarer Konsequenzen für die Zukunft niederschlägt.

–   Wenn nein, dann hat das Nachdenken im Rahmen der gegenständli-chen Einstiegsübung hoffentlich einen Grundstein für einen erfolgrei-chen Lernprozess gelegt. Vor allem, wenn erst irgendwann Anregungen und Schlussfolgerungen womöglich bloß sehr frei assoziierend und impulsiv notiert wurden, dann sei zu bedenken gegeben, ob nicht eine systematische Suche nach möglichst vielen Optimierungspotentialen ein effizienterer Weg wäre, um die Arbeit an Projekten erfolgreich zu ge-stalten und ob nicht Anleitungen für das strukturierte Vorgehen bei der Entwicklung, Durchführung und Nachbereitung von Vorhaben hilf-reich sein könnten.

Wem schon beim Durcharbeiten der Fragen, beim Reflektieren der eigenen Antwor-ten oder sonst beim Nachdenken über bisherige eigene Erfahrungen dort und da

Zweifel gekommen sind, ob wirklich alles ideal gelaufen ist, ob seinerzeitiges Verhalten optimal war, dem sollte ein Durcharbeiten des Buches zielführende Strategien nahebringen und für neue Herausforderungen Sicherheit zum zweckmäßigen Handeln vermitteln.

Übersicht 1: **Grundfragen zur Aufarbeitung persönlicher Erfahrungen mit einem Projekt**

Fragen	Schlüsselkriterien
Wann?	Identifikation des Anfangs- und Schlusspunktes
Was (sollte geschehen)?	Konzepte, Ziele, Pläne
Wie (ist die Realisation tatsächlich verlaufen)?	Ausführung und Kontrolle
Womit? Was wurde übersehen?	Ressourcen, Abschluss, Nacharbeiten
Warum ging was gut/schief?	Lehren für die Zukunft

1.3. Zehn Ansätze zur Murkserei

Auf Basis der Reflexionen über Schritte, die für eine erfolgreiche Projektabwicklung den Ausschlag geben, lassen sich 10 Holzwege des Projektmanagements identifizieren. Diese Irrwege stellen gleichsam eine Umkehrung der Erfolgsfaktoren bei der Bewältigung einmaliger Herausforderungen dar. In der Realität stößt man auf besagte Verhaltensmuster leider nur allzu oft:

(1) Ohne klaren Start beginnen und sich irgendwie in das Projekt „hineinschlittern" lassen, zumal man so aller unnötigen Anfangseuphorie entkommt!

(2) Keine klaren Ziele formulieren oder wenn schon, dann die Ziele dauernd ändern, damit Freiräume (für Spontaneität bis zur Konzeptlosigkeit) bleiben und sich die Sache irgendwie entwickeln kann!

(3) Keinen Abschluss definieren und schon gar nicht am Anfang an das Ende denken, sodass weder Torschlusspanik um sich greifen noch eine überflüssige Mobilisierung von Kräften zum Finale stattfinden kann, sondern das Vorhaben zur unendlichen Geschichte gerät, welches dann irgendwann sanft entschlummern und versanden kann!

(4) Das Vorhaben ungeplant in Angriff nehmen, damit Raum bleibt für Improvisationskunst zur Kompensation von Planlosigkeit, denn irgendwie kommt man immer voran!

(5) Unklare Verantwortlichkeiten belassen, um bei Fehlschlägen über eine ausreichende Zahl an Sündenböcken zu verfügen und um Entscheidungsstrukturen soweit nur irgend möglich offen zu halten, sodass selbst zentrale Entschlüsse nicht unbedingt gefasst werden müssen; außerdem wird sich schon irgendwer um die Dinge kümmern, wenn sie wirklich dringend sind!

(6) Unzureichende Mittel vorsehen, denn schließlich gilt: „Irgendwas geht immer!" und sonst käme bei den Mitwirkenden womöglich übertriebene Motivation auf und dann wären sie womöglich schwer zu bändigen!

(7) Unkontrolliert arbeiten lassen, denn das erspart mühseliges Auf-die-Finger-Schauen genauso wie unangenehme Ermahnungen; es schafft Spannung und irgendwas wird schon herauskommen, wenn jeder feste werken darf!

(8) Auf jegliche Aufzeichnungen verzichten, das ist für große Geister bloße Zeitverschwendung; nur kleinkarierte Krämerseelen und biedere Buchhalternaturen geben sich mit Protokoll- und Berichtswesen ab. Da lebt es sich doch nach der Fledermausdevise viel unbeschwerter: „Selig ist, wer vergisst, was doch nicht zu ändern ist!"

(9) Nicht um Zeit- und Kostenvorgaben kümmern, denn schließlich will man ja gute Arbeit leisten und in der Sache vorankommen, da ist ein Schielen auf eine allzu knappe Deadline oder/und den engen Finanzrahmen nur nervtötend und überdies gehen die Dinge immer irgendwie zusammen!

(10) Sich nicht zu sehr mit dem Vorhaben identifizieren, denn das könnte, vor allem wenn etwas schief läuft, Ärger geben!

Wer Ärger scheut und nachhaltige Alternativen zum bloßen Durchwursteln sucht, findet in den verschiedenen Instrumenten des Projektmanagements ein Angebot, um große Herausforderungen gekonnt zu meistern.

Zusammenfassung

☑ Die Auseinandersetzung mit dem Projektmanagement vermittelt universell anwendbare Sozio-Techniken zur effizienten Bewältigung einmaliger Herausforderungen.

☑ Solide Projektmanagementkenntnisse erleichtern die Realisierung beruflicher und privater Vorhaben und verbessern die Berufschancen.

☑ Projektmanagement als empirische Wissenschaft hat zahlreiche Erkenntnisse durch Auswertung praktischer Erfahrungen gewonnen; andererseits liefert das Projektmanagement Know-how, das sich in der Praxis universell einsetzen lässt.

☑ Nach einem einmaligen Vorhaben das Geschehen nochmals systematisch Revue passieren zu lassen, schärft den Blick für erfolgskritische Situationen und liefert Hinweise auf Verbesserungspotentiale.

☑ Ein Anknüpfen an persönlichen Vorerfahrungen hilft, Lehren zu ziehen, erleichtert den Erwerb von Projektmanagementfähigkeiten und fördert die Einsicht in den Sinn systematischer Projektbearbeitung.

☑ Ein klarer Auftakt, eindeutige Ziele, sorgfältige Planung, genaue Zuständigkeiten, adäquate Ressourcen, regelmäßige Koordination, Kontrolle und Steuerung, Termintreue, gewissenhafte Dokumentation, ausgeprägtes Commitment für das Vorhaben und ein definierter Abschluss stellen zentrale Komponenten erfolgreicher Projektarbeit dar.

Kontrollaufgaben

1.1.   Ein Freund erzählt von seiner desaströsen Wohnungsrenovierung. Beim Herrichten seiner Bleibe ist ewig nichts weitergegangen, dabei hat er sich auch noch finanziell total übernommen und jetzt muss er auf unabsehbare Zeit in einer halbfertigen Baustelle hausen. Formulieren Sie fünf Fragen, die Ihren Freund gezielt zum Nachdenken bringen sollen, damit er für ähnliche künftige Vorhaben aus seinen Erfahrungen möglichst viel lernen kann.

1.2.   Jemand berichtet Ihnen Folgendes über sein erstes Projektengagement: Irgendwann haben ein paar Freunde die vage Idee geboren, für bedürftige KollegInnen etwas zu unternehmen. Gelegentlich haben sie darüber diskutiert und ab und zu sogar etwas getan, so u.a. einmal ein Spendenkonto eröffnet, dann hin und wieder Bekannte angeschnorrt. Ein anderes Mal wollten sie Benefizveranstaltungen organisieren, aus denen aber ebenso wenig etwas wurde, wie aus einer einst beabsichtigten Aussendung eines Spendenaufrufes. Jeder, der wollte, machte, was er für richtig hielt, er sollte jedoch weder Geld noch Sachmittel verwenden, damit möglichst alles ungeschmälert den Bedürftigen zugutekäme. Um das freundschaftliche Klima in der Gruppe nicht zu gefährden, wollte keiner den anderen etwas anordnen oder ihre Aktivitäten überprüfen, zumal das ja als undemokratisch bzw. als Misstrauen hätte gedeutet werden können. Um möglichst flexibel zu bleiben, wurden weder inhaltliche noch irgendwelche zeitlichen Vorgaben festgelegt. Außerdem kam man ohne Protokolle und sonstigen administrativen Wust aus, da sich alle freiwillig und ehrenamtlich engagierten und da das Unterfangen ohnedies recht übersichtlich schien. So lief das ganze Vorhaben bei den Beteiligten nebenbei mit. Freilich griff allmählich eine gewisse Unzufriedenheit um sich, denn es wollte sich kein rechter Erfolg einstellen. Es kamen nur sehr wenige Spenden zusammen, sodass auch kaum Hilfsbedürftigen Unterstützung gewährt werden konnte. Manche verloren deshalb zusehends die Lust und blieben den Treffen fern. Unter denen, die noch weitermachten, entstanden vermehrt Reibereien und die Stimmung wurde immer gereizter. Als sich am Ende herausstellte dass das Konto heillos überzogen war, brachen massive Streitereien auf und die Beteiligten überhäuften sich mit gegenseitigen Vorwürfen. Schließlich blieben Frust und Ratlosigkeit, Entzweiung sowie ein erheblicher Betrag an Schulden.

Die in dieses Geschehen involvierte Person möchte wenigstens im Nachhinein die Gründe für das Scheitern erfassen. Liefern Sie Erklärungen, wieso die Sache schief lief.

Leitfragen

- Wozu dient Projektmanagement?

- Wieso ist Projektmanagement so weit verbreitet und so sehr gefragt?

- Was macht das Besondere von Projekten sowie von Projektmanagement aus?

- Was entscheidet über Qualität und Erfolg des Projektmanagements?

- Welche Stadien durchlaufen Projekte üblicherweise und welche Tätigkeiten sind für die einzelnen Phasen jeweils charakteristisch?

- Wonach lassen sich welche Arten von Projekten unterscheiden und welche praktische Bedeutung haben solche Unterscheidungen?

Lehr- und Lernziele

- Entstehungsgründe des Projektmanagements verstehen und zumindest drei Eckdaten zu dessen Entstehungsgeschichte kennen

- Fünf Hauptaufgaben im Rahmen des Projektmanagements charakterisieren können

- Verschiedene Vorhaben nach sechs unterschiedlichen Kriterien korrekt typisieren können

- Bei konkreten Vorhaben imstande sein, Projektprofile zu erstellen und daraus Konsequenzen für das Projektmanagement abzuleiten

- Praktische Anwendung der Wechselwirkungen zwischen Projektumfang, -dauer und -ressourcen beherrschen

2. Definition und Aufgaben des Projektmanagements

Rein sprachlich stellt „Projektmanagement" ein zusammengesetztes Hauptwort dar, dessen Bedeutung sich aus den beiden Einzelkomponenten zwar in Ansätzen erschließen lässt (vgl. Abbildung 1), dessen umfassender Sinn getreu dem Motto, dass das Ganze mehr ist als die Summe seiner Teile, allerdings sehr weit reicht.

PROJEKT
temporäres Unterfangen
zur Entwicklung und
Produktion von Neuem

MANAGEMENT
System von Steuerungsaufgaben,
die bei der Leistungserstellung
und -sicherung in arbeitsteiligen
Organisationen zu erbringen sind

= PROJEKTMANAGEMENT
Gesamtheit aller Aktivitäten, Aufgaben, Instrumente und Methoden zur Planung, Organisation,
Führung, Kontrolle, Steuerung sowie Abwicklung von komplexen Vorhaben auf Zeit.

Abbildung 1: Begriffliche Eingrenzungen von Projekt(und)Management

2.1. Wesen des „Projektmanagements"

In allgemeiner Form lässt sich Projektmanagement charakterisieren als „Organisation von komplexen Vorhaben auf Zeit" (NAUSNER 2006, 12). Projektmanagement ist eine Organisationsform, bei der eine Person (Projektleiter) oder/und eine Gruppe (Projektteam) für die Planung, Koordination und Kontrolle aller Aktivitäten im Rahmen eines einmaligen, zeitlich fixierten Vorhabens zuständig ist.

> Projektmanagement stellt eine **universelle Konzeption** für die **Durchführung von zeitlich begrenzten** Aufgaben (z.B. Entwicklung eines neuen Produktes; Errichtung eines Gebäudes; Ausrichtung einer Veranstaltung; Schaffung einer lokalen Plattform) dar, wobei solche terminlich fixierten **Vorhaben geplant, gesteuert und kontrolliert** werden müssen. Die Gesamtheit dieser Funktionen wird als Projektmanagement bezeichnet.

- Die Projektplanung umfasst unter anderem die Benennung eines Projektleiters, die Errichtung von Projektgruppen, die Festlegung von Projektzielen, die Ableitung von Teilaufgaben, die Planung der Abläufe, Bedarfs- und Aufwandsschätzung sowie Terminplanung und Budgetierung.

- Unter Projektsteuerung sind alle Funktionen zusammengefasst, die sich auf die Anleitung und Motivierung von Mitarbeitern, die Überwachung des Projektverlaufes, die Sicherung des Projektfortschrittes, das Ergreifen von Maßnahmen bei Planabweichungen und die Koordinierung (z.B. zwischen Auftraggeber und Projektgruppe) beziehen. Die Projektkoordination läuft über die Gesamtdauer des Projekts.

- Die Projektkontrolle wird projektbegleitend durchgeführt und erstreckt sich auf alle Aspekte der Projektplanung, wobei die Wirksamkeit der geplanten Maßnahmen überprüft wird.

Projektmanagement tritt auch als Führungskonzept in Erscheinung; es orientiert sich grundsätzlich am Ergebnis (z.B. Ziel oder Anforderung) und nicht am Prozess der Leistungserstellung (NAUSNER 2006, 22) und unterscheidet sich von herkömmlichen Führungsstrategien durch

- projektadäquate Organisation,
- exakte (Entwicklungs-)Vorgaben,
- vorhabensbezogene Planung,
- laufende Soll/Ist-Vergleiche,
- definiertes Entwicklungsende.

Sarkastisch lässt sich Projektmanagement charakterisieren als „die Kunst, den Eindruck zu erwecken, dass jedes Ergebnis die Folge von vorherbestimmten, vorsätzlichen Handlungen ist, während es tatsächlich reine Glückssache war" (KERZNER 2003, 3).

Dem Projektmanagement wohnen stark integrierende Gesichtspunkte inne:

- Es durchzieht einerseits den gesamten Prozess der Entwicklung und Abwicklung eines abgegrenzten Vorhabens in all seinen Funktionen horizontal und
- es verknüpft alle an einem Vorhaben beteiligten Bereiche (z.B. Auftraggeber, Techniker, kaufmännische Abteilungen) vertikal miteinander.

2.2. Standarddefinitionen und Grundherausforderungen

Im deutschsprachigen Raum existiert eine **Definition** des Deutschen Instituts für Normung aus dem Jahre 1989. Laut DIN 69901 ist Projektmanagement die „Gesamtheit von Führungsaufgaben, -organisation, -techniken und -mitteln für die Abwicklung eines Projekts".

Als Projekt gilt in diesem Zusammenhang ein „Vorhaben, das im Wesentlichen durch Einmaligkeit der Bedingungen in ihrer Gesamtheit gekennzeichnet ist, wie z.B.:

- Zielvorgabe,
- zeitliche, finanzielle, personelle oder andere Begrenzungen,
- Abgrenzung gegenüber anderen Vorhaben,
- spezifische Organisation."

Ein Schwachpunkt dieser Definition besteht darin, dass sie implizit auf den klassischen Führungsbegriff der Betriebswirtschaftslehre zurückgreift, welcher vielfach mit hierarchischer Strukturierung verknüpft ist (vgl. SCHELLE 2005).

Im angelsächsischen Raum gilt folgende Definition des PMI (Project Management Institute) als richtungweisend: „Project management is the application of knowledge, skills, tools, and techniques to project activities to meet project requirements. Project management is accomplished through the use of the processes such as: initiating, planning, executing, controlling, and closing. The project team manages the work of the projects, and the work typically involves:

- competing demands for: scope, time, cost, risk, and quality,
- stakeholders with differing needs and expectations,
- identified requirements" (PMI 2000, 6).

Die **zentralen Aufgaben** des Projektmanagers bestehen darin, ein Vorhaben mit seinen Sachzielen, Kosten- und Terminvorgaben effizient sowie effektiv zu realisieren. D.h., es sind die drei Hauptaspekte (inhaltliches Ergebnis, Zeiteinsatz, Aufwand) in einem ausgewogenen Verhältnis zueinander zu halten (SCHULZ-WIMMER 2003, 12), wobei das Streben nach Effizienz eine günstige Relation von aktuellem Output zu aktuellem Input (Sicherung der Wirtschaftlichkeit) im Auge hat, während das Trachten nach Effektivität auf eine Optimierung des Verhältnisses von aktuellem zu erwünschtem Output abzielt. Das Projektmanagement ist also gefordert, sowohl dafür zu sorgen, dass die Dinge richtig getan werden (Effizienz), als auch dafür, dass die richtigen Dinge getan werden (Effektivität).

Abbildung 2 verdeutlicht die Wechselbeziehungen zwischen inhaltlichen Anforderungen an das Projekt, der für die Fertigstellung benötigten Dauer und dem entstehenden Aufwand. Diese drei Kerngesichtspunkte müssen aufeinander abgestimmt sein, und wenn einer von ihnen verändert wird, sind auch die anderen anzupassen, um weiterhin ein ausgewogenes Verhältnis aufrecht zu erhalten:

- Wenn das Vorhaben rascher erledigt werden soll, sind ein höherer Ressourceneinsatz bzw. eine Reduktion des Projektumfanges (der inhaltlichen Wünsche) oder beides in Kauf zu nehmen.

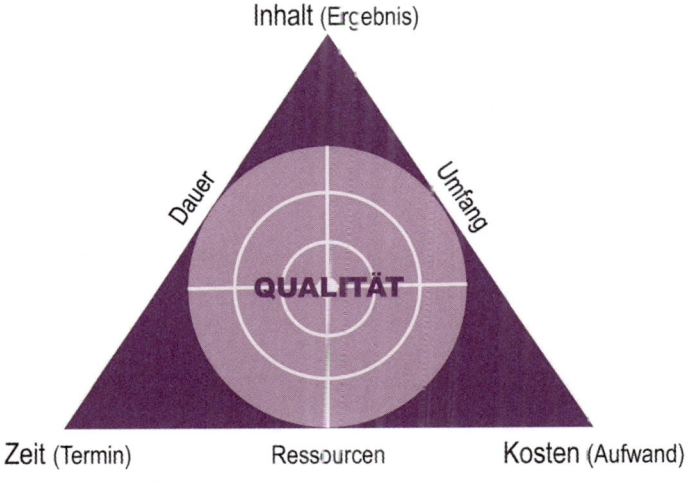

Abbildung 2: Das Magische Dreieck des Projektmanagements

- Wenn die Ressourcen limitiert sind, muss entweder die Fertigstellungsdauer verlängert oder/und der Umfang der vom Vorhaben inhaltlich angepeilten Ziele gekürzt werden.

- Wenn das angestrebte Resultat inhaltlich sehr anspruchsvoll und ehrgeizig ausfallen soll, werden vermehrt Ressourcen einzusetzen und/oder die Bearbeitungszeiten auszudehnen sein (vgl. RICHMAN 2002, 64).

Im Gegensatz zum – in der Praxis immer noch relativ weit verbreiteten – reaktiven Durchwursteln geht das Projektmanagement aktiv an die Bewältigung einmaliger Herausforderungen heran (vgl. Abbildung 3). Es sorgt durch systematisches Vorgehen für eine klar organisierte Problemlösung sowie für effizientes Handeln und es bietet durch seine spezifische Organisationsform eine gewisse Gewähr dafür, dass individuelle Kreativität sowie innovative Ansätze zum Tragen kommen. Schließlich ist das Projektmanagement so konstituiert, dass es die Entfaltung der Beteiligten fördert und den involvierten Personen die nötigen Freiräume lässt, um ihre eigene Entrepreneurship zu entwickeln.

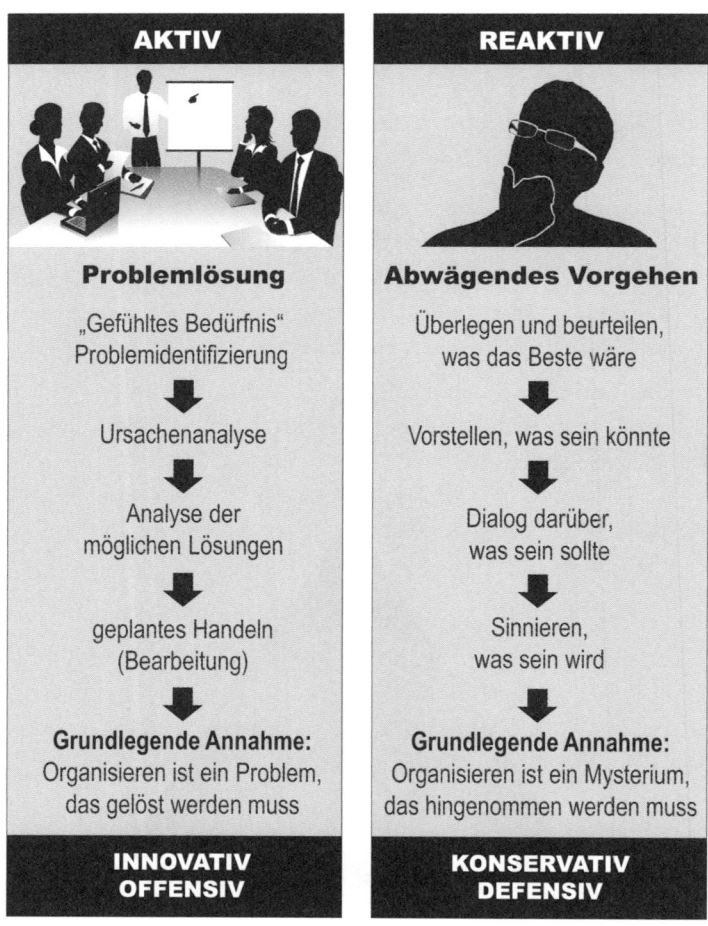

Abbildung 3: *Kontrastierende Grundhaltungen bei der Bewältigung einzigartiger Herausforderungen (in Anlehnung an* COBB *2002, 157)*

2.3. Entwicklung des Projektmanagements

Das Management einmaliger Vorhaben als praktisches Phänomen existiert wohl seit An-beginn der Menschheit. Freilich lässt sich fast jedes Unterfangen auch mit bloßer Impro-visation und reinem Durchwursteln irgendwie bewältigen, was einen dann nicht zu tangieren braucht, wenn Zeit und Ressourcen keine Rolle spielen. Sofern jedoch Zeit und Mittel knapp sind, gilt es, ein effizientes Vorgehen sicherzustellen. Als spezifische, empirisch und theoretisch fundierte Organisationsform respektive als effiziente Problem-lösungstechnik hat sich das Projektmanagement erst vor relativ kurzer Zeit zu etablieren begonnen.

Vorläufer des Projektmanagements

Als einer der Anfänge des Projektmanagements gelten das Manhattan Engineering District Project von 1941, dessen Zielsetzung die Entwicklung der ersten Atombombe war, und das Apollo Project der NASA zu Beginn der 1960er Jahre (LITKE 2004, 23). Projektähnliche Vorläufer-Phänomene reichen historisch jedoch weit zurück bis in die Zeit der frühen Hochkulturen. Erste Großvorhaben (z.B. Bau der Pyramiden) gehen auf die Ägypter zurück. Allerdings wissen wir aus den damaligen Epochen relativ wenig darüber, wie die Menschen seinerzeit solche gigantischen Unterfangen organisatorisch be-wältigt haben. Anzunehmen ist freilich, dass etwa der Bau monumentaler Tempel nicht nur ein entscheidender Auslöser für die technische Entwicklung war, sondern auch zur Schaffung neuer Organisationsstrukturen betrug. Dabei fiel zumindest im archaischen Griechenland den Architekten eine entscheidende Rolle zu, hatten sie doch nicht nur die Aufgabe, Gebäude zu entwerfen, sondern sie mussten auch auf der Baustelle eine Vielfalt von technischen und organisatorischen Problemen bewältigen (SCHNEIDER 2007, 20f.).

Etwa gleichzeitig mit dem Beginn der modernen Naturforschung (GALILEI, 1581) taucht der Begriff „Projektemacher" auf, oftmals synonym verwendet mit dem Begriff des „Undertakers". Daniel DEFOE schreibt 1697 einen „Essay upon Projects", in dem eine symptomatische Arbeitsteilung sichtbar wird: Der Projektemacher legt sein Gewicht hauptsächlich auf die Entwicklung, Ausarbeitung und Skizzierung diverser Pläne, während die tatsächliche Umsetzung derselben den anderen übertragen wird (KRAJEWSKI 2004, 15).

Einige wichtige, heute noch im Projektmanagement angewendete Techniken gehen auf die Industrielle Revolution und die Einführung der Arbeitsteiligkeit (Taylorismus) zurück bzw. stammen aus dem späten 19. Jahrhundert. So hat beispielsweise H. Gantt, der als Ingenieur bei einem Stahlwerk arbeitete, ein Konzept entwickelt, welches eine Strukturierung von Abläufen in eine Reihe von Arbeitsschritten vornimmt, für diese Arbeitsschritte Standardleistungskennziffern schätzt und einen Vergleich der geschätz-ten mit den tatsächlichen Werten vorsieht. Er schuf außerdem eine neue Darstellungs-form, welche bis heute ein sehr verbreitetes Werkzeug für die Terminplanung und -verfolgung darstellt.

Bis zur Mitte des 20. Jahrhunderts wurde das Projektmanagement freilich nicht als eigenständiges Managementkonzept begriffen.

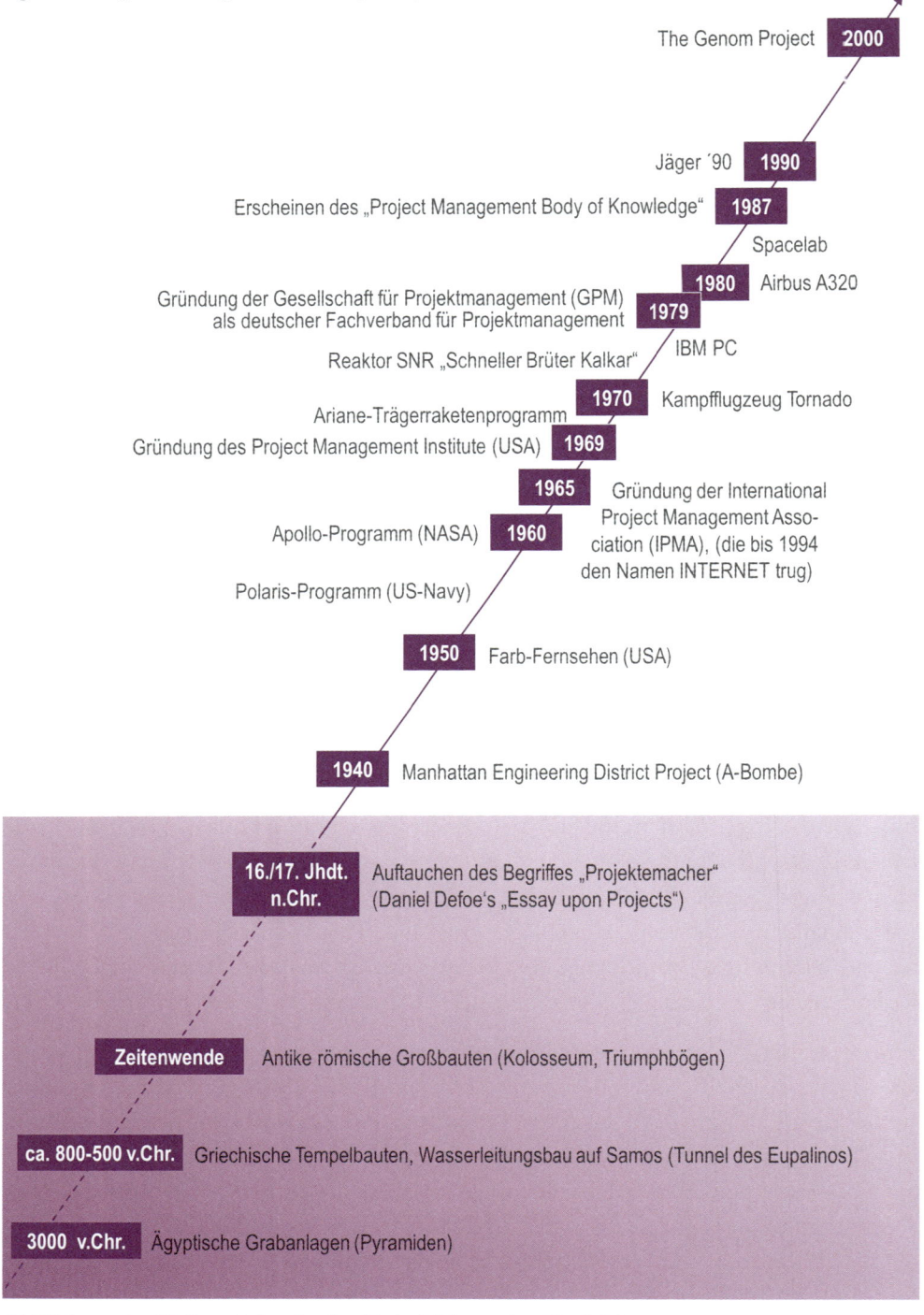

Abbildung 4: *Meilensteine in der Entwicklung des Projektmanagements (in Anlehnung an LITKE 2004, 23, ergänzt)*

Anfänge des modernen Projektmanagements

Ende der 1950er, Anfang der 1960er Jahre beginnt sich das Projektmanagement als wissenschaftliche Disziplin (etwa im Schnittfeld von Betriebswirtschaftslehre und Organisationstheorie) zu etablieren.

- Die Anfänge waren noch stark geprägt von Programmen der Weltraumfahrt (NASA) und großen Rüstungsvorhaben in den USA, wobei es aufgrund der Größe und Komplexität der Vorhaben völlig neue Herausforderungen der Organisationsentwicklung zu bewältigen galt.

- Die Pioniere eines systematischen Managements von Projekten verfolgten stark „technokratische" Ansätze (insbesondere im Zusammenhang mit der Entwicklung der Netzplantechnik; diese Planungstechnik wurde lange Zeit als zentrales Element des Projektmanagements begriffen, sodass gar nicht so selten das Projektmanagement auf diese eine Technik reduziert war).

- Die im militärischen Bereich erarbeiteten Konzepte wurden schließlich für zivile Vorhaben in diversen Branchen (z.B. Bauwesen, Softwareentwicklung) sowie für neue Einsatzgebiete adaptiert und zu viel umfassenderen Ansätzen weiterentwickelt (z.B. Einbau von Ideen der Organisationspsychologie und -soziologie).

- Die 1970er und 1980er Jahre brachten neue spezifische Theorien und Methoden für das Projektmanagement ins Geschäftsleben. Während der 1990er Jahre begannen sowohl Wirtschaftsunternehmen als auch Non-Profit-Organisationen das Projektmanagement und seine Werkzeuge – zunächst ausgehend von Amerika, nun aber auch weltweit – auf breiter Front einzusetzen. Im Wirtschaftsleben forderten jene, die Projektmanagement bereits erfolgreich anwandten, von ihren Geschäftspartnern, sich an ihre neuen Organisationslösungen anzupassen, was die Verbreitung des Projektmanagements zusätzlich massiv vorantrieb.

- Das Projektmanagement wurde ferner sukzessive als Standardmethode für die internationale Entwicklungszusammenarbeit (Entwicklungshilfe) implementiert (wobei sich vor allem die Gesellschaft für Technische Zusammenarbeit (GTZ) in Deutschland bei der praktischen Umsetzung des Projektmanagements Verdienste erworben hat).

- Seit einiger Zeit setzt schließlich die Regional- und Strukturpolitik auch in Industrieländern die Techniken des Projektmanagements vermehrt ein. Nachdem man die Grenzen lokaler und regionaler Entwicklungspläne und -programme vermehrt erkennen musste, trachten die Träger der Regionalpolitik, nunmehr vermehrt dadurch Impulse zu induzieren, dass sie konkrete Projekte lokaler Initiativen stützen. Mit anderen Worten: die professionelle (d.h. mit Methoden des Projektmanagements operierende) Abwicklung diverser lokaler Gemeinschaftsvorhaben soll die regionale Entwicklung stimulieren.

- Seit Ende der 1990er Jahre ist das Projektmanagement als eigenes Berufsfeld vor allem bei großen Organisationen anerkannt. Überdies hat sich auch ein eigenes Zertifizierungswesen für Projektmanager etabliert (vgl. Übersicht 2).

Übersicht 2: ***Projektmanagementstandards und -zertifizierungen***
(in Anlehnung an TIMINGER 2011)

Standard	ICB 3.0	PMBoK	PRINCE2
Langform	International Competence Baseline	Project Management Body of Knowledge	PRojects IN Controlled Environment
Organisation	**IPMA** International PM Association	**PMI** Project Management Institute	**OGC** Office of Government Commerce
Hauptverbreitung	International/Europa	Nordamerika/International	Großbritannien/International
Charakteristik	• Aufteilen der Elemente des Projektmanagements in 3 Kompetenzfelder • wissens- und erfahrungsorientiert	• prozessorientiert • Definition von Prozessen für verschiedene Gruppen	• Aufteilen der Projekte in Phasen • Definition von Prozessen für jede Phase • Sammlung von Best Practices • dokumentenorientiert
Zertifizierung	4-Level Zertifizierung mit Nachweisen zu Wissen, Erfahrung und Arbeitsproben	3-Level Zertifizierung mit Nachweisen zu Wissen	2-Level Zertifizierung mit Nachweisen zu Wissen

Driving Forces der Verbreitung des Projektmanagements

Grundsätzlich brachte die Wirtschafts- und Gesellschaftsentwicklung der vergangenen Jahrzehnte einen Wandel der Organisationsstrukturen dergestalt mit sich, dass tendenziell hierarchische von teamzentrierten Organisationsmustern abgelöst wurden. Denn traditionelle Büro- und Fabrikarbeit wurde sukzessive automatisiert, was mit einem Ersatz des mittleren Managements durch computergestützte Informationssysteme einherging. Nunmehr richtet sich ein neuer Fokus auf Projektlösungen für spezifische auftretende Probleme.

Verschiedene Faktoren tragen dazu bei, Projektmanagement in sehr vielen Bereichen von Wirtschaft und Gesellschaft zu forcieren:

- Wachsende Komplexität der Aufgaben – Der technische Fortschritt bringt immer komplexere Produkte hervor, klassische Organisationsstrukturen zeigen sich dem Schwierigkeitsgrad so mancher Herausforderungen nicht mehr gewachsen, wovon etwa spektakuläre Fehlplanungen zeugen.

- Dynamisierung unserer Gesellschaft (Angesichts der Verschärfung des Wettbewerbs – etwa infolge der internationalen Handelsliberalisierung – verkürzt sich die „Time to Market"-Spanne und die Reaktionszeiten der Unternehmen müssen beschleunigt werden, gleichzeitig verkürzen sich die Technologielebenszyklen immer mehr.)

- Grunddilemma zwischen gestiegenem Arbeitspensum und geschmälerter Zeitverfügbarkeit bzw. zwischen verbreitertem Aufgabenspektrum und verringertem Personalstand

- Erhöhte Flexibilitätsanforderungen seitens der Kunden

- Kultur- und Wertewandel
    - Empowerment der Mitarbeiter durch flache Hierarchien
    - Selbstverwirklichungswunsch im Arbeitsleben
    - Übergang von einer Aufgabenverantwortung zur Ergebnisverantwortung (vgl. BERGER und SCHUBERT 2002, 13).

Gebraucht wird also „eine Arbeitsorganisationsform, die

- schnell ins Leben gerufen und umgestaltet werden kann,
- die sehr schnell und eigenständig arbeiten kann,
- in der Spezialisten unterschiedlicher Fachgebiete eine hohe Innovationskraft bereitstellen und die
- auch mit nicht planbaren und unterschiedlichsten externen Einflussgrößen fertig wird" (LÜSCHOW und ZITZKE 2004, 7).

In jüngster Zeit ist ein Trend zu beobachten, wonach das Projektmanagement sich zusehends weiterentwickelt von einer „reinen Abwicklungsmethodik" für einzelne Vorhaben hin zu einer umfassenden Führungskonzeption (vgl. BEA et. al. 2008, VII).

Zum eher operativen „Management von Projekten" tritt das gleichermaßen strategische wie auch operative Multiprojektmanagement („Management durch Projekte"), was letztlich in „projektorientierten Unternehmen" münden kann (vgl. Abbildung 5). In solchen projektorientierten Unternehmen fügen sich mehrere verschiedene temporäre Vorhaben (Einzelprojekte) zu Programmen zusammen, die durch gemeinsame Ziele und Strategien eng gekoppelt sind. Diese Unternehmen betreiben auch ein eigenes Projekt-Portfolio-Management, wobei es um die Gesamtoptimierung einer Serie von Einzelvorhaben geht. D.h. sie initiieren, priorisieren, koordinieren, überwachen und steuern mehrere Projekte bzw. Programme gleichzeitig, um größeren Nutzen zu ziehen, als wenn sie diese Vorhaben unabhängig voneinander laufen ließen.

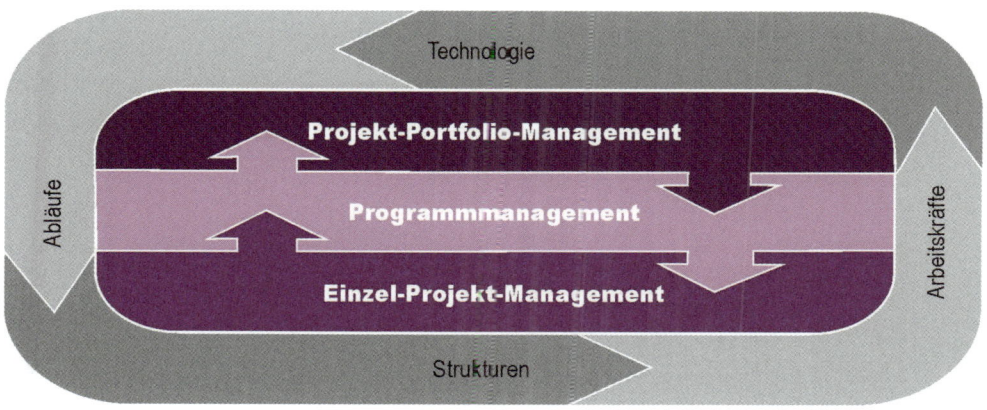

Abbildung 5:   Die Entwicklung zum projektorientierten Unternehmen
(nach VERZUH 2005, 325)

3. Projektbegriff und -eigenschaften

3.1. „Projekt"-Begriff

In der Fachliteratur ist eine Fülle von Definitionen, was ein Projekt sei, zu finden, welche sich oft nur in Nuancen voneinander unterscheiden. Als gemeinsamer Nenner lässt sich folgende Begriffsfestlegung herausdestillieren:

> Ein **Projekt** ist ein einmaliges Vorhaben mit
> – eindeutiger Aufgabenstellung,
> – bestimmtem Zeitrahmen (fixierter Anfang und festgelegter Endpunkt),
> – begrenztem Einsatz von Ressourcen (Arbeitskraft und -mittel) und
> – festgelegtem Kostenrahmen.

International gebräuchlich ist die inhaltlich noch etwas weitere Definition des in Pennsylvania ansässigen Project Management Institute: „A project is a temporary endeavour undertaken to create a unique product or service" (PMI 2000). Wobei die Einmaligkeit das entscheidende Wesensmerkmal darstellt, welches auch Projekte von anderen Routinearbeiten unterscheidet.

Die Einmaligkeit eines Vorhabens bedeutet in der *temporären Dimension*, dass es befristet ist. D.h., logisch zwingend müsste es sowohl einen klaren Anfangs- als auch einen eindeutigen Endzeitpunkt geben. Was theoretisch banal und selbstverständlich klingt, erweist sich in der Praxis immer wieder als unklar. Denn näher besehen lassen sich häufig sowohl der Beginn als auch der Abschluss eines Vorhabens gar nicht so genau angeben. Immer wieder ist zu beobachten, wie Leute von einer irgendwann einmal aufgetretenen vagen Ahnung oder einem plötzlich aufgetauchten spontanen Einfall über eine noch immer diffuse Idee bis zu konkreten Vorstellungen, was geschehen soll, gleichsam in ein Projekt hineinschlittern, ohne dass sie später genau angeben könnten, wann das Projekt gestartet ist. Ähnlich verhält es sich mit dem Ende, das nicht immer ohne weiteres zu identifizieren ist, etwa immer dann, wenn die Resultate eines Vorhabens anschließend in einen Routinebetrieb übergehen (z.B. wenn ein neues Produkt entwickelt und in eine laufende Produktion übergeführt wird). Ein „schleichendes Ende", ein allmähliches „Absterbenlassen" des Vorhabens ohne klaren Schlusspunkt, lässt nicht nur die Verantwortlichen im Ungewissen und verhindert eine klare Erfolgsfeststellung, sondern lässt auch das während der Projektbearbeitung akkumulierte Erfahrungswissen ungenutzt verlorengehen.

Die Einmaligkeit eines Vorhabens bedingt auf der *inhaltlichen Dimension*, dass ihm stets Elemente der Neuartigkeit innewohnen. Mit anderen Worten, man sieht sich immer wieder mit noch Unbekanntem konfrontiert, was neben Chancen stets auch ein gewisses Risiko birgt und die Vorhersehbarkeit der Abläufe limitiert. Je mehr innovative

Komponenten einem Vorhaben eigen sind, desto höher wird der Stellenwert einer sorgfältigen Planung anzusetzen sein.

Die Einmaligkeit eines Vorhabens bewirkt hinsichtlich der *ressourcenmäßigen Dimension*, dass die qualitativen und quantitativen Anforderungen an die Inputs jeweils spezifische Ausprägungen erfahren.

Die verschiedenen Facetten der Einmaligkeit heben ein Projekt auch von kontinuierlichen Arbeiten (sogenannten Routinetätigkeiten) ab (vgl. Übersicht 3).

Übersicht 3: **Vergleich von projekt- und klassischer, funktionsorientierter (Routine) Arbeit** *(nach RICHMAN, 2002, GAREL, 2003, ergänzt und modifiziert)*

Vergleichskriterium	Projektarbeit	Klassische (Routine)Arbeit
Ziele	konkret	häufig diffus
Zeithorizont	begrenzt	unbegrenzt
Zeiteinschätzung	schwer kalkulierbar	gut absehbar
Delegationsmuster	flach, hierarchiearm	hierarchisch
Ergebnis/Outcome	einzigartig und einmalig	standardisiert und reproduziert
Arbeitsweise	einmalig, veränderlich	wiederholt, kontinuierlich, fortlaufend
Ausrichtung	ergebnisorientiert	aufgabenorientiert
Erfolgskriterium	Endergebnis, Resultat	funktionale Effizienz
primäre Organisations-verantwortung	inhaltsbezogen	personalbezogen
dominierende Art der Aktivitäten	flexibel – anpassungsfähig	reproduzierbar – standardisiert
Kosten	nur schätzbar	bekannt, gut kalkulierbar
Zuordnung der Entscheidungskompetenz	autonom beim Team der Bearbeiter	bei Vorgesetzten
Cash-flow	negativ	positiv
Finanzierung	befristet und spezifisch	kontinuierlich und pauschal
Organisationsstrukturen	vorübergehend und wandlungsfähig	dauerhaft und stabil
Umkehrbarkeit	irreversibel	reversibel
Risiko	tendenziell höher wegen Einmaligkeit und Unbekanntheit der Tätigkeiten	tendenziell niedriger wegen Routinisierung
Managementstil	proaktiv	reaktiv
Reaktionsfreudigkeit auf Umweltveränderungen und Kundenbedürfnisse	größer und rascher	geringer und langsamer
Typische Einsatzgebiete	Innovation und Experimentieren	Verwaltung
Standardisierung	gering	hoch

Weil jedes Projekt Einzigartigkeit für sich beanspruchen kann, variieren auch die einzelnen konkreten Arbeitsschritte und Tätigkeiten; allerdings sind die Grundtypen der Arbeitsschritte und Tätigkeiten immer wieder einheitlich und prinzipiell von Vorhaben zu Vorhaben übertragbar; ein Umstand, welcher erst generalisierende Aussagen zum Projektmanagement ermöglicht.

3.2. „Lebenszyklus" eines Projektes

Wie alles Lebendige besitzen Projekte einen Lebenszyklus, der eine Abfolge charakteristischer Phasen umfasst (vgl. Abbildung 6).

Von der Geburt einer Idee, über deren Konkretisierung, wächst die Sache heran zu einem wohlgeplanten Vorhaben, das anschließend mit voller Kraft in die Tat umgesetzt und nachdem alles vollbracht ist, auch regulär beendet wird (vgl. MEREDITH und MANTEL 2003, 9). Während jedes Abschnitts des Projektlebenszyklus stehen phasenspezifische Tätigkeiten an, die spezifische Ergebnisse zu erbringen haben, damit das Vorhaben einen geordneten Verlauf nehmen und effizient zum Erfolg kommen kann:

- Während einer **Vorlauf- und Vorbereitungsphase** sind die Projektvoraussetzungen zu prüfen und die Ideen so weit zu selektieren sowie auf Machbarkeit zu testen, dass sich klare Ziele für das Vorhaben festlegen sowie Vorstellungen darüber eingrenzen lassen, mit welchen Mitteln die gesteckten Ziele zu erreichen wären. Schließlich ist eine *Grundsatzentscheidung* zu treffen, ob das Vorhaben weiter verfolgt wird.

- Wenn diese positiv ausfällt, folgt eine Phase der **Projektplanung**, welche alle Tätigkeiten, die zur Erreichung der Ziele notwendig sein werden, möglichst genau aufzulisten hat; die einzelnen zur Erledigung anstehenden Tätigkeiten in eine technisch und organisatorisch sinnvolle Reihenfolge bringen muss; die Dauer sowie den Ressourcenbedarf der zu verrichtenden Arbeiten einzuschätzen hat; und die kommerziellen Implikationen möglichst klar erfassen muss. Letztlich münden diese Überlegungen in *detaillierte Pläne* sowie in verbindliche *Verträge*.

- Auf Basis der Vereinbarungen mit dem Auftraggeber und der in den Plänen niedergelegten Vorstellungen über die Abläufe startet die **Ausführung** der Arbeiten, wofür adäquate Personen bereitzustellen sowie MitarbeiterInnen zu motivieren sind und wobei im Rahmen von Kontrollen der tatsächlich erzielte Fortschritt laufend mit den Plänen zu vergleichen ist und falls gravierende Abweichungen auftreten, Korrekturmaßnahmen zu ergreifen oder Planänderungen vorzunehmen sind. Schließlich sollte nach Erledigung der Arbeiten das *Projektergebnis* vorliegen und *dem Auftraggeber zur Verfügung* gestellt werden.

- Danach hat noch eine **Abschlussphase** zu folgen, in der jene Erfahrungen, Erfolge und Fehler festzuhalten sind, welche während der Planung des Vorhabens und der Erledigung der Arbeiten zu verzeichnen waren. Eine möglichst in schriftlicher Form gehaltene *Dokumentation der „Lessons learned"* sollte am Ende die Projektarbeit abrunden.

Nachdem jedes Projekt charakteristischerweise eine Folge der Phasen durchläuft:

- Konzeption und Definition des Projekts,
- Planung des Projektes,
- Durchführung des Projektplanes,
- Abschluss und Bewertung des Projektes,

resultiert aus dem Lebenszyklus eines Projektes auch eine charakteristische Struktur des Projektmanagementprozesses (vgl. Abbildung 7).

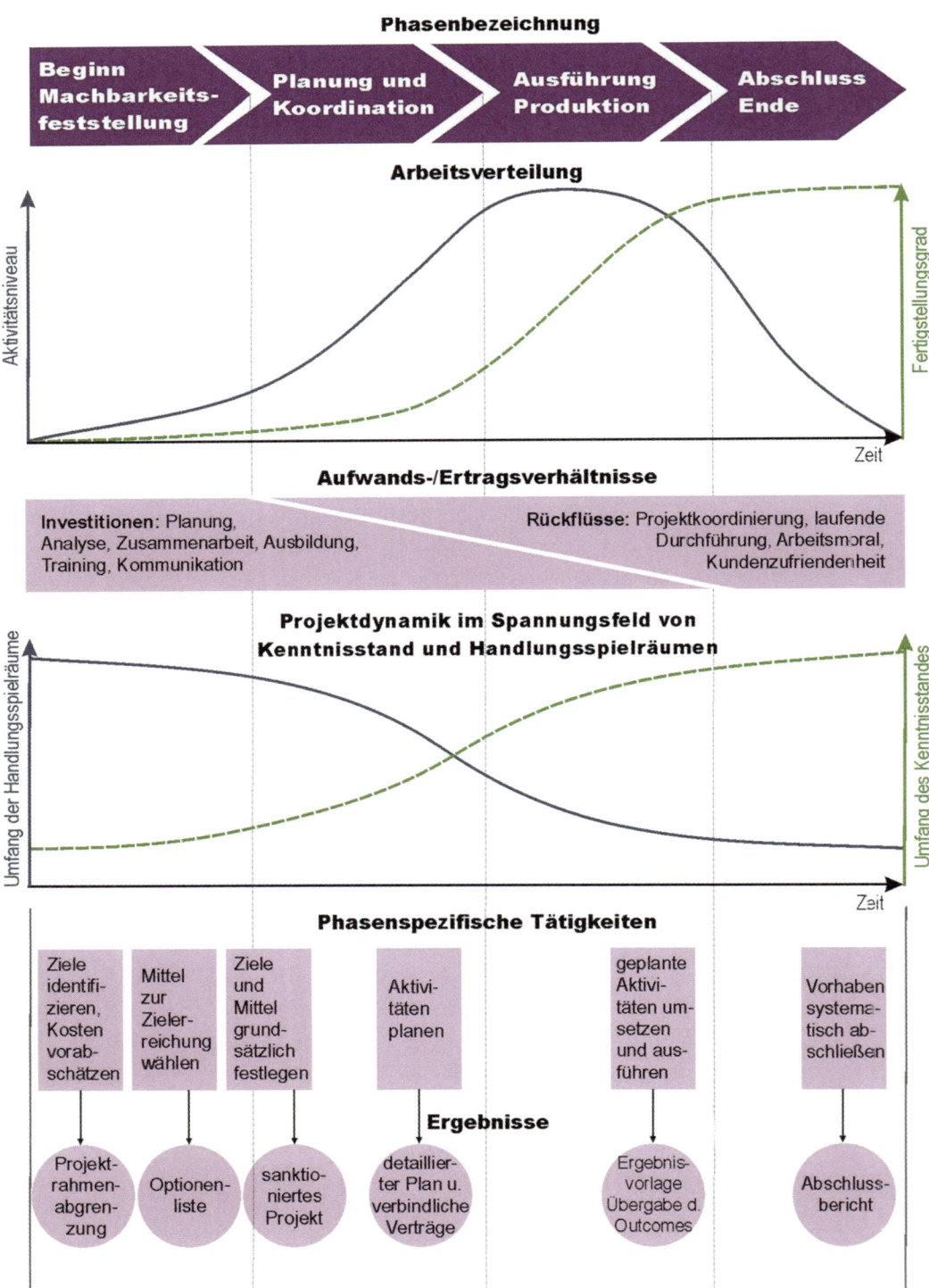

Phasenbezeichnung

Beginn
Machbarkeits-
feststellung

Planung und
Koordination

Ausführung
Produktion

Abschluss
Ende

Arbeitsverteilung

Aktivitätsniveau

Fertigstellungsgrad

Zeit

Aufwands-/Ertragsverhältnisse

Investitionen: Planung,
Analyse, Zusammenarbeit, Ausbildung,
Training, Kommunikation

Rückflüsse: Projektkoordinierung, laufende
Durchführung, Arbeitsmoral,
Kundenzufriedenheit

**Projektdynamik im Spannungsfeld von
Kenntnisstand und Handlungsspielräumen**

Umfang der Handlungsspielräume

Umfang des Kenntnisstandes

Zeit

Phasenspezifische Tätigkeiten

Ziele
identifi-
zieren,
Kosten
vorab-
schätzen

Mittel
zur
Zieler-
reichung
wählen

Ziele
und
Mittel
grund-
sätzlich
festlegen

Aktivi-
täten
planen

geplante
Aktivi-
täten um-
setzen
und aus-
führen

Vorhaben
systema-
tisch ab-
schließen

Ergebnisse

Projekt-
rahmen-
abgren-
zung

Optionen-
liste

sanktio-
niertes
Projekt

detaillier-
ter Plan u.
verbindliche
Verträge

Ergebnis-
vorlage
Übergabe d.
Outcomes

Abschluss-
bericht

Abbildung 6: Der idealtypische Projektzyklus

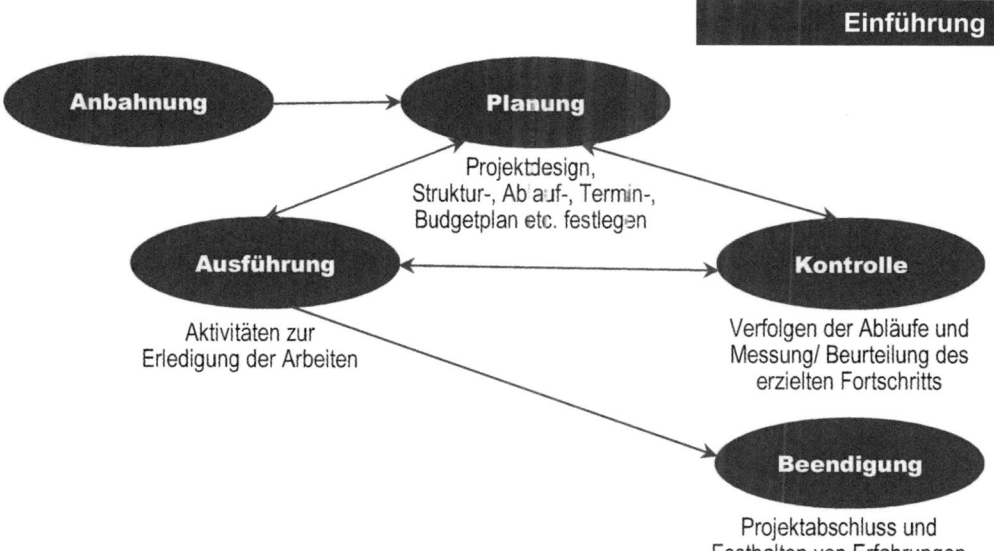

Abbildung 7: Der Projekt(management)prozess (nach PMI 2000)

Wie Abbildung 7 verdeutlicht, sind freilich im Prozess des Projektmanagements die einzelnen Phasen des Projekt-Lebenszyklus nicht stets streng linear hintereinander geschaltet, sondern vor allem Planung, Ausführung und Kontrolle sind in der Regel zyklisch rückgekoppelt und werden iterativ durchlaufen. Diese schleifenförmige Vorgangsweise entspricht einem generellen Grundmuster für erfolgreiche Problemlösungen (vgl. Abbildung 8).

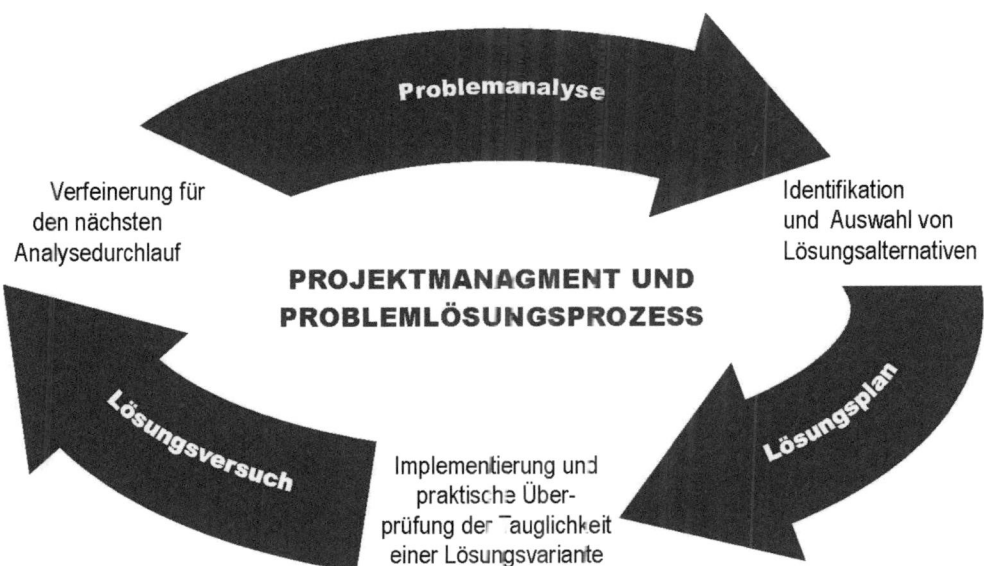

Abbildung 8: Gemeinsames Grundmuster erfolgreicher Problemlösungs- und Projektmanagementprozesse (in Anlehnung an COOKE und TATE 2005, 20)

Jene Rückkoppelungsphänomene, die bei der Arbeit an komplexeren Vorhaben auftreten, führen dazu, dass sich für das Management von Projekten eine Darstellung als Regelkreis anbietet (vgl. Abbildung 9). Denn von konzeptiven Ausgangsvorstellungen getragenes Handeln liefert reale Ergebnisse, die von den Anfangsideen u.U. abweichen, so dass sowohl Wunschbilder zu korrigieren als auch die gesetzten Maßnahmen, also das Handeln, zu modifizieren sind. Mit anderen Worten: Es stellt sich ein wechselseitiger Trial- and Error-Prozess ein, welcher im Idealfall so lange fortzuführen wäre, bis Ist und Soll einander entsprechen.

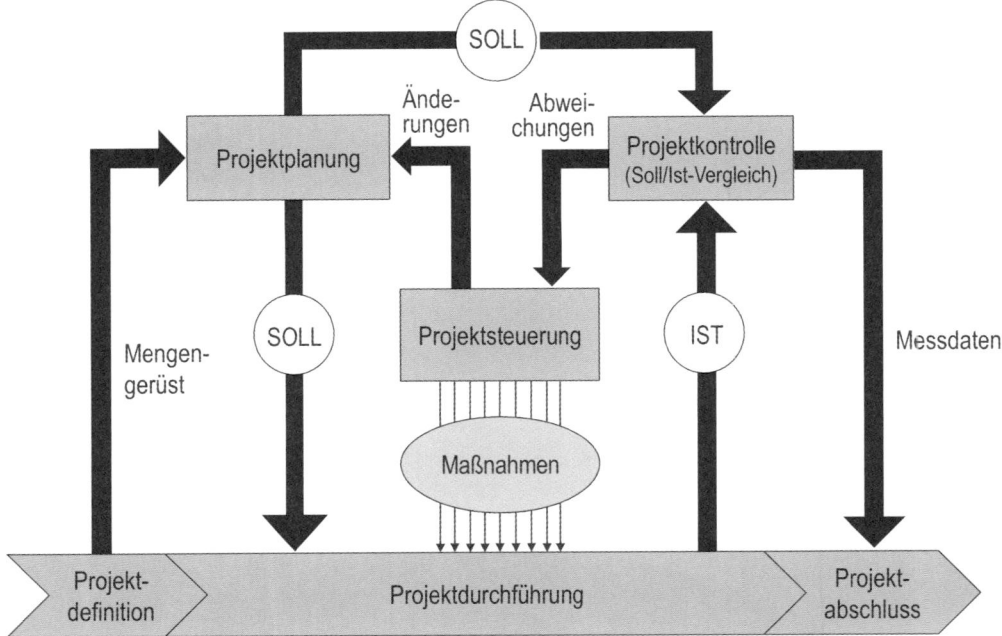

Abbildung 9: *Der Projektmanagement-Regelkreis* (BURGHARDT 2007, 17)

Dementsprechend lässt sich Projektmanagement auch als Management von umweltgeduldeten Versuchs-/Irrtumsprozessen begreifen (vgl. NAUSNER 2006, 50).

3.3. Projekttypen und -profile

Da das Projektmanagement sich sehr universell einsetzen lässt, existiert eine beachtliche Vielfalt an Projektarten. Deren Einteilung und Abgrenzung kann sich an verschiedenen Kriterien orientieren. Die praktische Bedeutung dieser Kategorisierungen besteht darin, dass für jeden Projekttyp Spezifika beim Projektdesign zu beachten und unterschiedliche Projektmanagementmethoden einzusetzen sind.

Projekttypen

In Abhängigkeit davon, wo der **Auftrag** für ein Projekt seinen Ausgang nimmt, unterscheidet man:

- *Externe (Fremdauftrags-)Projekte* (die von außerhalb der eigenen Organisation beauftragt sind, weswegen etwa dem Projektmarketing diesfalls prononcierte Bedeutung zufällt)

    Wobei sich innerhalb der Gruppe der externen Projekte eine weitere Differenzierung vornehmen lässt zwischen:

    - privaten Projekten (wo physische oder juristische Privatpersonen hinter der Auftragserteilung stehen) und

    - öffentlichen Projekten (wo Regierungen, Behörden oder Gemeinden als Auftraggeber fungieren, weshalb in diesen Fällen oftmals spezielle Regeln besonders zu beachten sind).

- *Interne (Eigenauftrags-)Projekte* (die innerhalb der eigenen Organisation nachgefragt werden, wobei erfahrungsgemäß die Rekrutierung und entsprechende Freistellung von ProjektmitarbeiterInnen zu einer besonderen Herausforderung wird.)

Nach den **Aufgaben** des Projektes für die Organisation bleibt zu trennen zwischen:

- *strategischen Projekten* (die auf grundsätzlicher Ebene ansetzen, sich an den übergeordneten Zielen [wie Bestandssicherung der Organisation] ausrichten, weniger detailliert primär auf Effektivität abstellen und eher langfristig orientiert sind, weshalb sie in der Regel auch einer stärkeren Dynamik unterworfen bleiben) sowie

- *operativen Projekten* (welche in der Regel eher kurzfristig, dafür detaillierter angelegt sind und welche – primär der Effizienz verpflichtet – auf eine richtige Umsetzung von Entscheidungen im Tagesgeschäft orientiert sind).

Entsprechend den Ursachen, die den **Bedarf** nach einem Projekt geweckt haben, ist zu differenzieren zwischen:

- *marktgesteuerten Projekten* (die als Reaktionen auf Marktbedürfnisse zu deuten sind),

- *krisenbedingten Projekten* (die eine Antwort auf ein akutes Problem darstellen),

- *veränderungsbedingten Projekten* (die als Anpassungsreaktion auf aktuelle Umfeldveränderungen zu interpretieren sind).

Gemäß der **Unternehmensfunktion**, in welcher das Vorhaben primär anzusiedeln ist, lassen sich folgende Projektarten unterscheiden (vgl. zum Folgenden BURGHARDT 2000, 234f.):

- *Forschungsprojekte* (umfassen sowohl exploratorische Grundlagenarbeiten als auch anwendungsorientierte Technologieforschungen. Da das Forschungsziel meist noch sehr unklar ist, und sich die notwendige Kreativität der Mitarbeiter und deren Ideenfindung nicht streng vorausplanen lassen, enthalten die Rahmengrößen bei einem Forschungsprojekt üblicherweise mehr Unsicherheiten als etwa bei einem

Entwicklungsprojekt. Forschungsprojekte sind besonders gekennzeichnet durch die Neuheit der Aktivitäten, durch die geringen Präzisierungsmöglichkeiten der Zielvorgaben und durch den hohen Änderungsgrad der Projektparameter; sie sind damit einer systematischen Planung und Überwachung nur schwer zugänglich.)

- *Entwicklungsprojekte* (haben im Gegensatz zu Forschungsprojekten immer ein klar definiertes Entwicklungsziel, etwa die Fertigung eines Prototyps oder eines serienreifen Produktes. Diesfalls hat das Projektmanagement im Interesse eines frühen Markteintritts besonderes Gewicht auf rasche und termintreue Abwicklung zu legen.)

- *Rationalisierungsprojekte* (sollen bestehende und geplante Abläufe und Prozessketten möglichst optimal ausgestalten. Rationalisierungsprojekte gibt es in allen Bereichen eines Unternehmens: in der Entwicklung, in der Fertigung, im Vertrieb, im Rechnungs- und Personalwesen.)

- *Projektierungsprojekte* (sind im System- und Anlagengeschäft gebräuchlich. Im Gegensatz zu Entwicklungsprojekten sind die Bestandteile des an den Kunden auszuliefernden Systems bzw. der Anlage nicht alle neu zu entwickeln. Stattdessen wird das System bzw. die Anlage aus vorhandenen Produkten zusammengefügt, wobei fehlende Teile eigens entwickelt und andere eventuell angepasst werden müssen. Diese Projektierung kann auch eine hohe Anzahl Fremdteile einbeziehen. Projektierungsprojekte müssen in erster Linie Probleme mit internen und externen Schnittstellen sowohl technischer als auch organisatorischer Natur bewältigen.)

- *Organisationsprojekte* (sollen die Ablauforganisation oder die Aufbauorganisation in einem Unternehmensbereich neu gestalten; sie haben vor allem auf soziale Gesichtspunkte und auf das Veränderungsmanagement zu fokussieren.)

- *Planungsprojekte* (dienen der Klärung neuer und unbekannter Aktivitätsfelder. Solche Projekte können z.B. das Planungsvorfeld für ein eventuell nachfolgendes Entwicklungs- oder Rationalisierungsprojekt abdecken.)

- *Vorleistungsprojekte* (befassen sich mit der Entwicklung eines Produkts oder eines Produktteils, ohne dass ein konkreter Kundenauftrag vorliegt; allerdings besteht die Absicht, die Vorleistungsergebnisse in spätere Kundenprojekte einzubringen.)

- *Investitionsprojekte* (haben größere Anschaffungen zum Inhalt; diesfalls kommt längerfristigen Wirtschaftlichkeitsüberlegungen eine besondere Rolle zu).

Gemäß der **geographischen Streuung der Projektbeteiligten** ist zu trennen zwischen

- *nationalen Projekten* (bei denen sämtliche Beteiligte aus demselben Kulturkreis kommen, was eher eine gemeinsame Verständigungsbasis verspricht sowie Vertragsbeziehungen erleichtert) und

- *internationalen Projekten* (bei denen die Beteiligten aus verschiedenen Herkunftsländern mit womöglich divergierenden Rechtssystemen kommen und bei denen wesentliche Projektleistungen in unterschiedlichen Staaten erbracht werden, was besondere Anforderungen an das interkulturelle Management, an die Sprachkenntnisse, aber etwa auch an die juristische Absicherung stellt).

Schließlich lassen sich entsprechend der **inhaltlichen Ausrichtung** die Vorhaben danach klassifizieren, was den zentralen Gegenstand der Arbeiten ausmacht. Dementsprechend sind beispielsweise zu nennen:

- *Infrastrukturprojekte* (schaffen Ver- und Entsorgungseinrichtungen bzw. sonstigen Unterbau für das (Wirtschafts-)Leben; z.B. Errichtung von Straßen oder Bahntrassen, von Pipelines, Spitalsneubau, Bau einer Wasser-, Strom- oder Gasleitung)

- *Bau- und Anlagenerrichtungsprojekte* (konzentrieren sich auf die Konstruktion von Häusern und Betriebsstätten; z.B. Wohnsiedlungen, Fabriken, Bürotürme)

- *IT-Projekte* (Kreieren neuer Hardware- und Softwarelösungen, z.B. Webcams, neue EDV-Programme, Entwicklung von Computerspielen)

- *Kulturprojekte* (fokussieren zumeist auf künstlerische Veranstaltungen, z.B. Musik-, Theater-, Filmproduktionen, Konzerte, Opernaufführungen, Organisation eines Festivals oder einer Ausstellung, Schreiben eines Buches)

- *Gründungsprojekte* (zielen auf die Etablierung neuer Institutionen ab, z.B. Eröffnung einer neuen Fertigungsstätte, Universität oder Bibliothek)

- *Hilfsprojekte* (widmen sich der Förderung Bedürftiger resp. der Unterstützung Notleidender, z.B. Programm zum Wiederaufbau nach Naturkatastrophen)

Im Vordergrund der Projekttypisierungen steht nicht so sehr eine stets trennscharfe Klassifizierung aller denkbaren Vorhaben als vielmehr die Vermittlung eines Eindrucks darüber, wie vielfältig konkrete Projekte sein können. Auf diese Diversität sei vor allem deshalb aufmerksam gemacht, um dafür zu sensibilisieren, dass es vom Charakter des Vorhabens (vom Projekttyp) abhängt, welche unterschiedlichen Verfahren und Instrumente des Projektmanagements zweckmäßigerweise einzusetzen sind.

Akzessorische Projektmerkmale

Neben den das Wesen eines Projektes konstituierenden Eigenschaften (Einmaligkeit, Zeit- und Ressourcenbeschränkungen, sachlich klar definierte Aufgabenstellung) existiert eine Reihe von Projektmerkmalen, welche in Abhängigkeit vom jeweiligen Vorhaben in unterschiedlicher Ausprägung auftreten können und von deren konkreter Ausprägung das jeweils geeignete Projektdesign sowie die jeweilige Auswahl passender Projektmanagementwerkzeuge abhängt (siehe Übersicht 4).

Projektprofil

Die für ein konkretes Vorhaben zu erwartenden Ausprägungen der verschiedenen Projektmerkmale kann man grob einschätzen und graphisch in sogenannten Projektprofilen (Abbildung 10) zusammengefasst darstellen.

Derartige Graphiken eignen sich ferner dazu, mehrere Vorhaben einander vergleichend gegenüberzustellen, was als Grundlage für Auswahlentscheidungen hilfreich sein kann.

Übersicht 4: **Projektmerkmale und deren Rückwirkungen auf das Projektdesign**
(vgl. BIRKER 1995, 10f.)

Eigenschaft	Rückwirkung auf das Projektdesign
Komplexität	
Sie äußert sich in der Verschiedenartigkeit der zu erfüllenden Aufgabenstellungen sowie in starken Abhängigkeiten und vielen Querverbindungen zwischen den einzelnen Tätigkeiten, die zur Realisierung des Vorhabens nötig sind.	Je höher die Komplexität, desto mehr Sorgfalt wird der Ablaufplanung zu schenken sein.
Relative Neuartigkeit	
Sie bezieht sich sowohl auf technische, organisatorische oder verfahrensmäßige Aspekte etc., wie auch darauf, dass z.B. bislang nicht bearbeitete Geschäftsfelder oder Absatzgebiete erschlossen werden sollen.	Als je innovativer ein Vorhaben einzuschätzen ist, desto mehr Unsicherheiten sind zu erwarten.
Umfang	
meint die Anzahl der für das Projekt zu realisierenden Einzelaufgaben.	Je umfangreicher ein Projekt ist, desto mehr Planungs-, Koordinations-, Kontroll- und Ausführungsaufwand wird aufzubringen sein.
Schwierigkeitsgrad	
Dieser reflektiert die Wahrscheinlichkeit, die Ziele des Projekts in Grad und/oder Art nicht zu erreichen. Er beschreibt also die besonderen Probleme bei der Zielerfüllung, die sich z.B. ergeben können durch enge Terminvorgaben, knappe Budgets, Probleme des Interessenausgleiches zwischen den Projektbeteiligten oder auch deren geringe Projekterfahrung.	Als je schwieriger ein Vorhaben einzustufen ist, desto eher braucht es erfahrene Persönlichkeiten für die Projektleitung und das Projektteam.
Bedeutung	
charakterisiert den Einfluss des Projekts auf die Überlebensperspektiven der Trägerorganisation und auf deren Ziele.	Je wichtiger der Projekterfolg für die Trägerorganisation, desto eher ist das Instrumentarium des Projektmanagements voll auszuschöpfen und desto projekterfahreneres Personal ist mit der Durchführung zu betrauen.
Risiko	
kennzeichnet die Gefahr des Eintritts eines Schadens bzw. der Verfehlung der Projektziele und kann von technischen, finanziellen und sonstigen Gründen herrühren.	Je zahlreicher die erwartbaren Unwägbarkeiten eines Vorhabens, desto mehr Augenmerk ist einem eigenen Risikomanagement zu schenken.
Beteiligtenanzahl	
nimmt Bezug auf den Kreis der in das Vorhaben involvierten internen oder /und externen MitarbeiterInnen, Arbeitsgruppen, Firmen etc.	Je mehr Personen und Institutionen in ein Vorhaben involviert sind, desto anspruchsvoller wird die Ausgestaltung von Koordination, Kommunikation und Berichtswesen.
Interdisziplinarität	
stellt auf die Zahl der verschiedenen zur Bewältigung des Vorhabens notwendigen Fachrichtungen ab, wobei mit steigender Vielfalt der involvierten Spezialgebiete die Wahrscheinlichkeit von Verständigungs- und Zuständigkeitsproblemen sowie Zielkonflikten zunimmt.	Je divergierender und bunter die fachliche Herkunft der Projektbeteiligten, desto ausgefeiltere Kommunikationsstrategien werden erforderlich sein.

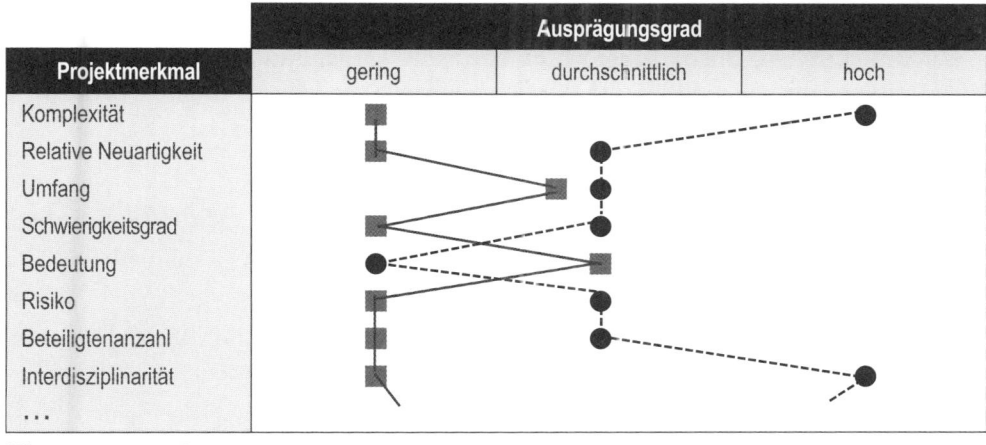

Projektmerkmal	Ausprägungsgrad		
	gering	durchschnittlich	hoch
Komplexität			
Relative Neuartigkeit			
Umfang			
Schwierigkeitsgrad			
Bedeutung			
Risiko			
Beteiligtenanzahl			
Interdisziplinarität			
...			

■ ... Projekt A, ● ... Projekt B

Abbildung 10: **Projektprofile** *(in Anlehnung an* BIRKER *1995, 10)*

Das Erstellen von Projektprofilen sowie das Unterscheiden verschiedener Projekttypen machen auch insofern Sinn, als der grundsätzliche Projektzyklus abhängig von den Projektmerkmalen im konkreten Detail jeweils charakteristische Ausformungen erfährt (vgl. Übersicht 5).

Übersicht 5: **Typische Phasen für unterschiedliche Projekttypen**
(nach KASTNER *1994, 72, modifiziert*)

	Investitionsprojekte	Entwicklungsprojekte	Forschungsprojekte	Organisationsprojekte	
Typen	Anlagenbau Bauwirtschaft	Produktentwicklung	Grundlagenforschung	Verwaltungs-reform	Implementation IT-Lösung
Phasen	Grundlagen-vermittlung	Problemanalyse	Ideen-findung	Vorstudie	Problemanalyse
	Vorplanung	Konzeptfindung	Literaturrecherche Orientie-rung über Forschungsstand	Konzeption	Systemplanung
	Entwurfsplanung	Produktdefinition	Definition der Forschungsfrage	Detailplanung	Detail-organisation
	Genehmigungs-planung	Produkt/Design	Ansatz und Theorierahmen	Realisierung	Realisierung
	Ausführungs-planung	Realisierung Prototyp	Hypothesen		
	Ausschreibung und Vergabe	Entwicklung zur Serienreife	Methoden & Materialauswahl	Einführung	Installation
	Bauausführung	Produktion	Datenerhebung		Abnahme
	Objekt-verwaltung	Service, Betreuung	Datenauswertung	Abnahme	Pflege
		Außerdienst-stellung	Hypothesenprüfung		
			Darstellung der Resultate/Publikation		

Zusammenfassung

☑ Projektmanagement fungiert als befristete Organisationsform zur Bewältigung einmaliger Herausforderungen bzw. zur Herstellung von Innovationen.

☑ Projektmanagement boomt,

- weil seine Techniken immer schwierigere Vorhaben effizienter bewältigen lassen,

- weil es primär auf Ergebnisverantwortung fokussiert

- weil es MitarbeiterInnen in die Pflicht nimmt und ihnen gleichzeitig möglichst viele Freiräume gewährt und

- weil sowohl die öffentliche Verwaltung als auch viele Firmen Geschäftsbeziehungen auf Projektbasis einfordern.

☑ Projekte und ihr Management heben sich von anderen Aufgaben durch ihre *Einmaligkeit* ab, was zeitlich in ihrer *Befristung*, sachlich in ihrer jeweiligen *Neuartigkeit* und ressourcenmäßig in der *Spezifität ihres Bedarfes* zum Ausdruck kommt.

☑ Im Projektmanagement ist es erfolgsentscheidend, Inhalts- mit Termin- sowie Kostenvorgaben in Einklang zu bringen und zu erfüllen.

☑ In jedem vollständig realisierten Projekt folgt einer

- *Vorlaufphase* (mit Inspiration, diversen Sondierungen und Zielfestlegungen) eine

- *Planungsphase* (mit gedanklicher Antizipation zu erledigender Arbeiten, zweckmäßiger Abläufe, zu beanspruchender Ressourcen, einzuhaltender Termine und auflaufender Kosten sowie einer entsprechenden Organisationsstruktur), danach eine

- *Ausführungsphase* (mit Aktivitäten zur Umsetzung, Messung und Beurteilung des erzielten Fortschritts, kontinuierlicher Dokumentation sowie laufenden Kontroll- und Steuerungsmaßnahmen) und schließlich eine

- *Abschlussphase* (mit Vorlage der Resultate, Nachbereitung, Festhalten von Erfahrungen sowie Auflösung der spezifischen Organisationsstruktur).

☑ Als Kriterien zur Typisierung von Projekten lassen sich u.a. heranziehen: der *Ausgangspunkt des Auftrages* (intern/extern), die *Bedarfsauslöser* (krisen/markt-/veränderungsbedingt), die *Ausrichtung* (strategisch/operativ), der *Projektgegenstand* (Bau/IT/Kultur/Infrastruktur), die primär *tangierte Unternehmensfunktion* (Forschung/Entwicklung/Organisation/Investition) oder die *Lokalisierung* (national/international), wobei typenabhängig jeweils unterschiedliche Schwerpunkte im Projektmanagement zu setzen sind.

Kontrollaufgaben

2.1. Eine Kollegin erzählt, dass sie ein Vorgesetzter neulich zur Mitarbeit beim bereits laufenden Bio-Glue-Projekt eingeladen hat. Im Zuge des Vorhabens soll ein Organkleber für veterinärmedizinische Zwecke entwickelt werden. Ihrer Kollegin wurde gesagt, dass sie für das kontinuierliche Festhalten des Projektfortschrittes und für diverse sonstige anstehende Arbeiten gebraucht würde. Da Ihre Kollegin von der Aufforderung mitzumachen so überrascht war, dass sie vergessen hat, ihrem Vorgesetzten weitere Fragen zu stellen, und da sie mit Projekten und Projektmanagement bislang nichts zu tun hatte, ist sie jetzt unsicher und konsultiert Sie. Sie möchte von Ihnen wissen, in welchem Stadium sich das Vorhaben vermutlich befindet und welche anderen für dieses Projektstadium charakteristischen Tätigkeiten noch anfallen könnten.

2.2. Ein eben zum Ministerialrat beförderter Beamter muss erstmals eigenverantwortlich Mittel für ein Forschungsvorhaben vergeben. Das Buy-Bio-Projekt soll den Markt für Produkte aus ökologischer Landwirtschaft in einer zwischen Ministerium und Auftragnehmer detailliert vereinbarten Form analysieren. Die Resultate sollen in zwei Jahren vorliegen und danach als Grundlagen für eine Werbekampagne dienen. Diese breit angelegten Maßnahmen zur Imagepflege und zur Ankurbelung des Bio-Lebensmittelabsatzes wurden vom Minister initiiert und so terminisiert, dass sie in eine Wahlkampfperiode fallen sollten. Da sich die politische Konstellation kurzfristig verändert hat, zeichnen sich schon ein Jahr früher Neuwahlen ab.

Womit wird der Ministerialrat als Auftraggebervertreter rechnen müssen, wenn er das Resultat des Buy-Bio-Projektes in der selben Qualität, wie sie ursprünglich vereinbart war, nun doppelt so schnell als seinerzeit geplant auf seinem Tisch liegen haben möchte?

2.3. Das Graphikbüro „Promo-Design" soll im Auftrag des Mountain-Milk Molkereikonzerns die nicht mehr dem Zeitgeschmack entsprechende Verpackungsgestaltung überarbeiten und einen Prototyp für eine futuristische Trinkmilchflasche entwerfen. Bitte stellen Sie fest, welchem Projekttyp das Bottle-Design-Projekt zuzurechnen ist:

a) gemäß Ausgangspunkt des Projektauftrages;

b) gemäß Unternehmensfunktion in welcher das Projekt anzusiedeln ist;

c) gemäß Ursache für den Projektbedarf.

d) Erläutern Sie ferner, welche praktische Bedeutung für das Projektmanagement der Umstand besitzt, dass man sich solche Projekttypisierungen bewusst macht?

Leitfragen

- Wann sollte man (nicht) zur Projektorganisation greifen?

- Wie lassen sich Projekte in bestehende Organisationsstrukturen einbetten?

- Welche Strukturen und Rollen sind erforderlich, um größere Einzelvorhaben erfolgreich zu bewältigen?

- Wer hat was zum Projekterfolg beizutragen?

- Welche Personen eignen sich für die Projektleitung und welche spezifischen Aufgaben haben sie zu erfüllen?

- Wie viele und welche Personen sollen an einem Projekt arbeiten, wonach sucht man sie aus und wie entsteht ein leistungsfähiges Team?

Lehr- und Lernziele

- Treffsicher die für ein Vorhaben passende Organisationsform wählen und begründen können

- Wenigstens drei zentrale Rollen in Projekten identifizieren und definieren können

- Imstande sein, die Prinzipien der Teambildung und Teamarbeit praktisch umzusetzen

- Grundanforderungen an Projektleiter und Projektteammitglieder artikulieren und für Fallbeispiele spezifizieren können

4. Wesen und Anwendung der Projektorganisation

4.1. Merkmale der Projektorganisation

Die Bewältigung komplexer einmaliger Vorhaben verlangt nach entsprechender Organisation. In diesem Zusammenhang meint Organisation ein bewusst geschaffenes Gebilde interdependenter Handlungen, welche in arbeitsteiliger Kooperation und durch Koordination zielgerichtet miteinander verknüpft sind (vgl. MÜLLER-JENTSCH 2003, 19).

Diese allgemeine Definition lässt auf zwei Ebenen eine Interpretation und Konkretisierung zu:

- Aus *prozessual funktionaler* Warte (im Sinne eines Ablaufes) ist unter Organisation zu begreifen: das Gestalten, Ordnen und Regeln von Einzelelementen, sodass sich ein funktionierendes Ganzes ergibt (vgl. MOTZEL 2006, 134).

- Aus *institutioneller* Sicht (im Sinne einer Struktur bzw. eines Aufbaues) ist unter Organisation ein soziotechnisches System zu verstehen, mit einem geordneten Gefüge von Verantwortungen, Befugnissen und Beziehungen, mit eigener Verwaltung, das die Gesamtheit der Mitarbeiter, der Einrichtungen und Anlagen, des Know-hows, der Kultur und sonstiger Werte umfasst.

Bezieht man diese generellen Feststellungen auf die Realisierung einmaliger Vorhaben, so ergibt sich folgende Definition:

> Unter **Projektorganisation** sind auf Zeit angelegte Handlungsabfolgen respektive Gefüge zu verstehen, die sich zur Bewältigung komplexer, singulärer Aufgaben mit spezifischen Leistungs-, Termin- und Kostenzielen eignen.

Die Projektorganisation ermöglicht eine Objektorientierung anstelle der etwa in klassischen Linien- oder Stab-Linienorganisationsstrukturen vorherrschenden Funktionsorientierung, sodass fachübergreifende Zusammenarbeit und damit auch eine Überwindung der tayloristischen Arbeitsteilung stattfinden kann (vgl. BEA 2008, 3).

Die Projektorganisation hebt sich also von anderen klassischen Organisationsformen, die ebenfalls ihre spezifischen Stärken und Schwächen besitzen, deutlich ab.

Wie zahlreiche Armeen, staatliche Verwaltungen, aber auch Hilfsorganisationen wie Freiwillige Feuerwehren oder die katholische Kirche zeigen, lassen sich nämlich viele Aufgaben, vor allem wenn sie eher routiniert bzw. standardisiert sind, durch ein streng hierarchisch strukturiertes Gefüge langfristig hervorragend bewältigen.

Solch ein strikt hierarchischer Aufbau einer Einrichtung trägt zu deren hoher Beständigkeit und Funktionstüchtigkeit bei. Er lässt sich graphisch in einem sogenannten Organigramm (vgl. Abbildung 11) darstellen:

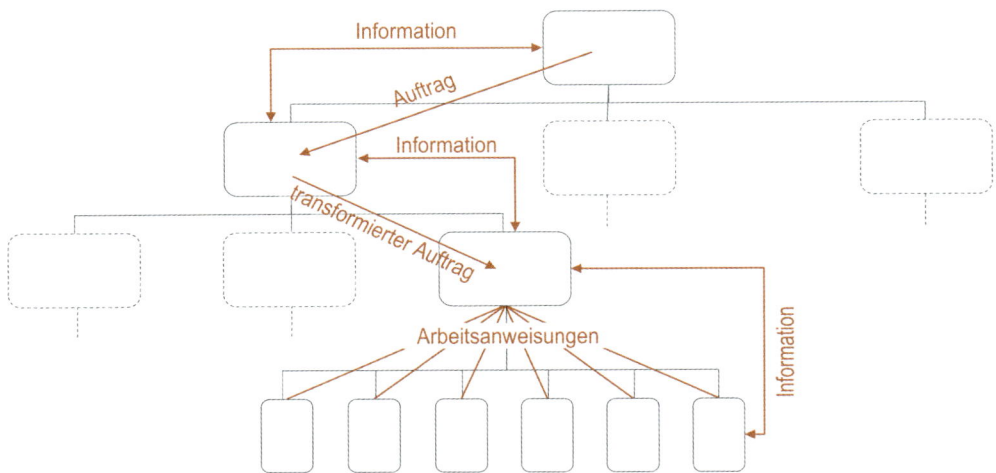

Abbildung 11:   Organigramm einer klassischen Linienorganisation

- Darin repräsentieren rechteckige Kästchen „Stellen". Der Ausdruck Stelle bezieht sich auf einen auf Dauer angelegten Arbeitsplatz. Der Terminus „Stelle" fasst einerseits ein Bündel von Aufgaben zusammen, welches von einer entsprechend qualifizierten Kraft zu bewältigen ist und inkludiert andererseits Rechte, die dem Stelleninhaber zur Erfüllung seiner Aufgaben übertragen werden (= Kompetenzen) wie auch Pflichten, für eigene Entscheidungen bzw. Handlungen Rechenschaft abzulegen (= Verantwortung).

- Linien symbolisieren im Organigramm Zuordnungen, zugleich aber auch Weisungs-, Anordnungs-, Kontrollkompetenzen sowie Kommunikationsbeziehungen und Informationsströme.

Eine sogenannte Linienorganisation schafft eine sehr straffe und übersichtliche Struktur. Sie sollte Überschneidungen von Zuständigkeits- und Verantwortungsbereichen ausschließen und gute Kontrollmöglichkeiten bieten. Die klare Abstufung von Leitungsebenen im Verein mit eindeutigen Zuständigkeitsregelungen verlangt von Mitarbeitern Disziplin, Gehorsam, Verlässlichkeit und das Ausführen detaillierter Anweisungen. Mit der klassischen Form der Linienorganisation gehen allerdings langwierige Instanzenwege einher, welche den Informationsfluss zwischen den Stellen stören (was sich in Informationsverfälschungen am langen Dienstweg äußert). Außerdem leidet diese Organisationsform unter geringer Dynamik bei Arbeitsprozessen.

Eine Linienorganisation ist auf die Reproduktion von Bekanntem angelegt. Sie erweist sich jedoch im Falle neuer, sehr komplexer Herausforderungen unter Umständen rasch als überfordert.

Wo singuläres Handeln, Innovationen, Originalität und Kreativität in den Vordergrund rücken, wächst der Bedarf nach flexiblen Formen der Arbeitsorganisation. Deren Implementation in bestehende Strukturen will freilich wohl überlegt sein.

4.2. Integration von Projekten in bestehende Organisationsstrukturen

Eine Projektorganisation stellt ein selbstorganisierendes System dar. Projekte sind zeitlich limitiert. Dementsprechend ist auch jene Organisationsstruktur nicht auf Dauerhaftigkeit ausgerichtet, die zur Bearbeitung eines Vorhabens zu etablieren ist. Dieser Umstand bringt eine gewisse Unruhe in ansonsten stabile Strukturen (etwa eines Unternehmens) (vgl. BEA 2008, 47). Deswegen braucht es sorgfältige Überlegungen darüber, wie die Projektorganisation in das bestehende Organisationsgefüge integriert wird. Denn die Erfahrung lehrt, Vorhaben scheitern immer wieder am organisatorischen Durcheinander, an mangelnder Klarheit in der Aufgaben- und Kompetenzverteilung (MADAUSS, S. 86).

Die *Stabs-Projektorganisation* bettet Projekte an Stabsstellen in eine ansonsten unverändert bleibende Linienorganisation ein. Diese Stabsstelle besitzt keine Weisungsbefugnis gegenüber Linienstellen. Sie sorgt für Entscheidungsvorbereitung, Austausch von Informationen sowie gegenseitige Aktivierung der projektbezogenen Aktivitäten, erscheint aber mangels Durchgriffsrechten latent von Autoritätsverlust und Motivationsproblemen bedroht; prädestiniert für kleinere, nicht zeitkritische, risikoarme Vorhaben, in die nur wenige Abteilungen involviert sind.

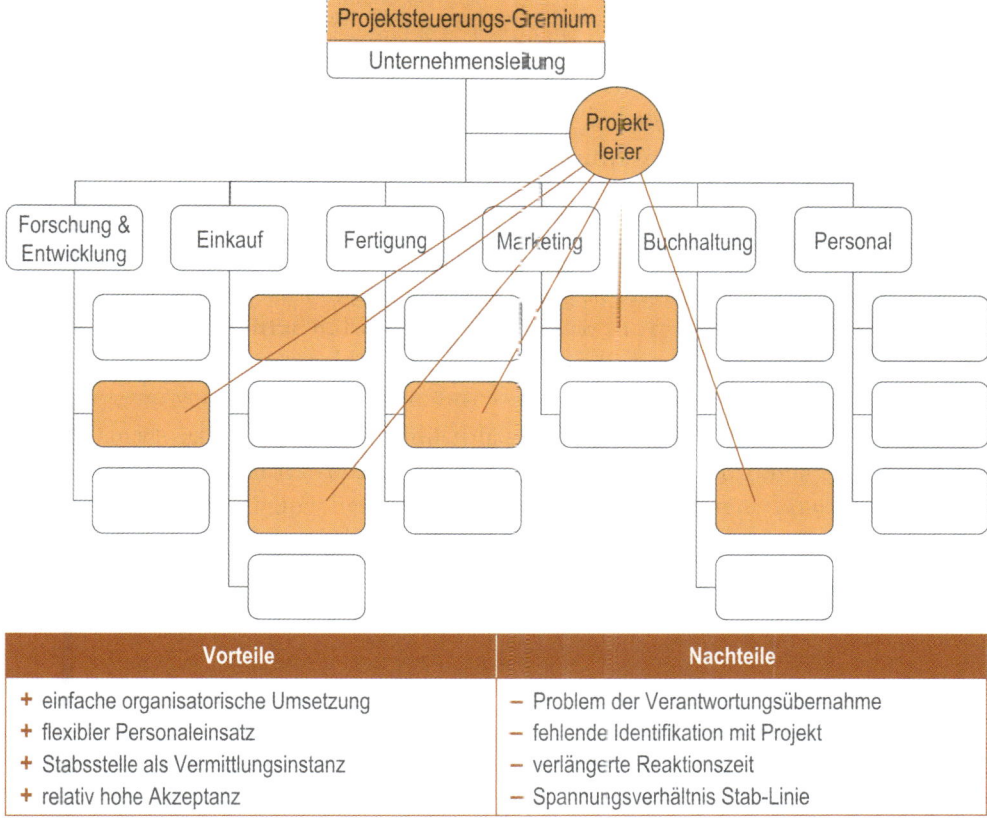

Vorteile	Nachteile
+ einfache organisatorische Umsetzung	− Problem der Verantwortungsübernahme
+ flexibler Personaleinsatz	− fehlende Identifikation mit Projekt
+ Stabsstelle als Vermittlungsinstanz	− verlängerte Reaktionszeit
+ relativ hohe Akzeptanz	− Spannungsverhältnis Stab-Linie

Abbildung 12: **Stab-Linien-Projektorganisation** *(in Anlehnung an BEA et al. 2008, 62)*

Die *Matrix-Projektorganisation* operiert mit einer Kompetenzsplittung und mit einer Doppelzuordnung der Stellen; das konkrete Projekt betreffend unterstehen die MitarbeiterInnen dem Projektleiter, in nicht direkt zum Projekt gehörigen Angelegenheiten sind die MitarbeiterInnen einem Vorgesetzten eines Funktionsbereiches zugeordnet; geeignet bei einer Mehrzahl solcher gleichzeitig zu bearbeitenden Vorhaben, die MitarbeiterInnen aus sehr verschiedenen Bereichen erfordern.

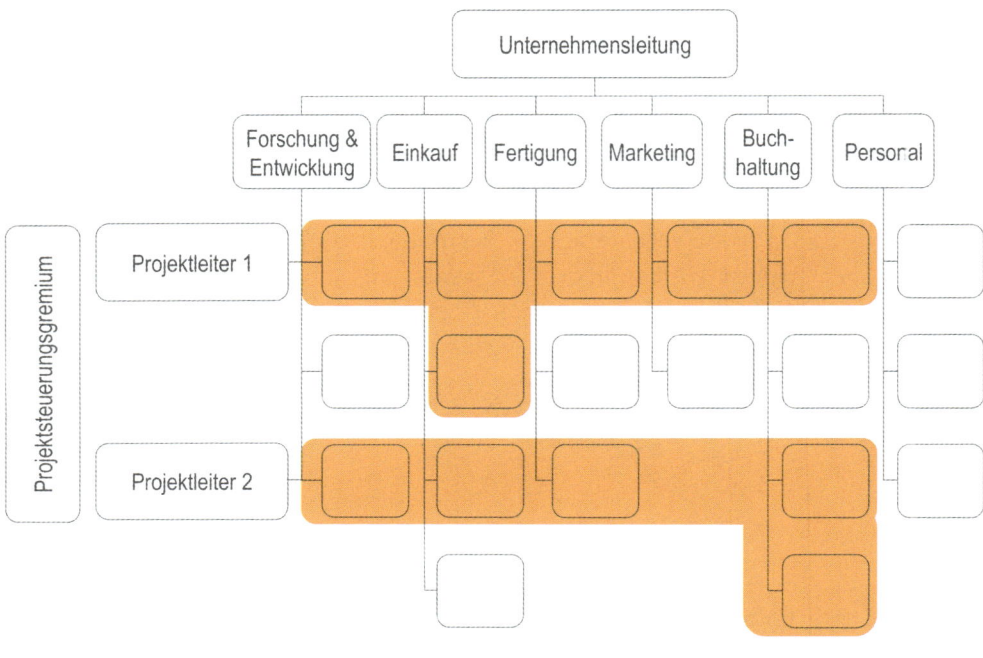

Vorteile	Nachteile
+ mehr Verantwortungsgefühl für das Projekt	– Konfliktpotenzial wegen Doppelunterstellung
+ keine Unsicherheit für MitarbeiterInnen	– übergenaue Dokumentation
+ gezielte Übertragung von Spezialwissen	– Herumreichen der „heißen Kartoffeln"
+ flexibler Personaleinsatz	– unklare Zurechenbarkeit von (Miss-)Erfolgen

Abbildung 13:   Matrix-Projektorganisation *(in Anlehnung an* Bea *et al. 2008, 64)*

Die *Reine Projektorganisation* sieht für jedes Vorhaben ein eigenes selbstständiges Element der Organisationsstruktur vor. Die MitarbeiterInnen sind zur Gänze dem Projektleiter unterstellt und vollständig dem jeweiligen Projekt zugeteilt; angebracht für risikoreichere, komplexe, strategisch wichtige unter Zeitdruck stehende Vorhaben.

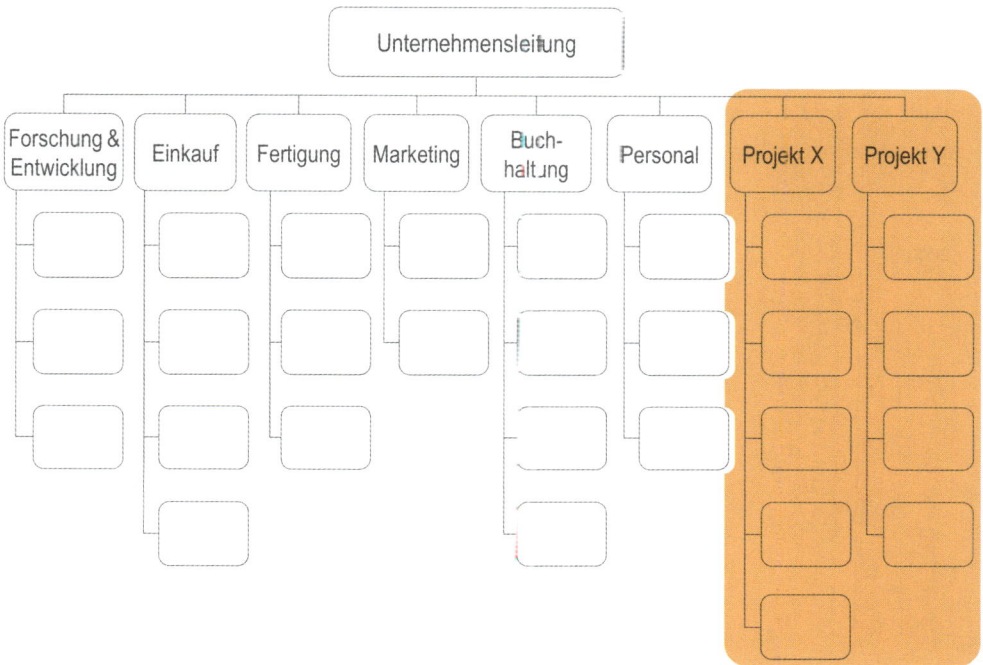

Vorteile	Nachteile
+ hohe Motivation und Identifikation der MitarbeiterInnen	– Beeinträchtigungen bei der Integration des Projektergebnisses
+ eindeutige Weisungsbefugnisse	– erschwerte Wiedereingliederung der MitarbeiterInnen nach Projektende
+ „Unternehmer im Unternehmen"	– Informationsaustausch mit anderen ist gering (ev. Synergieverluste)
+ motivierende Gestaltungs- und Entscheidungsfreiräume	– ev. Vernachlässigung langfristiger Anliegen (z.B. Mitarbeiterschulung)
+ Projektverantwortung ist eindeutig	
+ enge Zusammenarbeit des Projektteams (und deshalb schnelle Reaktion auf Störungen)	

Abbildung 14: Reine Projektorganisation *(in Anlehnung an BEA et al. 2008, 66)*

Die *Projektgesellschaft* sieht eine komplette Ausgliederung des Vorhabens aus den bestehenden Strukturen vor. Sowohl organisatorisch als auch rechtlich ergibt sich cadurch eine vollkommene Verselbstständigung gegenüber der (oder den) Basisorganisation(en).

Welches Organisationsmodell letztlich zum Tragen kommt, hängt von der jeweiligen Situation sowie einer Reihe von Faktoren ab: Ausschlaggebend sind u.a. die Qualifikation des verfügbaren Personals, die etablierte Unternehmenskultur, die Zahl der gleichzeitig zu bearbeitenden Projekte, aber auch der auf den Vorhaben lastende Zeitdruck respektive die Dimension des jeweiligen Unterfangens. Anhand der beiden letztgenannten Faktoren lassen sich auch für die unterschiedlichen Spielarten der Projektorganisation jeweils prädestinierte Anwendungsfelder angeben (vgl. Abbildung 15).

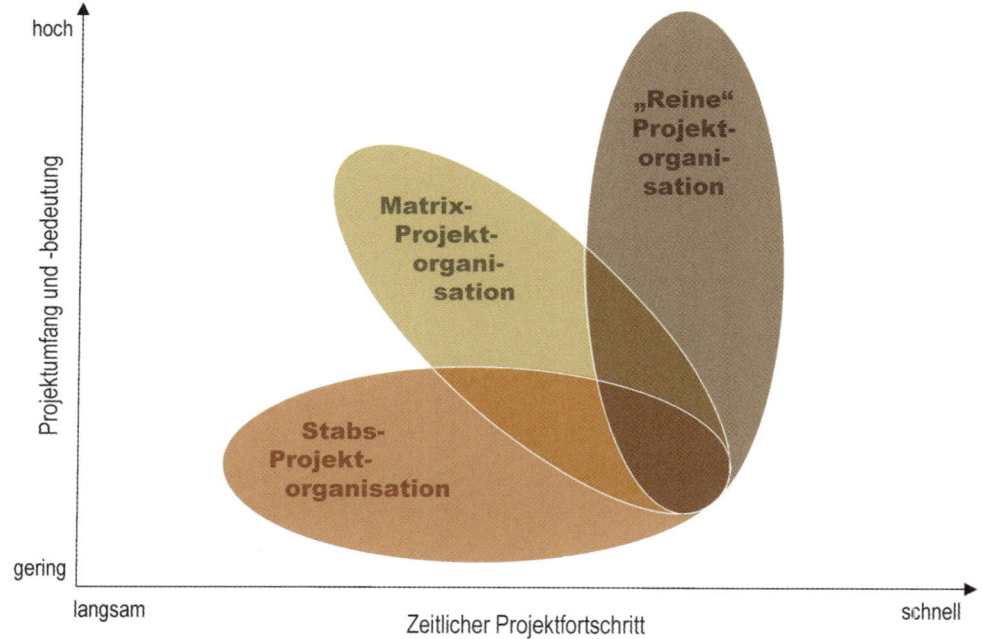

Abbildung 15: Anwendungsfelder unterschiedlicher Spielarten der Projektorganisation *(ZINGEL 2000, 6)*

- Die Stabs-Projektorganisation ordnet dem Projektverantwortlichen nur minimale Verfügungsrechte über personelle oder materielle Ressourcen zu. Dementsprechend schreitet ein solcherart organisiertes Vorhaben langsamer voran. Die Stabs-Projektorganisation eignet sich daher eher für Projekte geringerer Bedeutung.

- Die reine Projektorganisation reserviert dagegen für das Projekt exklusive Ressourcen, was prinzipiell schnellere Fortschritte ermöglicht, aber auch kostspieliger ist. Sie erscheint adäquat für besonders wichtige oder dringende Projekte.

- Die Matrix-Projektorganisation nimmt eine Zwischenstellung ein. Sie wird seltener bewusst implementiert, sondern etabliert sich bisweilen ungeplant als informelle Struktur.

4.3. Identifikation von Anwendungsfällen der Projektorganisation

Projektmanagement bietet sich als organisatorisch adäquate Lösung dann an, wenn ein eindeutig definiertes, komplexeres Vorhaben innerhalb eines klar vorgegebenen Zeitrahmens bei nur beschränkt verfügbaren Ressourcen zu realisieren ist.

Obwohl das Projektmanagement eine universelle Methode darstellt, ist die Bewältigung anstehender Aufgaben durch Projektorganisation nicht in allen Fällen zweckmäßig und sinnvoll. Vom Einsatz der Projektorganisation ist vor allem dann abzuraten, wenn Aufgaben zeitlich unbefristet, unter höchstem Zeitdruck oder in standardisierter Form zu erledigen sind. Nachstehende Übersicht 6 gibt eine Orientierungshilfe für die Entscheidung, ob eine Aufgabe über spezielle Projekt- oder andere Organisationsformen am effizientesten zu bewältigen ist.

Übersicht 6:   Adäquate Organisationsformen für unterschiedliche Vorhaben

Charakteristika des Vorhabens	Empfohlene Organisationsform	
	Einsatz einer Projektorganisation	innerhalb anderer (permanenter) Organisationsstrukturen oder Arbeitsgruppen
Routineaufgaben		✓
Notwendigkeit des abteilungsübergreifenden Einsatzes von MitarbeiterInnen	✓	
Hoher Zeitdruck bei der Lösung eines Problems		✓
Aufgabe erfordert einen einzelnen ausgesprochenen Spezialisten für die Lösung		✓
Einbindung externer Berater ist notwendig	✓	
Umfangreiche Vorhaben, an denen viele MitarbeiterInnen langfristig beschäftigt sind	✓	
Mehrere Vorhaben, für die eine geringe Zahl von Mitarbeitern kurzfristig erforderlich ist		✓
Hohe Sicherheitsanforderungen, die es erforderlich machen, dass Informationen nur den am Vorhaben Beteiligten zugänglich sind	✓	
Freiräume für die Realisierung und Durchführung eines Vorhabens	✓	
Unklarer Umfang eines Vorhabens		✓

4.4. Exemplifikation praktischer Anwendungsfelder des Projektmanagements

Die praktische Anwendung des Projektmanagements kann reichen von internationalen Mega-Projekten, die über viele Jahre laufen und mehrere Millionen Euro kosten, bis zu kleinen Privatprojekten, die ohne Budget auskommen müssen und deren Umsetzung nur wenige Stunden dauert.

Beispielhaft seien einige typische Vorhaben genannt, wo Projektmanagement zum Einsatz kommt:

- Personalentwicklung (Weiterbildungskurse und Seminare)
- Planung und Fertigstellung eines großen Gebäudes, eines Einfamilienhauses oder eines Schiffes
- Design und Tests von Prototypen (z.B. bei einem Auto oder einer Waschmaschine)
- die Markteinführung eines neuen Produktes (Werbe- und Marketingprojekt)
- Einführung eines neuen Computersystems (IT-Projekt oder Update)
- Entwurf und Einführung einer neuen Organisationsstruktur (Humanressourcen-Projekt)
- Planung und Durchführung eines Audits (Qualitätsmanagement-Projekt)
- Steigerung der Produktivität innerhalb eines bestimmten Zeitraumes
- Olympiade, Papstbesuch oder andere Großereignisse (Event-Projekt)
- Welttournee der Rolling Stones, einmalige Konzert- oder Theateraufführung, Drehen eines Films (Kulturprojekt)
- ein Umzug oder eine Urlaubsreise (privates Projekt) (BURKE 2004, 3)

5. Relevante Rollen im Projekt

Damit ein als Projekt organisiertes Unterfangen erfolgreich durchgeführt werden kann, muss die Erfüllung verschiedener Rollen sichergestellt sein.

> Als **(Projekt)Rolle** wird die Summe jener Erwartungen bezeichnet, die grundsätzlich einerseits personenunabhängig an den Inhaber einer bestimmten Position (= Stelle) gerichtet sind und die andererseits Handlungen festlegen (vgl. MOTZEL 2006, 194).

Eine Rolle umfasst sowohl Erwartungen an

- die Funktion und Aufgabe als auch an
- den Prozess der Funktionserfüllung (Verhaltensweise, Auftreten).

Solche Rollen innerhalb eines Projektes können

- formaler Natur (z.B. Auftraggeber, Projektleiter) oder
- informeller Natur (z.B. „Macher", „Ideenschleuder", „Administrator") sein.

In der Praxis fallen konkreten Personen bisweilen mehrere Rollen gleichzeitig zu.

Jeder Person, die in ein Vorhaben involviert ist, sollte zumindest eine möglichst konkrete, bestimmte Rolle zukommen. Eine solche Rolle definiert sich – wie gesagt – über die zu erfüllenden Aufgaben, die einzubringenden Kompetenzen und die Qualifikationserfordernisse. Zu Beginn eines jeden Projektes ist die konkrete Organisationsform zu finden, wobei vor allem festzulegen ist, welche Rollen überhaupt besetzt werden, welche Aufgabe jeder Rolle zukommen soll und wie die Rollen zueinander stehen. Rollen sind nämlich nicht fix vorgegeben, sondern können von Projekt zu Projekt unterschiedlich definiert werden. Das heißt, zur Festlegung der Rollen hat man – innerhalb eines ziemlich breiten Spektrums – relativ freie Hand. Welcher Stelle im Detail welche Aufgaben zufallen, ist sekundär. Entscheidend ist lediglich, dass alle für eine Projektbearbeitung unerlässlichen Funktionen eindeutig entsprechenden Positionen zugeordnet werden.

5.1. Rollenspektrum

Nachstehende Zusammenstellung vermittelt eine Orientierung darüber, welche Rollen für gewöhnlich bei der Abwicklung eines Projektes zum Tragen kommen:

- *Projektauftraggeber*: Träger des Projektes, der das Vorhaben initiiert, seine Durchführung wünscht und ein zufriedenstellendes Ergebnis erwartet; normalerweise sind die von ihm zu erfüllenden Aufgaben nicht operativer Natur. Seine Obliegenheiten umfassen:

- – Schaffung erfolgversprechender Rahmenbedingungen
- – Auswahl und Beauftragung eines Projektleiters (spezielle Bedachtnahme auf dessen soziale Kompetenz),
- – Definition des Projektauftrages (klare Zielformulierung; in Kooperation mit dem Projektleiter).
- – Unterstützung des Projektleiters (bei Mitarbeiterauswahl, Verfügbarkeit von Ressourcen, Lösung von Konflikten),
- – Kontrolle des Projektfortschritts (Einhaltung der Ziele; Genehmigung von Änderungen; eventuell Projektabbruch),
- – Abnahme des Projekts (Teilnahme an Präsentationen; Feedback)

Um seine Aufgaben erfüllen zu können, benötigt er in der Regel folgende Kompetenzen:

- – Anordnungsbefugnisse (Einsetzung und Austausch des Projektleiters oder von Mitarbeitern),
- – Verfügungsberechtigung über Ressourcen,
- – Recht auf Information und deren Weitergabe.

- *Projektkoordinator*: Fungiert allenfalls als Delegierter des Projektauftraggebers und ist dessen Ansprechpartner für den Projektleiter; ihm kann eine Schnittstellenfunktion gegenüber anderen Projekten zukommen.

- *Projektleiter*: Lenkt das Vorhaben und ist für seine erfolgreiche Durchführung verantwortlich; er hat eine Schnittstellenfunktion zwischen Auftraggeber und Projektteam. Üblicherweise umfasst sein Aufgabenspektrum:

- – Gestaltung des Projekts;
- – Teamzusammenstellung;
- – (Struktur-, Ablauf-, Ressourcen-, Termin-, Kosten-, Finanz-)Planung des Vorhabens;
- – Dokumentation;
- – Koordination;
- – Kommunikation und
- – Kontrolle.

Zur Wahrnehmung seiner Funktionen werden ihm folgende Kompetenzen einzuräumen sein:

- – Anordnungsbefugnisse und Delegationsrechte gegenüber den Mitgliedern des Projektteams,
- – Verfügungsrechte über Projektressourcen,
- – Mandat für Verhandlungen mit Stakeholdern.

- *Projektteammitglieder* stehen für die gesamte Bearbeitungszeit des Vorhabens zur Verfügung. Sie sind in der Regel mit folgenden Aufgaben konfrontiert:
    - aktive Mitarbeit an der Planung des Vorhabens,
    - Aufbau einer entsprechenden Projektkultur und Beachtung vereinbarter Spielregeln,
    - eigenverantwortliche Bearbeitung klar definierter Arbeitspakete,
    - Beteiligung an der internen Kommunikation (Berichte; Teilnahme an Besprechungen),
    - Dokumentation der Arbeitsergebnisse.

  Zur Erfüllung dieser Aufgaben sind u.a. folgende Kompetenzen nötig:
    - Führung von Subteams,
    - Einforderung von Ressourcen für die Durchführung des übertragenen Arbeitspaketes,
    - Zugriffsrecht auf Information,
    - Einfordern von nötigen Entscheidungen beim Projektleiter.

- *Projektmitarbeiter (Subteammitglied):* übernehmen nur temporäre Aufgaben und begleiten das Projektgeschehen nicht über die gesamte Laufzeit.

- *Lenkungsausschuss* oder Beirat: hat eine koordinierende Funktion in Bezug auf das Mehrprojektmanagement hinsichtlich der Projektpriorisierung; übergreifende strategische Steuerung (Zusammenhänge von Projekten und deren Ausrichtung). In den Aufgabenbereich dieses Gremiums fällt:
    - Prüfen und Entscheiden von Projektanträgen,
    - Verteilung von Ressourcen und Budgets,
    - Prüfen und Genehmigen von gravierenden Projektänderungen,
    - Gesamtkoordination des Projektportfolios,
    - Abnahme von Projektberichten.

- *Projektcoach*: Berät bei der Planung und Durchführung und begleitet den Projektmanagementprozess. Zu dessen Aufgaben zählen:
    - Prozessberatung,
    - Einbringen von prozeduralem Know-how,
    - Steuerung des Projektes in Konfliktsituationen,
    - Beratung aller Projektbeteiligten.

Es müssen nicht notwendigerweise immer alle Rollen besetzt sein; außerdem lassen sich die Rollenbilder im konkreten Einzelfall adaptieren. Sie sollten aber jedenfalls von Beginn an möglichst klar definiert werden.

5.2. Grundregeln für die Rollenvergabe

- Je weniger Rollen besetzt werden müssen, desto leichter fällt die Kommunikation innerhalb des Kreises der Projektbeteiligten.

- Die Rollenbesetzung sollte in einem wohl überlegten Akt stattfinden; ein späteres Umdefinieren von Kompetenzen und Aufgaben erweist sich meist als sehr mühsam.

- Zur Vermeidung von Kompetenzkonflikten empfiehlt sich ein schriftliches Festhalten der jeweiligen Rollenbeschreibungen, die allen Projektbeteiligten zukommen sollte.

Die Rollenverteilung im Projekt besitzt nicht nur von organisatorischer Warte zentrale Bedeutung für dessen Gelingen. Sie etabliert u.U. auch in kommerzieller Hinsicht ein Netzwerk zwischen Geschäftspartnern. Schließlich schafft sie auf rechtlicher Ebene die Basis für ein ganzes Geflecht an Vertragsbeziehungen (z.B. Werk-, Dienst-, Kauf-, Konsortialverträge) (vgl. Abbildung 16).

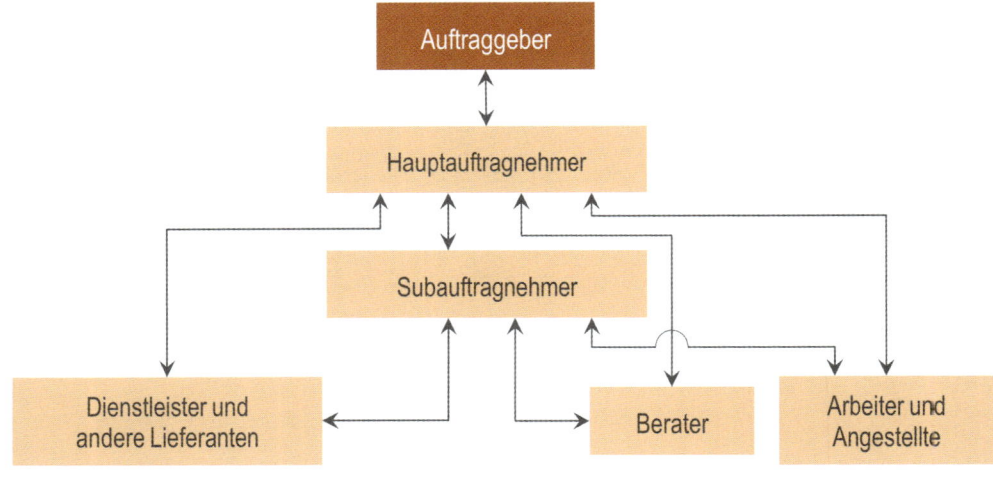

◀──▶ Vertragliche Vereinbarung

Abbildung 16: Vertragsparteien in einem Projekt (nach NICHOLAS 2004, 112)

6. Verantwortung und Aufgaben der Projektleitung

Eine zentrale Figur im Projektmanagement stellt jeweils der Projektleiter dar, welcher das Vorhaben präzisiert, vorantreibt, führt und steuert. Ihm obliegen die diversen Vorkehrungen, damit die gesteckten Ziele auch erreicht werden.

> Als Projektleiter (auch Projektmanager genannt) gilt diejenige Person, die für die Durchführung des Vorhabens gemäß der im Projektauftrag festgelegten Regularien verantwortlich ist (vgl. SÜß 2001, 30).

Ein Projektleiter ist also die von der Trägerorganisation für die Erreichung der Ziele eines einmaligen Vorhabens bestimmte Person.

6.1. Verantwortung des Projektleiters

Der Projektleiter ist verantwortlich für:

- die Realisierung der in der Projektdefinition festgelegten Projektziele;
- die Einhaltung der vereinbarten Termine, Kosten und Outputqualität;
- die Koordination der verschiedenen Projektbeteiligten.

6.2. Aufgaben des Projektleiters

Ein Projektleiter hat mannigfache Aufgaben und damit auch eine Vielzahl von Funktionen zu erfüllen. In der Regel muss er sorgen für:

- regelmäßigen Kontakt und Abstimmung mit dem Projektauftraggeber;
- Klärung der Projektzielsetzung und Mitwirkung bei der Erarbeitung der Projektdefinition;
- Zusammenstellung des Projektteams;
- Erstellen des Projektstrukturplanes und Beauftragung der zu beteiligenden Stellen mit den sie betreffenden Teilaufgaben; Freigabe von Mitteln im Rahmen des gesamten Projektbudgets;
- Koordination des Projektablaufes;
- Vorbereitung, Organisation und Moderation von Workshops (z.B. Kick-off Meeting, Abschlussworkshop);
- Einberufung und Leitung der Sitzungen des Projektteams;
- Planung und Verfolgung der Projekttermine;
- Planung und Verfolgung der Projektkostenentwicklung;
- Verfolgung des Projektfortschritts;

- frühzeitiges Erkennen von auftretenden Planabweichungen im Projekt und Einleitung geeigneter Gegenmaßnahmen;

- Prüfung, Abstimmung und gegebenenfalls Einarbeitung von Änderungen in Projektpläne;

- Berichterstattung zu Meilensteinen oder/und in festzulegendem Rhythmus;

- Anwendung der für das Projektmanagement verfügbaren Instrumente;

- Sicherstellung des projektbezogenen Informationsflusses;

- Ausgestaltung der erforderlichen projektbezogenen Aufbau- und Ablauforganisation;

- Vertretung des Projekts nach innen und nach außen;

- Betreiben des Projektmarketings.

Entsprechend der skizzierten Aufgabenvielfalt muss ein Projektleiter viele Rollen in einer Person verkörpern: er muss u.a. als Leader, als Teamentwickler, Moderator und Konfliktmanager, als Politiker oder auch als Coach fungieren.

Der Projektleitung zustehende Kompetenzen

Um die Fülle an Aufgaben erfüllen zu können, muss der Projektleiter mit ausreichenden Befugnissen ausgestattet sein. Üblicherweise fallen dem Projektleiter folgende Kompetenzen zu:

- Selektion der Mitglieder im Projektteam,

- Weisungsbefugnis gegenüber dem Projektteam,

- Verfügungsmacht über das vereinbarte Projektbudget,

- Vollmacht, mit dem Auftraggeber zu verhandeln (und allfällige Projektänderungen etc. zu vereinbaren),

- Befugnis, Aufgaben und Kompetenzen zu delegieren,

- Informationsrecht durch das Projektteam,

- Informationspflicht an das Projektteam und an den Projektauftraggeber.

Grundregeln für die Projektleitung

- Zur Vermeidung von Kompetenzkonflikten soll stets nur eine Person die Leitung des Projektes übernehmen.

- Projektleiter müssen delegieren können (was entscheidend zum Empowerment der Mitarbeiter beitragen sollte).

- Projektleiter bekommen unter Umständen keine „Personalkompetenz" übertragen, weswegen die Führung überwiegend durch Überzeugungsarbeit, Commitment und Akzeptanz gelebt wird.

6.3. Aufgabenschwerpunkte für Projektleiter und Teammitglieder

Der Projektleiter muss vor allem Managementaufgaben erfüllen. Er konzentriert sich primär darauf, das Projekt am Laufen zu halten bzw. konsequent voranzutreiben. Die rein fachliche Sacharbeit tritt dagegen in den Hintergrund (vgl. Abbildung 17). Demgegenüber haben Mitarbeiter im Projektteam ein umgekehrtes Aufgabenprofil. Teammitgliedern fällt in erster Linie das Liefern von sachlichem Input zu und sie sollten weniger in administrative, prozessorientierte Agenden involviert sein.

Abbildung 17: Teaminterne Teilung der Arbeitsschwerpunkte zwischen Leiter und Mitarbeitern

6.4. Dimensionen der Projektleiterrolle

Als zentrale Figur für das Projektgeschehen sieht sich der Projektleiter mit einer Fülle recht unterschiedlicher Erwartungen konfrontiert. Er soll in der Sache etwas weiter bringen, Verantwortung für Mitarbeiter tragen, dem ihm zugeordneten Team eine angenehme Arbeitsatmosphäre verschaffen und die Leute zu Leistungen führen. Er muss mit meist (zu) knappen Ressourcen haushalten, den Kontakt zu Auftraggebern halten, das Projekt nach außen vertreten (vgl. Abbildung 18) und sich womöglich mit allerlei Unbillen herumschlagen. Die Rolle des Projektleiters ist also mehrdimensional angelegt. Die abverlangte Multidimensionalität stellt an die Persönlichkeit eines Projektleiters entsprechend vielfältige Herausforderungen (vgl. Abbildung 19).

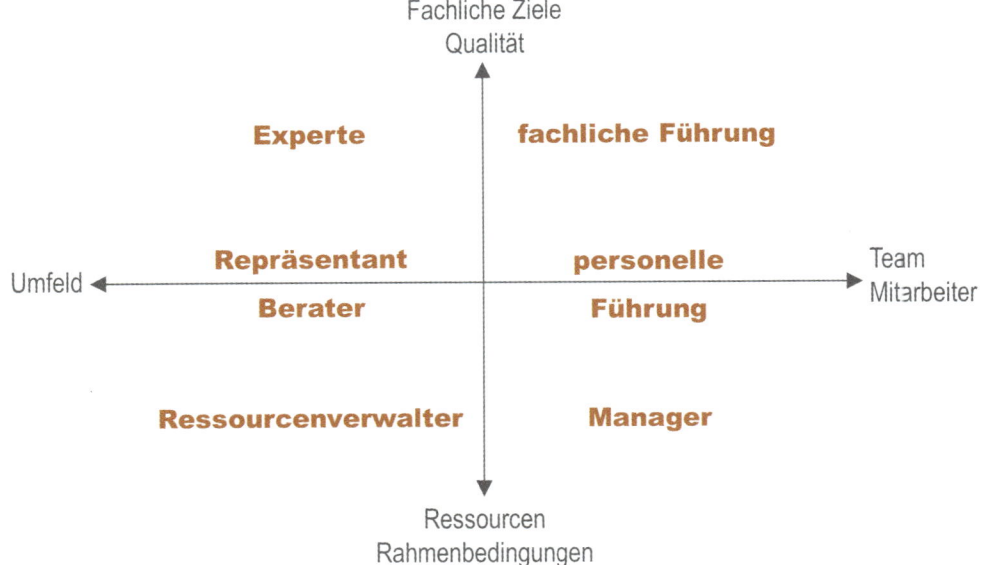

Abbildung 18: Hauptdimensionen der Projektleiterrolle

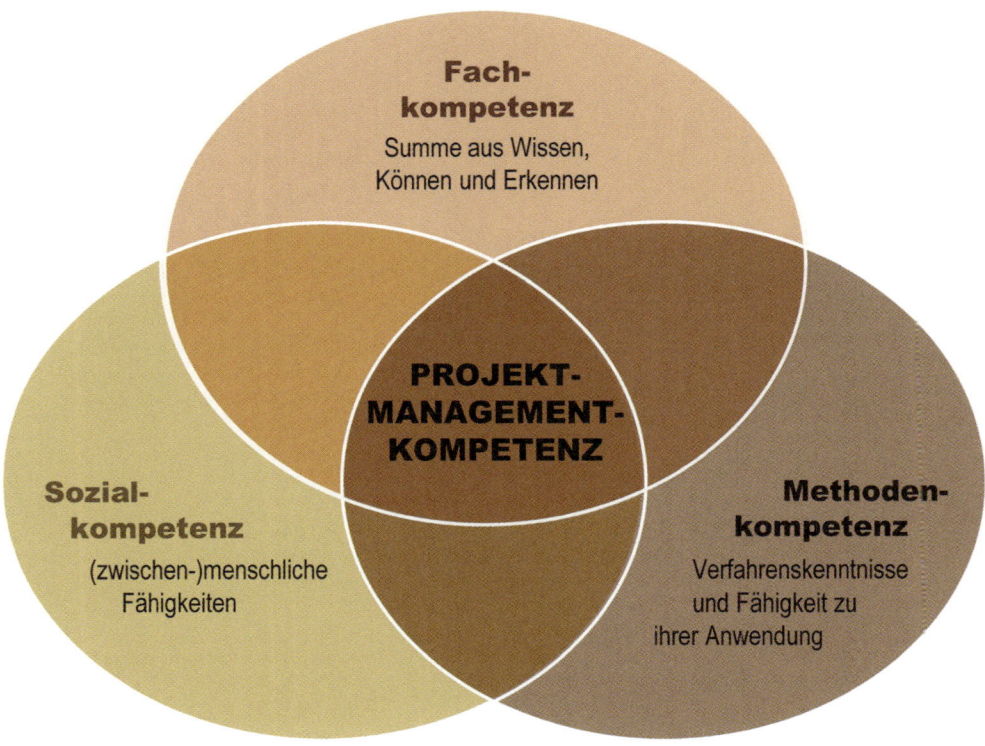

Abbildung 19: Anforderungen an eine Projektleiterpersönlichkeit

6.5. Projektleiterqualifikation

In Abhängigkeit vom Projektprofil werden dem Projektleiter in unterschiedlichem Maße verschiedene Kompetenzen abverlangt.

- In der betrieblichen Praxis ist die fachliche Kompetenz vielfach vorrangiges Kriterium. In der praktischen Projektabwicklung ist das Fachspezialistentum jedoch gerade beim Projektleiter von sekundärer Bedeutung. Der Projektmanager muss nur in dem Umfang über Fachexpertise verfügen, als eine solche notwendig ist, um mit dem Auftraggeber respektive mit fachlich versierten Teammitgliedern dialogfähig zu bleiben.
- Für einen nachhaltigen Projekterfolg sind soziale Fähigkeiten ebenso entscheidend wie die reinen Fachkenntnisse. Was diesbezüglich verlangt ist, zeigt Übersicht 7.

Übersicht 7: Projektleiterprofil

Kernaufgabe	Kompetenz	Operationalisierung
Projekt managen	Planen und organisieren	Fähigkeit, für sich selbst und andere die geeigneten Maßnahmen zur Zielerreichung festzulegen und die Maßnahmen mit Prioritäten zu versehen und zu koordinieren
	Controlling	Fähigkeit, Prozesse und Aktivitäten ergebnisbezogen zu steuern (statt eng zu kontrollieren) und den Projektfortschritt sicherzustellen
	Stresstoleranz	Fähigkeit, unter Druck, Rückschlägen und Enttäuschungen effektiv zu bleiben
Auftraggeber/ Kunden managen	Zielgruppen-orientierung	Erfahrung und Gespür für Branche, für das jeweilige Ressort und die Hierarchie; Fähigkeit, Projektergebnisse in der Organisation zu „verkaufen"
	Persönliche „Chemie"	Fähigkeit, vom ersten Kontakt an einen guten Eindruck zu vermitteln
	Analysevermögen	Abstraktionsvermögen, Konzentration auf das Wesentliche, Urteilssicherheit, Erfahrung
Team managen	Führen	Fähigkeit, ein Team für ein Ziel und für Kooperation zu motivieren; bei Fachproblemen unterstützen; sich zurückhalten, alles selbst zu erledigen
	Leistung managen	Leidenschaft für Höchstleistungen mitbringen und wecken; Kundenorientierung im Auge behalten; verschiedene Disziplinen zur besten Lösung vereinen
	Sensitivität	Erkennen der Stärken, Interessen und Probleme der Einzelnen und fair damit umgehen; Konflikte offen bearbeiten

7. Teambildung und Teambesetzung

Da man das Instrumentarium des Projektmanagements primär für komplexere Vorhaben einsetzt, lassen sich die anstehenden Herausforderungen in der Regel nur gemeinschaftlich von einer Gruppe bewältigen. Weil Projekte ferner einmalige, zeitlich beschränkte Vorhaben darstellen, ist zu ihrer Bewältigung auch jeweils aufs Neue ein Kreis an MitarbeiterInnen zusammenzustellen. Man spricht in diesem Zusammenhang meist von einem Projektteam, welches für die Laufzeit des Vorhabens zu bilden ist.

> Ein **Projektteam** ist ein befristeter Zusammenschluss einer kleineren Anzahl von Personen zur Erreichung eines bestimmten Zieles, wobei die Mitglieder der Gruppe
>
> - mit ihren jeweiligen komplementären Fähigkeiten zur Gemeinschaftsleistung beitragen;
> - sich auf einen gemeinsamen Zweck und ein kooperatives Vorgehen bei ihrer Arbeit verpflichten;
> - sich sowohl individuell als auch gemeinsam für das Vorhaben verantwortlich fühlen.

Oder noch knapper formuliert: Ein Projektteam stellt eine Gruppe von Personen dar, die für die Projektdauer rekrutiert als Mitarbeiter den Projektleiter bei der Erreichung des Projektzieles unterstützen soll. Die Zusammenarbeit im Team soll das Erreichen eines Ergebnisses ermöglichen, das für jedes einzelne Mitglied allein nicht leistbar gewesen wäre.

In der Praxis zeigt sich aber immer wieder das Gegenteil, in dem Sinne, dass das Team etwa wegen elendslanger interner Diskussionen weniger weiterbringt, als in derselben Zeit einer alleine geleistet hätte. Bei der Teamarbeit treten nämlich immer wieder typische Probleme auf:

- „Social loafing" (soziales Faulenzen): wenn Personen, weil sie in der Gruppe arbeiten, etwas weniger leisten, als wenn sie die Aufgabe allein bewältigen müssten.
- „Free riding": wenn Personen ihren Beitrag im Vertrauen auf die Leistung anderer Teammitglieder reduzieren.
- „Sucker effect": wenn Personen denken, andere Teammitglieder wären faul oder gebärden sich als free rider, woraufhin sie deshalb ihr Leistungsniveau senken (vgl. DICK und WEST 2005, 19).

Die Interpretation von TEAM als Abkürzung von „Toll, ein anderer macht's!" spielt auf die geschilderten Probleme, insbesondere auf das bei Gruppenarbeiten immer wieder zu beobachtende Trittbrettfahrerphänomen an: Zunächst absentiert sich ein Teil der Leute und nur Einzelne oder nur wenige erledigen die gesamte Arbeit, beim Ernten der Lorbeeren sind dann aber alle wieder mit von der Partie.

Förderlich für den Erfolg ist ein gewisses Zurücknehmen der eigenen Person zugunsten der Gemeinschaft nach dem Motto: „There is no I in TEAM!"

7.1. Grundsätze zur Bildung eines Projektteams

- Teammitglieder sollten die Fähigkeit zum Umgang mit Menschen haben und auch in der Gruppe arbeiten wollen.

- Alle in der Projektgruppe sollten grundlegendes Methodenwissen zur Projektplanung und -steuerung haben.

- Teams sollten weder zu groß noch zu klein sein (zu kleine Teams bewältigen die Aufgabe nicht; zu große Teams führen zu gehäuften Kommunikations- und Koordinationsproblemen); allenfalls Unterteams bilden oder Leistungen extern „zukaufen" (vgl. Abbildung 20).

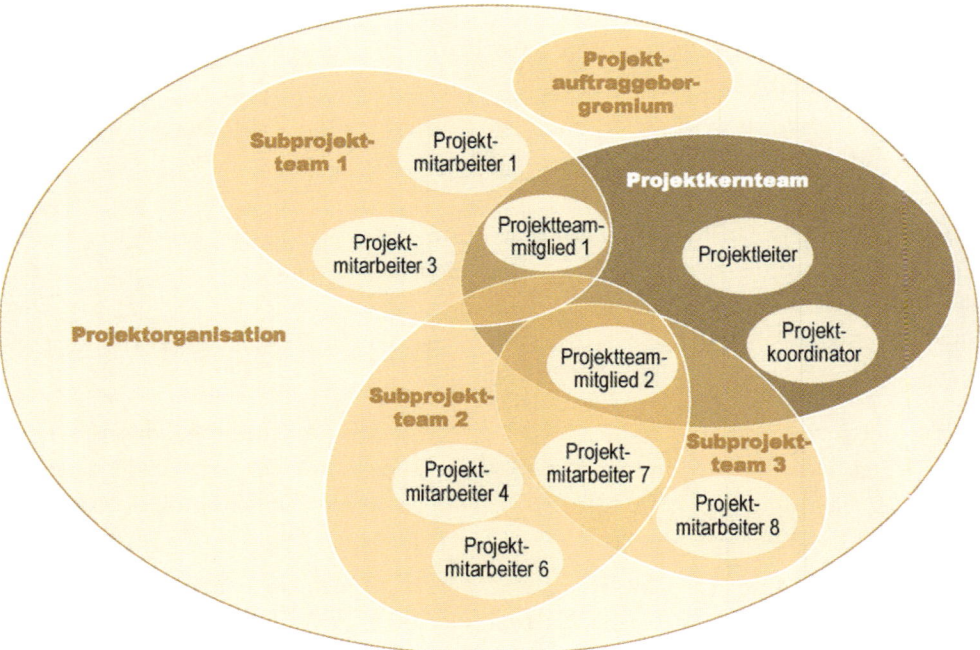

Abbildung 20: Gestufte Projektteamstrukturen zur Bearbeitung größerer Projekte

- Innerhalb der Gruppe sollte vom Niveau her ungefähr gleicher Fähigkeits- und Wissensstand gegeben sein, von den Qualifikationen her sollte ein Mix vorhanden sein, sodass sich Kenntnisse und Skills gegenseitig gut ergänzen.

- Der Aufbau einer adäquaten Teamkultur ist gezielt zu betreiben (z.B. durch gemeinschaftsstiftende, identitätsbildende Aktionen).

- Anwendung von situationsangepasstem Führungsstil (partizipatives Vorgehen bei Definition von Projektzielen, Aufgabenverteilung etc.; direktives Vorgehen zur Wahrung der Termin- und Kostentreue).

7.2. Maßnahmen zur Förderung des Teamzusammenhalts

Um ein Projektteam durch ein Klima des Vertrauens und des Zusammenhalts zusammenzuschweißen, sind bewusst entsprechende den Gemeinschaftsgeist und das Engagement fördernde Vorkehrungen zu treffen:

- Sorgen, dass Projektziele klar und akzeptiert sind,
- Wir-Gefühl fördern,
- einander Respekt entgegenbringen,
- Spielregeln der Zusammenarbeit sichern,
- eindeutige Zuständigkeiten schaffen,
- offene und umfassende Kommunikation pflegen zur Sicherung des gleichen Informationsstandes,
- regelmäßige Rückmeldungen,
- konstruktive Kritik äußern,
- Konflikte aufdecken und konstruktiv lösen (nicht unter den Teppich kehren),
- gewährleisten, dass jeder seinen Beitrag zum Projekt leisten kann,
- gute Leistungen anerkennen und honorieren,
- einander aktiv zuhören und nicht Diskussion durch einzelne dominieren lassen,
- alle tragen getroffene Entscheidungen.

In Abhängigkeit von verschiedenen Faktoren wie etwa der Art der Projektführung oder den Persönlichkeitsstrukturen und Präferenzen der MitarbeiterInnen können sich unterschiedliche Formen der Teamkultur herausbilden (vgl. Übersicht 8).

Übersicht 8: **Formen der Teamkultur** *(nach* POSNER *und* APPLEGARTH *1998)*

Kriterien	Organisationskultur		
	geschlossen	teilweise offen	völlig offen
Ziele	werden bekanntgegeben	werden mitgeteilt	werden vereinbart
Information	ist ein Statussymbol	wird wie Ware gehandelt	im Übermaß verfügbar
Motivation	ist manipulativ	auf Personalbedürfnisse konzentriert	hat Identifikation als Ziel
Entscheidungen	werden nur von oben entgegengenommen	teilweise delegiert	fallen auf Mitarbeiterebene
Fehler	werden nur vom Personal gemacht	Verantwortung wird übernommen	können passieren
Konflikte	sind unerwünscht	werden gemeistert	bieten Chancen für Innovation
Kontrolle	kommt von oben	wird teilweise delegiert	Selbstkontrolle
Führungsstil	autoritär, patriarchalisch	kooperativ	ad hoc
Autorität	will Folgsamkeit	will Zusammenarbeit	möchte Partnerschaft
Projektleiter	der absolute Herrscher	Problemlöser, Entscheidungsträger	Stratege für Veränderungen

7.3. Phasen der Teamentwicklung

Sobald ein Projektteam zusammengestellt ist, sodass es seine Arbeit aufzunehmen vermag, fängt auch ein typischer gruppendynamischer Prozess an, welcher mehrere charakteristische Phasen durchläuft (vgl. Abbildung 21):

- Einem anfänglichen gegenseitigen Kennenlernen und „Beschnuppern" mit eher zögerlichen Verhaltensmustern (Forming) folgt
- eine Periode, während derer Positionen bezogen und wieder in Frage gestellt werden, während derer also die Gruppe mit eher offensivem bis aggressivem Verhalten um eine interne Hackordnung kämpft (Storming).
- Sodann folgt eine Zeitspanne, in der sich interne Rollen und Regeln herauskristallisieren bzw. einzuspielen beginnen, wo vermehrt kooperatives Verhalten Platz greift (Norming).
- Darauf geht der Teamentwicklungsprozess in eine Phase gemeinschaftlicher Leistungserbringung über (Performing).
- Nach vollbrachter Leistung kommt es schließlich zum Ausstieg, mit Voneinander-Abschied-Nehmen und Auflösung des Projektteams (Adjourning).

Abbildung 21: Die Phasen der Teamentwicklung

Der geschilderte prinzipielle Ablauf stellt sich regelmäßig ein, weswegen einen etwa gewisse Reibereien im Team nicht übertrieben zu irritieren brauchen, wenn sie auftauchen, nachdem man erst einmal miteinander bekannt wurde. Der Ablauf kann freilich durch den Projektleiter unterstützt und gegebenenfalls auch verkürzt werden. Das prinzipielle Bestreben aller Beteiligten sollte es ja sein, möglichst rasch in die produktive Arbeitsphase zu gelangen.

7.4. Überlegungen zur optimalen Personalbesetzung

Bei der Zusammenstellung eines konkreten Projektteams gilt es mehrere Gesichtspunkte abzuwägen und einige besonders weitreichende Entscheidungen zu fällen. Vor allem bleibt zu eruieren,

- wie viele Leute dem Team angehören sollten und
- welche konkreten Personen zur Mitarbeit eingeladen werden.

Vorerst ist die **Gruppengröße** festzulegen. Sie hängt unter anderem vom Umfang und der Komplexität des Vorhabens ab. Wobei sich ein gewisses Dilemma ergibt:

Größere Projektteams erlauben eine hochgradigere Arbeitsteilung, womit sich Spezialisierungsvorteile besser nutzen lassen; andererseits steigt mit jedem zusätzlichen Teammitglied der Kommunikations- und Koordinationsaufwand. Umgekehrt sinkt der Zeit- und Ressourcenbedarf für gegenseitige Information und Abstimmung mit abnehmender Gruppengröße, was jedoch dadurch zu erkaufen ist, dass jene Potentiale zur rascheren Projektabwicklung eine Schmälerung erfahren, die sich aus einer breiteren Aufteilung der anfallenden Arbeiten ergeben würden.

Mit anderen Worten, es bestehen gegenläufige Einflüsse der Arbeitsteilung und des Kommunikationsaufwandes auf die Fertigstellungsdauer eines Vorhabens, sodass eine Optimierung der Größe des Projektteams bzw. der Personalbesetzung ansteht.

Anzustreben ist jene Zahl an MitarbeiterInnen (ausgedrückt in Vollzeitäquivalenten), bei der die Gesamtfertigstellungsdauer ihr Minimum erreicht. Besagte Gesamtfertigstellungsdauer ergibt sich als Summe des Zeitaufwandes für Kommunikation und des Zeitaufwandes für Realisierungsarbeiten (vgl. Abbildung 22).

In der Praxis hat sich als Obergrenze eine Limitierung der Teamgröße mit 8 bis 10 Personen bewährt, denn vor allem der Kommunikationsaufwand steigt mit wachsender Teamgröße überproportional. Dies ist einfach erklärbar, wenn man sich vor Augen hält, wie groß die Zahl der Kommunikationsbeziehungen (K) in Abhängigkeit von der Gruppengröße (n) zwischen allen Teammitgliedern ist, ergibt sich diese Anzahl an Interaktionsmöglichkeiten doch nach der Formel

$$K = \frac{n(n-1)}{2}$$

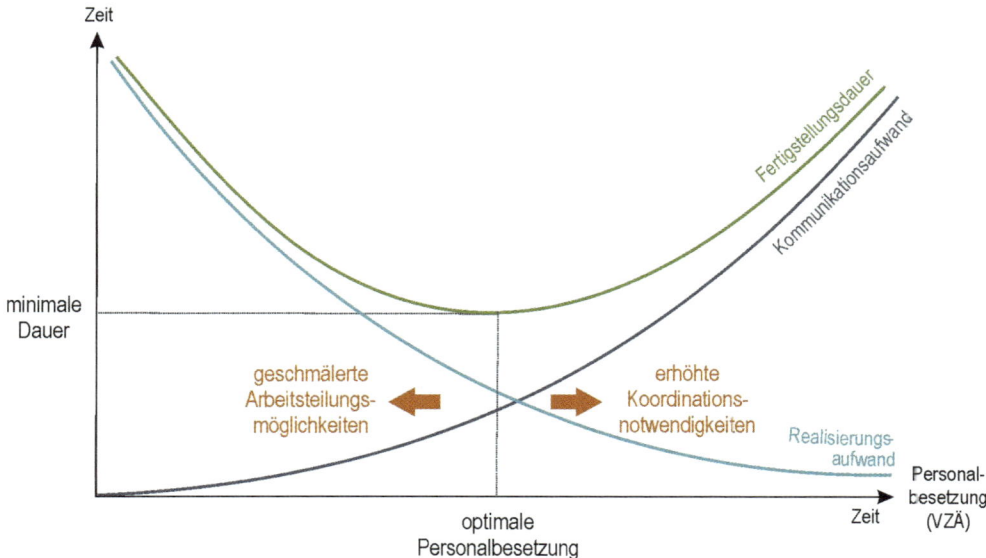

Abbildung 22: Optimierung der Personalbesetzung in einem Projekt
(in Anlehnung an BURGHARDT 2000, 42)

Die **Gruppenzusammensetzung** stellt den zweiten Schritt der Teambildung dar: Hat man nämlich einmal eine konkrete Vorstellung über die Zahl der benötigten MitarbeiterInnen, geht es in der Folge darum, möglichst gut passende Persönlichkeiten zu finden und an Bord zu holen.

Spätestens wenn der Projektauftrag vorliegt, wäre es an der Zeit, sich über die konkrete Zusammenstellung des Teams Gedanken zu machen. Schließlich wird man nur gemeinsam mit den richtigen Leuten erstklassige Ergebnisse erreichen, denn letztlich hängt der Erfolg eines Projektes vom Zusammenwirken der beteiligten Menschen ab und je früher man die MitarbeiterInnen an der detaillierten Zielfindung und Planung für das Projekt partizipieren lässt, desto genauer wissen sie über die Intentionen Bescheid und desto eher werden sie sich mit dem Vorhaben identifizieren.

Welche konkreten Personen in das Projektteam zu berufen sind, hängt von mehreren Faktoren ab:

- Die **Fachkompetenz**, die eine in Betracht gezogene Kraft mitbringt, wird meistens als vorrangiges (und manchmal auch als alleiniges) Auswahlkriterium herangezogen.

  Für die rein auf Fachwissen abgestellte Komponente der Personalauswahlentscheidung muss derjenige, der das Team zusammenstellt, vorerst völlig personenunabhängig eine möglichst konkrete Bedarfsvorstellung entwickeln. Er muss für sich selbst die Frage beantworten: Was muss ein(e) Mitarbeiter(in) beherrschen, um zugeordnete Aufgaben erfüllen und die damit verbundenen Ziele erreichen zu können? Mit anderen Worten, es ist für jeden im Team vorgesehenen Platz eine eigene möglichst klare Stellenbeschreibung zu entwerfen, aus der hervorgeht, welches Fachwissen in welchem Umfang gebraucht wird. Sodann bleibt nach jenen Persönlichkeiten zu suchen, die über das spezifisch verlangte Know-how, über die adäquaten Kenntnisse und Fertigkeiten in hinreichendem Maße verfügen.

Sowohl bei den Stellenbeschreibungen als auch bei jenen Überlegungen zur Personalselektion, die sich ausschließlich an der Fachkompetenz orientieren, wird die Komplementarität der Kernkompetenzen im Auge zu behalten sein. Denn die Fülle an Arbeiten, welche bei einem Projekt in der Regel anfällt, verlangt üblicherweise ein breites Spektrum an Sachkenntnissen. Letztere sollten im Team so verteilt sein, dass die Profile der einzelnen Mitglieder einander gut ergänzen und sich nicht zu sehr überlappen. Je mehr sich Kompetenzen überlagern, desto eher entstehen Reibungsflächen, was im Extrem für das Team sehr aufreibend sein kann.

Sich bei der Teambesetzung ausschließlich auf die Fachkompetenz zu beziehen, scheint freilich riskant. Für die Leistungsfähigkeit eines Teams ist die fachliche Expertise seiner Mitglieder eine wohl wichtige, aber keineswegs die einzige Voraussetzung. Damit sich Zusammenarbeit gedeihlich gestaltet, müssen die Beteiligten auch „menschlich miteinander können".

- Die *Sozialkompetenz*, über die potenzielle MitarbeiterInnen verfügen, sollte jedenfalls bei der Personalauswahl genauso mit ins Kalkül gezogen werden. In Summe geht es auch auf sozialer Ebene darum, eine ausgewogene Mischung aus verschiedenen Mitarbeitertypen ins Team zu holen.

Zur Mitarbeitertypisierung kann man Personen durch zwei bipolare Dimensionen beschreiben:

- Bewahrer versus Neuerer und

- Denker versus Macher.

Manche Menschen bewahren Dinge lieber als sie zu ändern. Andere tendieren eher zur Erneuerung. Außerdem gibt es Typen, die alles genau durchdenken und analysieren, und solche, die lieber etwas bewegen und in die Tat umsetzen. Kreuzt man die verschiedenen Merkmalskombinationen miteinander, entstehen acht Mischtypen (vgl. Abbildung 23).

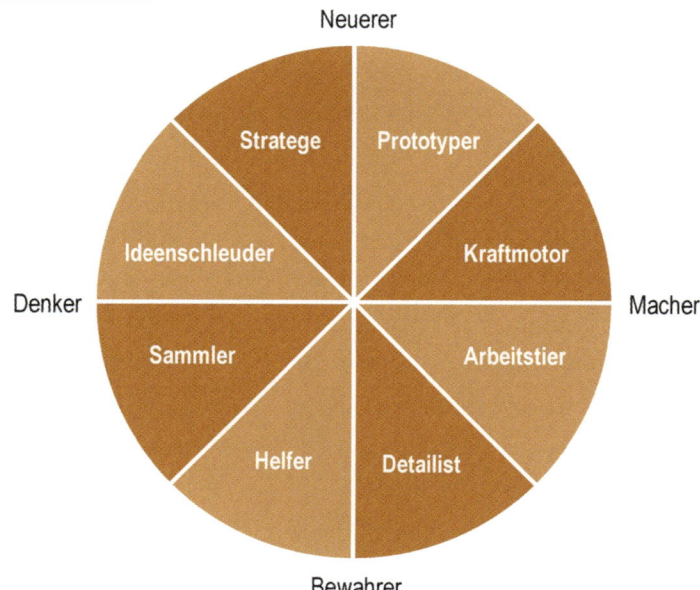

Abbildung 23: Mitarbeitertypen *(nach HÖLZLE 2007, 98)*

Übersicht 9: Mitarbeitertypen und für sie jeweils prädestinierte Aufgaben
(nach HÖLZLE 2007, 99)

Mitarbeitertyp	Aufgabe
Der Sammler …	ist prädestiniert für Aufgaben, die den Umgang mit bekannten Materialien zum Inhalt haben. Er kann z.B. bei einer Ist-Analyse Informationen zusammentragen und strukturieren.
Die Ideenschleuder …	ist ideal für Brainstorming-Prozesse. Dieser Mensch produziert ständig neue Ideen, kann sie aber nicht gut umsetzen.
Der Stratege …	geht etwas strukturierter vor. Er entwickelt wohl durchdachte, neue Ideen, die eher in die Richtung einer Umsetzung tendieren. Er ist in einer Phase der konkreteren Konzeptentwicklung gut einsetzbar.
Der Prototyper …	geht noch pragmatischer, weniger visionär vor. Seine neuen Ideen sind bereits an der Umsetzbarkeit orientiert. Er hat vor allem Interesse an praktischen Neuerungen. Er macht aus den Konzepten greifbare Ergebnisse.
Der Kraftmotor …	will hauptsächlich bewegen. Häufig geht er dabei unkoordiniert und unstrukturiert vor, aber er kann Prozesse vorantreiben und auch inhaltlich gestalten.
Das Arbeitstier …	ist ein umsetzungsorientierter Mensch, der eher ausführt und weniger eigene Gedanken einbringt. Dieser Mensch ist nicht daran interessiert, Neues zu generieren, er will einfach nur etwas bewegen.
Der Detaillist …	will zwar Dinge umsetzen, ist dabei aber sehr genau und weicht nur ungern von bekannten Wegen ab. Er neigt dazu, sich in Bedenken zu verlieren.
Der Helfer …	bringt wenig eigene Ideen ein, kann aber Aufgaben gut ausführen. Er ist nicht so hitzköpfig wie das Arbeitstier, bringt dementsprechend aber auch weniger eigene Anregungen ein.

Aus dem jeweiligen Mitarbeitertyp ergibt sich im Verein mit generellen Soft skills, wie Benehmen, Auftreten, Integrations- und Beziehungsfähigkeit, Rücksichtnahme, Mitmenschlichkeit oder Taktgefühl, für jede Person ein individuell unterschiedlicher Grad an kultureller Passung.

Wie einzelne Personen bei der kulturellen Passung und bei der fachlichen Eignung abschneiden, lässt sich in einem Diagramm (vgl. Abbildung 24) visualisieren und danach eine Auswahlentscheidung treffen.

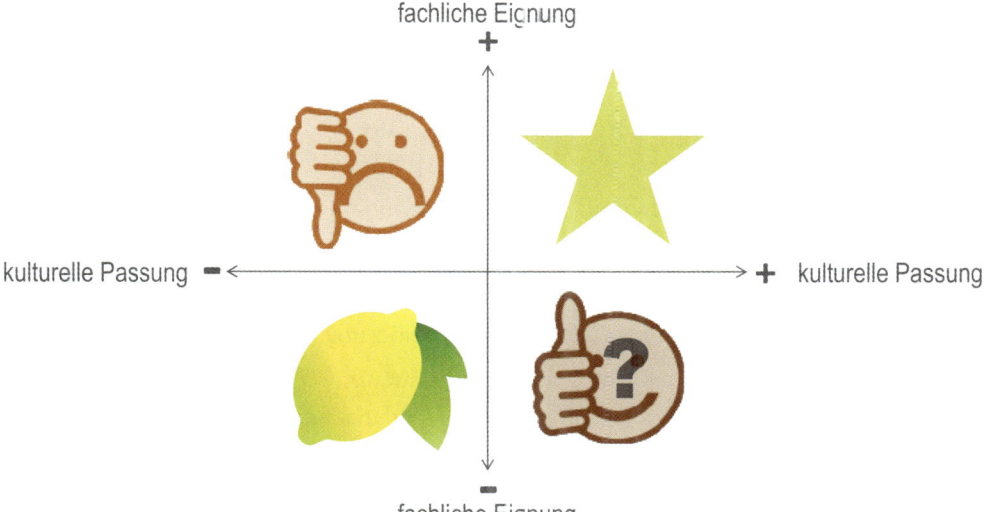

Abbildung 24: Value-Result-Matrix als Basis für Personalauswahlentscheidungen
(nach HEIDBRINK 2009, 55)

 Bei Stars stimmen fachliche Eignung und kulturelle Passung. Sie empfehlen sich quasi als Fixstarter im Projektteam.

 Die Zitronen sind weder fachlich geeignet, noch stimmt die menschliche Passung. Sie sollten keinesfalls ins Team kommen.

 Bei reinen Experten stimmt die fachliche Eignung, aber der Kandidat passt menschlich nicht ins Team. Im Zweifel sollte man lieber auf einen (herausragenden) Experten verzichten, als sich Frust und Unzufriedenheit im Team einzukaufen.

 Bei Fragezeichen würde der Kandidat zwar menschlich ins Projektteam passen, aber die fachliche Eignung stimmt (noch) nicht. Dann gilt es, für den Einzelfall zu prüfen: Lohnt es sich, in den Kandidaten zu investieren und hält man ihn für fähig zu lernen und sich zu entwickeln oder lassen sich die fachlichen Defizite nicht (schnell genug) ausgleichen.

Die Auswahl jener, die am Projekt mitarbeiten sollen, bedarf in jedem Falle besonderer Sorgfalt, denn im Verlauf eines Projektes gibt es wenig, das sich so schwer korrigieren lässt, wie eine falsche Personalauswahl (vgl. HEIDBRINK 2009, 7).

Zusammenfassung

☑ Die Projektorganisation wählt man für einmalige, größere, schwierigere Unterfangen mit limitiertem Ressourcen- und Zeitrahmen. Man nutzt sie nicht bei extrem unklaren Vorgaben, Gefahr in Verzug oder standardisierten Tätigkeiten.

☑ Projekte lassen sich über eine Stabs-, Matrix- oder Reine Projektorganisation in bestehende Strukturen integrieren.

☑ Damit ein Projekt gelingt, müssen zumindest Auftraggeber, Projektleiter und Projektteammitglieder ihre Rollen erfüllen, dazu kommen manchmal Projektkoordinatoren, Lenkungsbeiräte oder Projektcoaches.

☑ Zum Erfolg eines Projektes tragen bei:
  - der Auftraggeber durch klare Vorgaben und Grundsatzentscheidungen, Bestellung eines Projektleiters, Ressourcenbereitstellung sowie Abnahme des Projektoutputs;
  - der Projektleiter durch Übernahme der Hauptverantwortung, Planungs- und Führungsarbeit, Kontroll- und Steuerungsmaßnahmen, Ressourcenverwaltung sowie Kommunikation mit dem Auftraggeber bzw. nach innen und außen;
  - die Mitglieder des Projektteams durch Mitarbeit bei Planungen, eigenverantwortliche Ausführungsarbeiten, sparsamen Ressourceneinsatz sowie Beteiligung an interner Kommunikation.

☑ Für die Projektleiterposition qualifizieren in erster Linie Sozialkompetenz, Leadership, Managementerfahrung sowie erst sekundär Fachkompetenz, welche eine Dialogfähigkeit mit Experten sicherzustellen hat.

☑ In einem Projektteam sollen drei bis zehn Personen engagiert sein, die einander sowohl hinsichtlich ihrer Fachkenntnisse als auch in Bezug auf soziale Fähigkeiten und kulturelle Passung gut ergänzen.

☑ Aus der Gruppe ist ein leistungsfähiges Team zu formen durch:
  - ein gemeinsames, einendes Ziel,
  - klare Aufgabenteilung mit jeweils erreich- und messbaren, allen Beteiligten bekannten Vorgaben,
  - Vereinbarung klarer Regeln für den Umgang miteinander,
  - systematische Koordination und regelmäßige Kontrolle,
  - fairen Ansporn für Leistung,
  - gemeinschaftsidentitätsbildende Begleitmaßnahmen.

Kontrollaufgaben

3.1. Ein Kollege von Ihnen arbeitet fallweise neben seinem Studium als Aushilfs-Nachtportier in einer Konzernzentrale. Während seines dortigen Dienstes kommt er auf die Idee, ein Projekt zur Verbesserung der Sicherheits- und Zutrittskontrollsysteme zu beauftragen. Wieso dürfte sein Ansinnen, dass er ein derartiges Projekt beauftragt, mit allerhöchster Wahrscheinlichkeit Illusion bleiben?

3.2. Die Studentenvertretung hat eine allen Disziplinen offenstehende Forschungsstiftung „Junior Scientists" neu eingerichtet. Diese Stiftung soll Projekte von Nachwuchswissenschaftern ermöglichen. Eine Studienkollegin erhielt die ehrenvolle Einladung, Mitglied des Lenkungsausschusses zu werden. Welche Tätigkeiten wird Ihre Kollegin in ihrer neuen Funktion zu erledigen haben?

3.3. Sie sind ehrenamtlich für Childrensaid, eine karitative Organisation, tätig, die das Benefits-for-Kids-Projekt verfolgt. Es sollen für sozial benachteiligte Kinder mit psychischen oder physischen Handikaps Feriencamps am Bauernhof mit Tier- und Gartentherapien veranstaltet werden. Sie sollen bei der Rekrutierung eines(r) professionellen Projektleiters(in) helfen. Entwerfen Sie zunächst eine Stellenbeschreibung und dann auf deren Basis den Text für eine Stellenanzeige in einer Tageszeitung.

3.4. Ein Politiker ist sich immer wieder unsicher, ob Vorhaben, die er verfolgen möchte, als Projekt aufgesetzt oder mithilfe einer anderen Organisationsform bewältigt werden sollen. Er bittet Sie, ihm eine universell einsetzbare Checkliste zu entwerfen, die es erlaubt, mittels einer Abfolge simpler Ja/Nein-Fragen jeweils festzustellen, ob ein Projekt vorliegt oder nicht.

3.5. Ein Bekannter hat vor kurzem eine Leitungsfunktion in einer Jugendorganisation übernommen. Er möchte eine Reihe von Initiativen möglichst professionell in Angriff nehmen. Daher bittet er Sie um Rat, welche Organisationsform er für die im Folgenden genannten Vorhaben wählen soll. Begründen Sie bitte jeweils Ihre Empfehlung.

a) Aufrechterhaltung des Betriebes eines stets gut besuchten und als Szenetreff etablierten Jugendkellers in bewährter Manier.

b) Organisation einer einmaligen Canyoning-Tour für 50 TeilnehmerInnen, welche zu Beginn der nächsten Sommerferien stattfinden soll.

c) Notmaßnahmen zur Behebung gravierender Hygienemängel, welche im von der Jugendorganisation betriebenen In-Lokal behördlich festgestellt wurden und welche, sofern sie nicht umgehend abgestellt werden, eine sanitätspolizeiliche Zwangsschließung innerhalb der nächsten 5 Tage nach sich ziehen.

d) Beiziehen eines Wirtschaftsprüfers, um eine neue steuerschonendere Rechtskonstruktion für die Jugendorganisation erarbeiten zu lassen.

e) Konzeption und Abwicklung einer internationalen Solidaritätsaktion, bei der während der nächsten fünf Jahre möglichst viele Jugendliche, die ein Sozialjahr absolvieren möchten, beim Aufbau von Bildungs-Infrastruktur (Schulungszentren und Lehrwerkstätten) in Zentralafrika mithelfen.

f) Verschiedene Bewusstseins- und Meinungsbildungskampagnen in einem erst näher zu bestimmenden Ausmaß zu künftig aktuellen und für Jugendliche besonders interessanten Themen.

3.6. Bei welchem der nachstehenden Vorhaben empfehlen Sie den Einsatz von Projektmanagement und bei welchen raten Sie davon ab? Bitte begründen Sie Ihre jeweilige Empfehlung kurz. In jenen Fällen, in denen Projektmanagement einzusetzen ist, geben Sie zusätzlich an, um welchen Projekttyp gemäß Ausgangspunkt des Auftrags, gemäß Unternehmensfunktion sowie gemäß Ursache, die den Bedarf nach dem Vorhaben geweckt hat, es sich jeweils handelt.

a) Erstellen eines vom Leiter der Produktionsabteilung initiierten Entwurfes, welcher die Planung, Ausschreibung und Anschaffung einer neuen, leistungsfähigeren Fermentationsanlage detailliert umfasst, um in der Vergangenheit immer häufiger aufgetretene Produktionsengpässe zu vermeiden.

b) Erarbeiten eines von der Geschäftsführung im eigenen Haus bestellten und ausschließlich für den Firmenvorstand bestimmten höchst sensiblen Konzeptes zur Markteinführung eines innovativen, chemischen Analysegerätes, um sich durch Erfüllung komplexer Kundenwünsche einen langfristigen Konkurrenzvorteil am Markt für Laborausstattungen gegenüber Mitbewerbern zu verschaffen.

c) Von treuen, als Großhändler fungierenden Abnehmern eines Süßwarenherstellers wiederholt eingeforderte intensive und kontinuierliche Pflege der Kundenkontakte und des Markenimages, um das Umsatzniveau stetig zu halten.

d) Aufspüren und Bergen von unter Trümmern verschütteten bzw. vermissten Personen nach einem Erdbeben im Auftrage einer lokalen Zivilschutzorganisation.

e) Vom Bürgermeister initiierter Wiederaufbau eines vom Hochwasser zerstörten, für den örtlichen Fremdenverkehr wichtigen Erlebnisbades durch die Gemeinde.

f) Entwicklung eines Notfallpaketes für Abenteuerurlauber in tropischen Dschungelgebieten durch eine Sanitätsmaterialfirma im Auftrag eines Reiseveranstalters, der auf einen aktuellen Trend zu Extremtrekkingtouren reagieren und seinen Kunden eine Minimalabsicherung gewährleisten möchte.

3.7. Die Firma Ligno-Trakt erzeugt Holzextrakte. Das schon seit Generationen tätige Unternehmen ist streng hierarchisch organisiert. Die Geschäftsleitung hat neulich einen ihr direkt zuarbeitenden Akademiker angestellt. Er soll das LignoFood-Projekt übernehmen. Bei diesem Vorhaben geht es um die Entwicklung von neuartigen Holzextrakten für die Lebensmittelindustrie. Zur Bewältigung dieser Aufgabe soll er sich auf MitarbeiterInnen aus verschiedenen Abteilungen stützen, welche allerdings weiterhin ihren bisherigen Vorgesetzen unterstellt bleiben.

a) In welcher Form ist das LignoFood-Projekt in die bestehende Organisationsstruktur eingegliedert und welche Vor- bzw. Nachteile hat diese Lösung?

b) Welche anderen Möglichkeiten existieren, um Projekte in bestehende Organisationsstrukturen zu integrieren?

3.8. Die Geschäftsführer der Firma Good-Food verlangen von Ihnen einen Vorschlag, wie das Projekt der 50-Jahre-Festschrift in die Organisationsstruktur des Unternehmens implementiert werden soll.

a) Welche prinzipiellen Möglichkeiten bestehen, um ein Projekt in die existierenden Organisationsstrukturen eines Unternehmens einzubetten?

b) Welche spezifischen Begleitmaßnahmen empfehlen Sie im konkreten Fall des Projektes „50-Jahrjubiläumsschrift" der Firma Good-Food, die als ein traditionsreiches, streng patriarchalisch geführtes Familienunternehmen bekannt ist, welches bisher ohne Projekte auskam?

Leitfragen

- Wie entstehen Ideen für neue Projekte?

- Wie (mit Hilfe welcher Verfahren) sucht man die geeignetsten Projektideen aus?

- Welche Kriterien taugen zur Selektion von Projektideen?

- Womit und wie ist die Machbarkeit von Projektideen zu prüfen?

- Wer bzw. was ist für eine Projektauswahlentscheidung maßgeblich?

- Womit endet die Anbahnungs- und Sondierungsphase eines Projektes?

Lehr- und Lernziele

- Imstande sein, selbstständig eine systematische Auswahlentscheidung zwischen mehreren Projektideen zu treffen und diese transparent sowie nachvollziehbar darzustellen

- Wenigstens zwei unterschiedliche qualitative Methoden zur Selektion von Projektideen beherrschen

- Mindestens zwei verschiedene (semi)quantitative Verfahren zur Projektauswahl praktisch anwenden können

- Die Rolle des Umfeldes einer Projektidee für deren Realisierbarkeit verstehen

- Für beliebige Projektideen jeweils wenigstens zwölf relevante Akteure (Stakeholder) sowie fünfzehn maßgebliche Einflussfaktoren identifizieren können

8. Projektanbahnung, -ideenfindung und -auswahl

In der Anbahnungs- oder Vorphase eines Projektes werden Ideen generiert, ventiliert und in einem ersten Schritt so weit konkretisiert, dass eine Grundsatzentscheidung darüber gefällt werden kann, ob die von vagen Einfällen zu ersten Projektskizzen präzisierten Vorstellungen weiter verfolgt werden sollen oder nicht (vgl. Abbildung 25 und Abbildung 26).

> Als **Anbahnungs- oder Vorphase** eines Projektes bezeichnet man ein Initialstadium eines einmaligen Vorhabens. Sie umfasst alle Aktivitäten, die nötig sind, um eine Grundsatzentscheidung darüber zu fällen, ob in Skizzenform ausgearbeitete Ideen weiter konkretisiert und geplant werden sollen.

Die Anbahnungsphase eines Projektes ist also eine Zeitspanne im Vorfeld der eigentlichen Bearbeitung eines Vorhabens, während der einerseits Abstimmungen zwischen potentiellen Projektpartnern (Auftraggeber, Projektnehmer) über dessen grundsätzliche Orientierung stattfinden und andererseits zu klären ist,

- welche Ideen überhaupt verfolgenswert erscheinen,
- ob die erwogenen Ideen einem (Problemlösungs-)Bedarf entsprechen und
- ob die Ideen machbar sind, sodass letztlich eine Freigabeentscheidung gefällt werden kann.

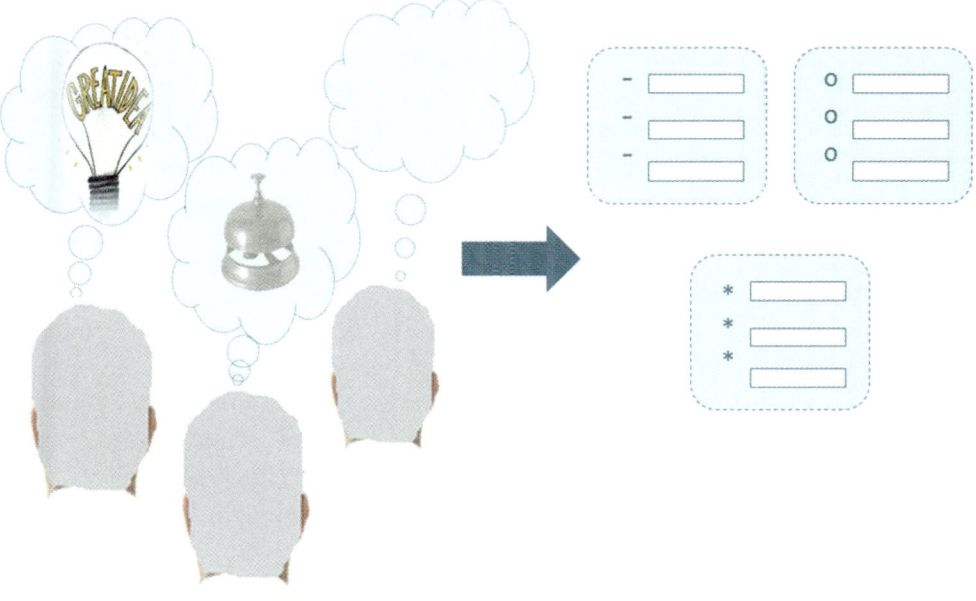

vage Projektideen   greifbare Projektskizzen

Abbildung 25: Die Vorprojektphase

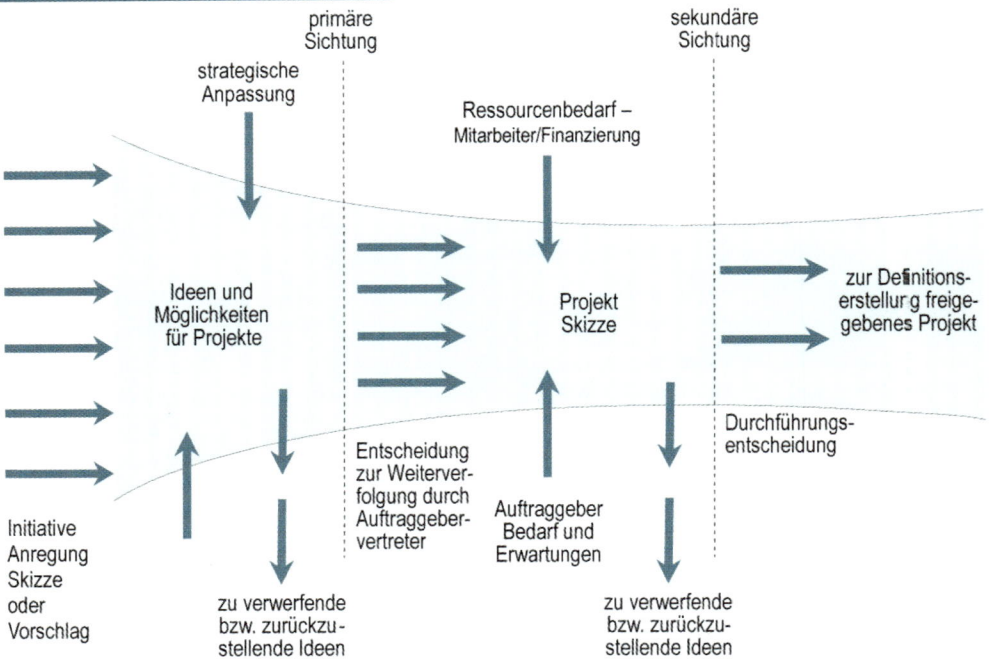

Abbildung 26: Entscheidungsschritte bei der Projektauswahl (nach YOUNG 2006, 41)

8.1.   Identifikation von Projektideen

Im Vorfeld jedes Vorhabens stehen verschiedene Stimuli. Als Impulse, die einen daran denken lassen könnten, ein Projekt in Angriff zu nehmen, fungieren als unbefriedigend empfundene Situationen (Probleme), eigene oder von anderen an einen herangetragene Wünsche respektive einfach der Intuition oder Inspiration entspringende zündende Ideen (vgl. Abbildung 27). Bisweilen kristallisieren sich Einfälle im Zuge von Akquisitionsaktivitäten heraus, etwa wenn während einer Projektanbahnung Gespräche geführt und dabei verschiedene Anregungen diskutiert werden. Manchmal mag eine Eingebung auch irgendeinem bloßen Zufall entspringen.

Überlegungen, Vorhaben näher zu konkretisieren, können entweder von außen herangetragen, aus irgendwelchen Quellen übernommen oder auch systematisch mit Hilfe von Kreativitätstechniken generiert werden: Wenn ein Kunde bzw. Auftraggeber den Anstoß gegeben hat, dann sind im Rahmen der Projektanbahnung zunächst dessen Vorstellungen zu erfassen respektive zu konkretisieren. Das fällt bisweilen schwer, vor allem wenn der Initiator nur vage Ahnungen, aber selbst keine klaren Vorstellungen hat. Eine Situation, die sogar relativ häufig vorkommt. In so einem Fall wird noch vor der Prüfung der Ideen ein Dialog über deren Spezifizierung zu führen sein.

Erfahrungsgemäß münden die im Vorfeld angestellten Erwägungen immer wieder in ein ganzes Bündel an Ideen, was man alles prinzipiell machen könnte. Da sich angesichts der im Regelfall knappen Ressourcen üblicherweise nicht sämtliche Ideen reali-

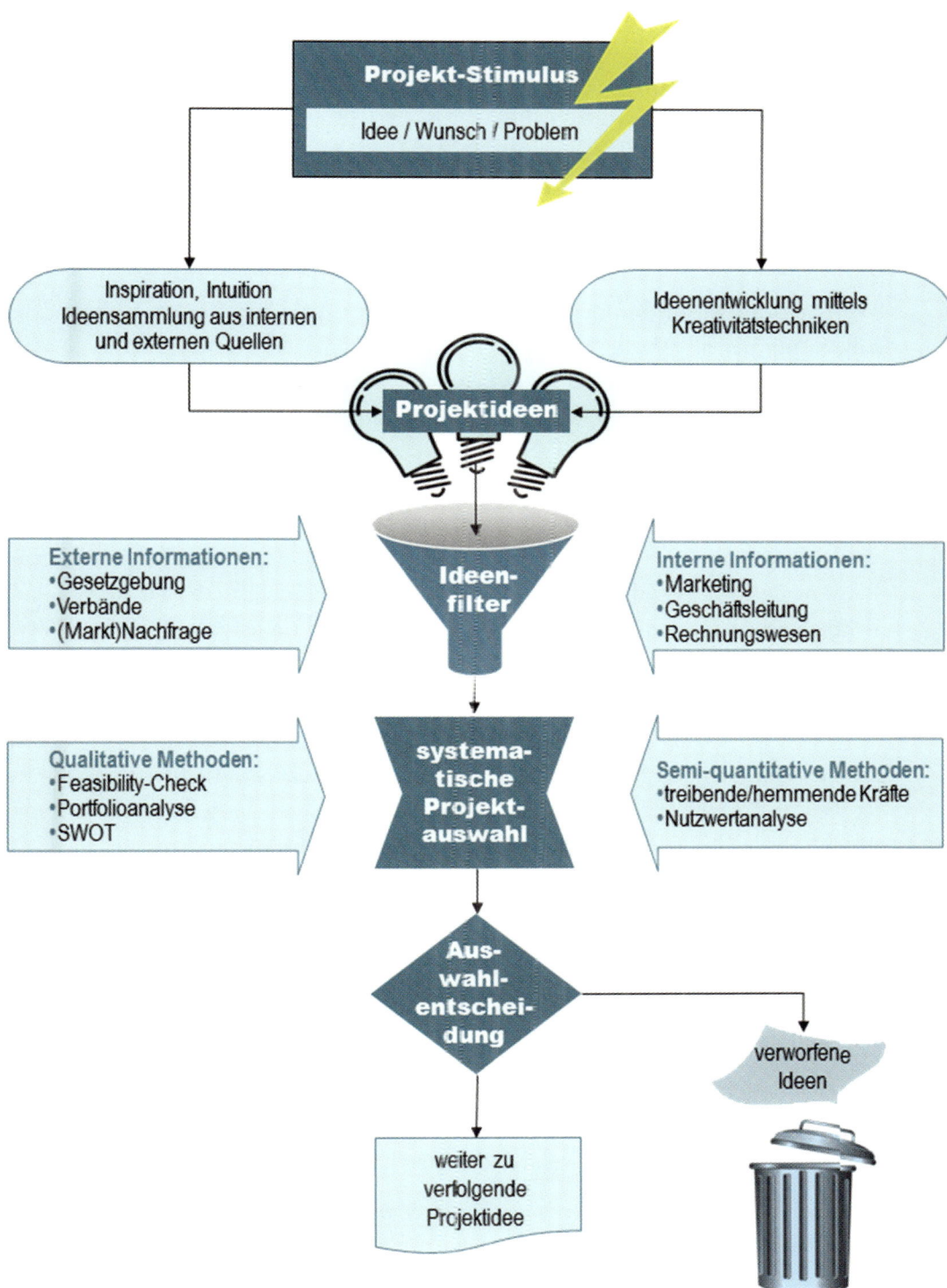

Abbildung 27: **Ideenfindungsprozess** *(in Anlehnung an* JENNY *2003,15)*

sieren lassen, gilt es dann, aus diesem Fundus jene Idee(n) möglichst rational und systematisch auszuwählen, deren weitere Verfolgung beabsichtigt ist.

In einem ersten Schritt wird man die Ideen vor dem Hintergrund verschiedener externer und interner Informationen filtern und etwa jene aussondern, die gesetzlichen Vorschriften zuwider laufen, die auf keine Nachfrage stoßen oder die die Leitung der eigenen Organisation ablehnt.

8.2. Systematische Projektauswahl

Prinzipiell also gilt die Grundanforderung, jeweils die projekttauglichen Ideen auszuwählen, mit denen sich die Ziele des Projektträgers bzw. der Auftraggeber am besten realisieren lassen. Erfahrungsgemäß stellen sich einer systematischen Auswahl von Projekten – häufig wegen der möglichen Gefährdung von „Erbpachten" – Widerstände entgegen. In der Praxis findet die Projektauswahl oft nur nach Gefühl statt (Prestige des Antragstellers, Vorerfahrungen etc.). Rein emotionale Auswahlentscheidungen laufen freilich Gefahr, bloß stimmungsabhängig zustande zu kommen und unter Umständen wichtige Kriterien einfach zu übersehen und dadurch sachinadäquat bzw. qualitativ mangelhaft auszufallen. Eine profundere, nachvollziehbarere und solide argumentierbarere Selektionsentscheidung sollte sich dadurch treffen lassen, dass man Verfahren zur systematischen Projektauswahl anwendet.

Machbarkeitsüberprüfung von Projektideen

Um zu verhindern, dass Energien und Ressourcen für aussichtslose Ideen verschwendet werden, ist eine „feasibility study" vorab durchzuführen. In deren Rahmen ist zu prüfen, ob das ins Auge gefasste Vorhaben grundsätzlich durchführbar ist, allenfalls auch, ob die wichtigsten Voraussetzungen für dessen Realisierung gegeben sind und ob sich dessen Wirtschaftlichkeit abzeichnet.

Überlegungen zur Machbarkeit eines Projektes haben neben technischen und rechtlichen Aspekten nach Tunlichkeit auch kommerzielle, soziale und ökologische Gesichtspunkte prinzipiell anzusprechen.

Einen Ansatz, um die Machbarkeit ventilierter Ideen abzuschätzen, liefert deren (in Abbildung 28 schematisch dargestellte) systematische Hinterfragung im Hinblick auf ihre tatsächliche Realisierbarkeit durch die Trägerorganisation.

Die Erwägungen zur Machbarkeit einer Projektidee münden letztlich in eine Grundsatzentscheidung darüber, ob das Vorhaben weiter verfolgt oder gleich verworfen werden soll.

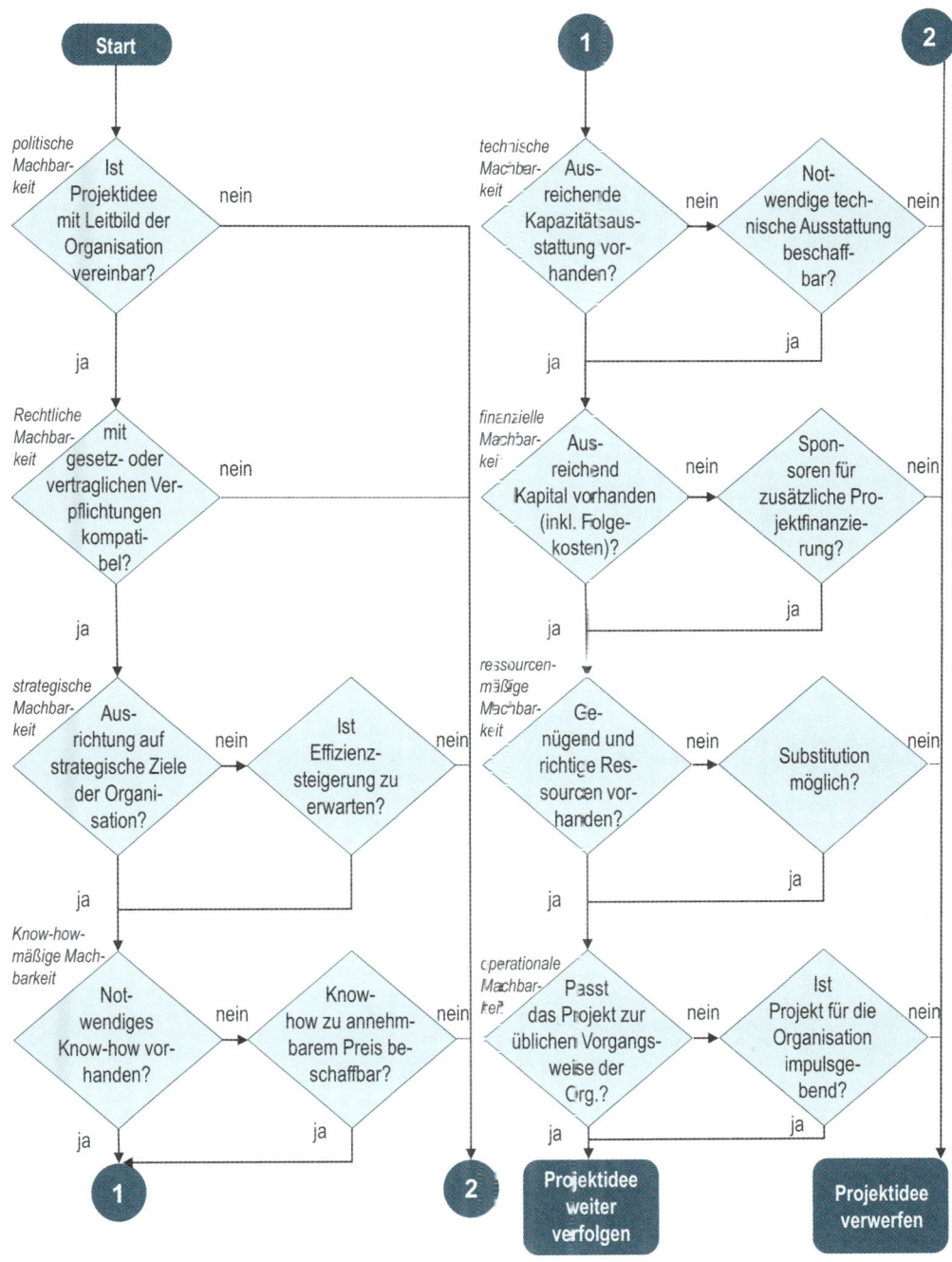

Abbildung 28: Schema eines Feasibility-Checks von Projektideen

8.3. Qualitative Verfahren rationaler Projektwahl

Projektportfolio als Entscheidungshilfe

Unter Projektportfolio versteht man eine Visualisierungstechnik zum Vergleich oder zur gezielten Auswahl mehrerer Vorhaben, wobei alle zu betrachtenden oder abzuwägenden Projekte anhand zweier (allenfalls dreier bzw. vierer) Merkmale in einem Schaubild zueinander in Beziehung gebracht werden. In der Praxis werden zur Auswahl stehende Projekte meist nach nur zwei Merkmalen (Dimensionen) beurteilt; häufig werden folgende zwei Kriterien gewählt:

- die wirtschaftliche Bedeutung eines Projektes (Projektvolumen) und
- die strategische Bedeutung eines Projektes (grundsätzliche Ausrichtung).

Die konkret in Frage kommenden Projekte werden dann in Quadranten positioniert und je nach verfolgter Gesamtstrategie bewusst ausgewählt (vgl. Abbildung 29).

Abbildung 29: Beispiel für ein zweidimensionales Projektportfolio

Mit der Portfoliotechnik lassen sich – bei geschickter Wahl der Darstellungsform – bis zu vier Kriterien gleichzeitig visualisieren, wobei mit zunehmender Zahl jener Kriterien, die in der Präsentation Berücksichtigung finden, der Vorteil der Übersichtlichkeit und der leichten Erfassbarkeit schwindet (vgl. Abbildung 30).

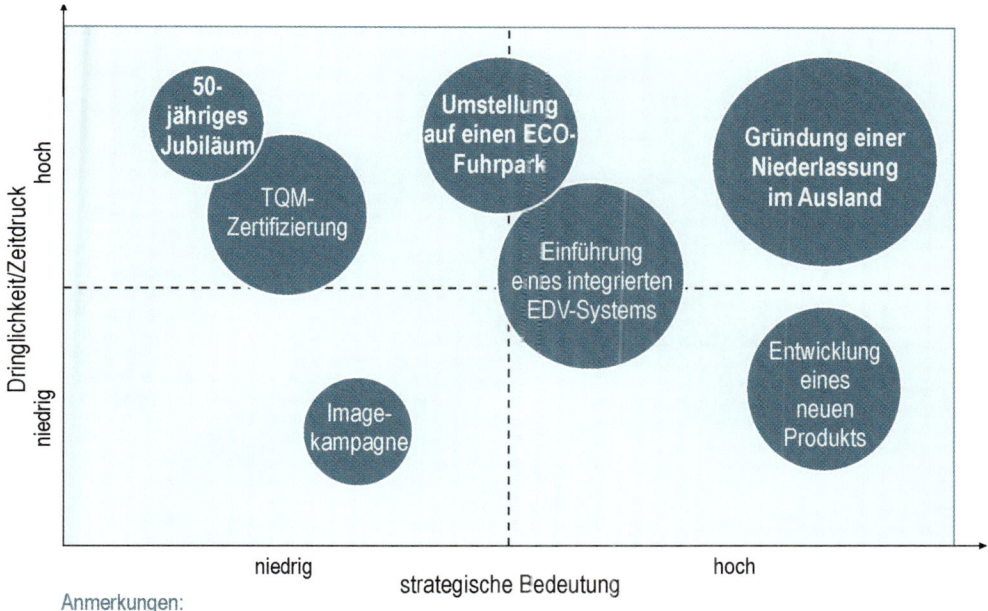

Die Größe der Kreise kann z.B. den Leistungsumfang symbolisieren, in der Umsetzung befindliche Projekte sind im Fettdruck dargestellt.

Abbildung 30: Beispiel für ein auf vier Merkmale gestütztes Projektportfolio

Projektportfolios, die sich an den Merkmalen der Neuartigkeit und der Komplexität orientieren (vgl. Abbildung 31), erlauben eine Grobeinteilung in:

- Wiederholungsprojekte (bei ihnen ist selbst bei größerer Komplexität wenig Neuartiges im Spiel),

- Standardprojekte (bei denen sich eher einfache, schon bekannte Herausforderungen stellen),

- Pionierprojekte (die sehr komplex sind und zugleich weitgehend Neuland betreten) sowie

- Potenzialprojekte (die zwar in Neuartiges vorstoßen, aber weniger Komplexität aufweisen).

Derartige Portfolios zeigen einerseits, dass sich bestimmte Projekttypen üblicherweise in bestimmten Quadranten eines solchen Schemas positionieren. Andererseits sind die genannten beiden Merkmale Neuartigkeit sowie Komplexität auch wesentliche Einflussgrößen auf das Risiko. Wobei man unter Risiko Umstände oder Ereignisse versteht, die das Erreichen der gesetzten Ziele erschweren oder unmöglich machen.

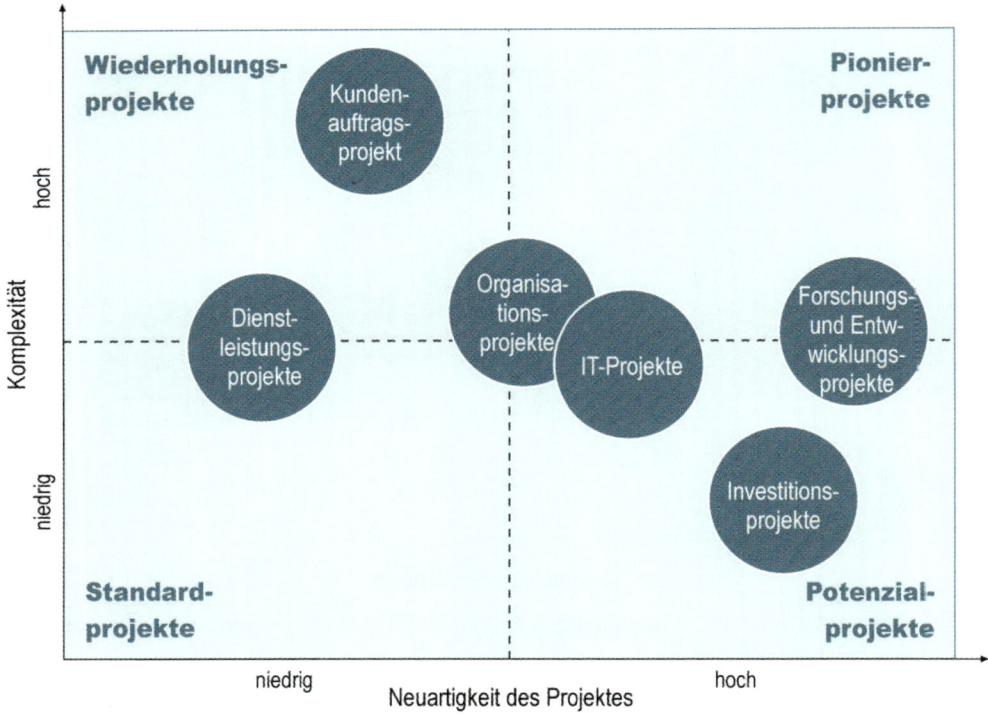

Abbildung 31: Typische Portfolio-Positionierung einzelner Projektarten nach Komplexität und Neuartigkeit

Vorhaben, die in ähnlicher Form schon mehrmals abgewickelt wurden und grundsätzlich einfacher gestrickt sind, dürften generell als weniger riskant zu qualifizieren sein, als solche, wo völliges Neuland zu betreten ist, und sich sehr komplexe Aufgaben stellen.

Das Einordnen von Vorhaben in Risikoportfolios (vgl. Abbildung 32) erlaubt nicht nur Abwägungen für die Projektauswahl, sondern ermöglicht auch Rückschlüsse auf den Bedarf und die Dringlichkeit eines eigenen Risikomanagements (vgl. Abbildung 33).

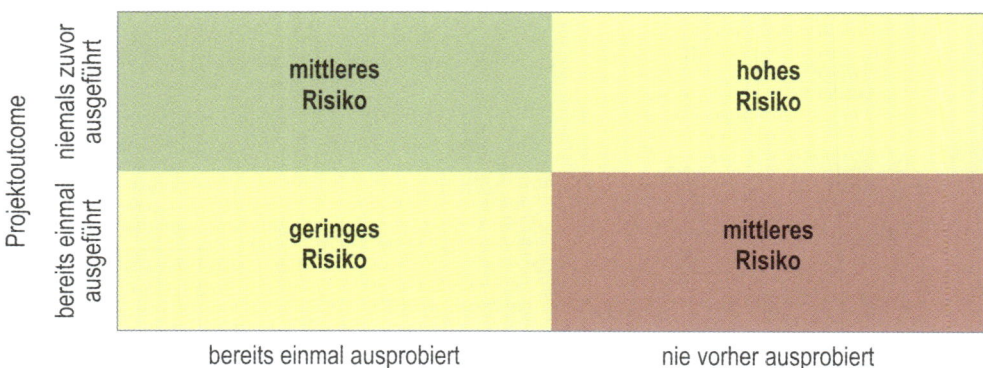

Abbildung 32: Beispiel für Risikoportfolio

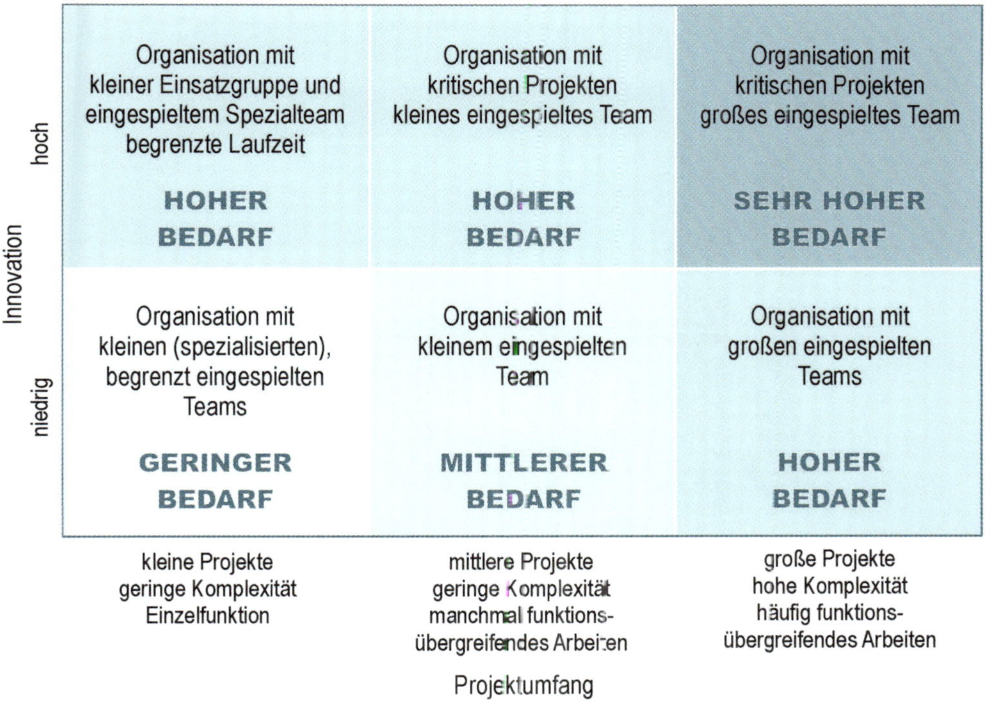

hoch	Organisation mit kleiner Einsatzgruppe und eingespieltem Spezialteam begrenzte Laufzeit **HOHER BEDARF**	Organisation mit kritischen Projekten kleines eingespieltes Team **HOHER BEDARF**	Organisation mit kritischen Projekten großes eingespieltes Team **SEHR HOHER BEDARF**
niedrig	Organisation mit kleinen (spezialisierten), begrenzt eingespielten Teams **GERINGER BEDARF**	Organisation mit kleinem eingespielten Team **MITTLERER BEDARF**	Organisation mit großen eingespielten Teams **HOHER BEDARF**
	kleine Projekte geringe Komplexität Einzelfunktion	mittlere Projekte geringe Komplexität manchmal funktions-übergreifendes Arbeiten	große Projekte hohe Komplexität häufig funktions-übergreifendes Arbeiten

Innovation

Projektumfang

Abbildung 33: Der Bedarf an Risikomanagement (nach YOUNG 2006, 83)

SWOT-Analyse als Entscheidungshilfe

Im Rahmen einer SWOT-Analyse werden als vier Eckpunkte eines jeden Projektes speziell beleuchtet:

S = Strengths = Stärken

W = Weaknesses = Schwächen

O = Opportunities = Chancen

T = Threats = Gefahren

Die SWOT-Analyse stellt ein Vorgehensschema dar, welches zur Alternativenbewertung und zur Erstellung von Grundlagen für strategische Entscheidungen der Projektauswahl dienen kann. Einerseits erfasst die SWOT-Analyse die gegenwartsbezogenen internen projektrelevanten Stärken (strengths) und Schwächen (weaknesses), welche die Projekt-trägerorganisation im Hinblick auf die Vorhaben aufweist. Andererseits sondiert sie zukunftsbezogen systematisch externe Chancen (opportunities) und Gefahren (threats), welche mit den jeweiligen Vorhaben in Zusammenhang stehen (vgl. Abbildung 34). Sowohl Stärken und Schwächen als auch Chancen und Gefahren, die sich im Hin-blick auf jede Projektidee ermitteln lassen, müssen dann im Endeffekt gegeneinander abgewogen werden.

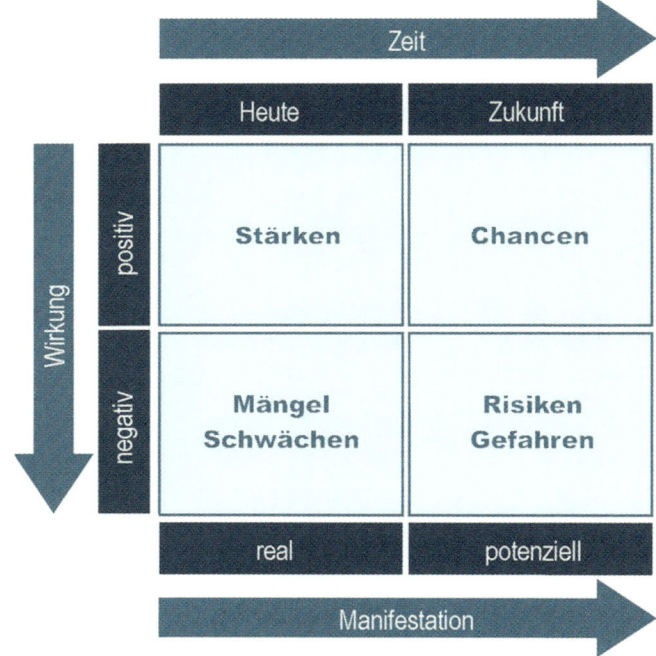

Abbildung 34: Dimensionen der SWOT-Analyse (in Anlehnung an MEIER 2003)

Generell wird man in der Regel vermutlich eher jene Projekte weiterverfolgen, bei denen sich eigene Stärken gut verwerten und womit sich möglichst viele Chancen aufgreifen lassen. Prinzipiell lassen sich aber bei der Projektwahl recht unterschiedliche Strategien verfolgen, wie Übersicht 10 zeigt.

Übersicht 10: SWOT-Matrix der Strategietypen

		interne	
		Stärken	Schwächen
externe	Chancen	**S - O** Projekte, die neue Chancen aufgreifen und dabei auf eigene Stärken setzen	**W - O** Projekte, die helfen sollen, eigene Schwächen abzubauen, um neue Möglichkeiten zu nutzen
	Gefahren	**S - T** Projekte, bei denen sich eigene Stärken ausspielen lassen, um Bedrohungen zu begegnen	**W - T** Projekte mit Vorkehrungen, damit vorhandene Schwächen nicht durch Bedrohungen eskalieren

Für die Abwägungen einer Projektauswahl aufgrund von SWOT-Analysen hilft unter Umständen auch die Berücksichtigung folgender empirischen Regel: Während sich erfahrungsgemäß die internen Stärken und Schwächen eher langsam verändern und externe Chancen kommen und gehen, bleiben die Gefahren meist bestehen.

Zu den Hauptgesichtspunkten, auf welche Stärken/Schwächen-Befunde (vor allem bei kommerziellen Unternehmensprojekten) Bezug nehmen, gehören (vgl. POSNER und APPLEGARTH 1998, 19):

- Personal- und Managementerfahrung,
- Einrichtungen, Gebäude und Anlagen,
- Technologie,
- Marketing, Verkaufsförderungsmöglichkeiten,
- Ruf und Image,
- finanzielle Mittel.

Zu den Hauptaspekten, aus welchen Einschätzungen von Chancen und Gefahren üblicherweise abgeleitet werden, zählen:

- Absehbare politische, soziale und wirtschaftliche Veränderungen;
- lokaler und globaler Wettbewerb;
- Marktentwicklungen und -trends, Rentabilitätsverschiebungen;
- Wahrscheinlichkeit des Wandels von Bedürfnissen.

Wie eine SWOT-Analyse für ein Vorhaben beispielsweise aussehen könnte, zeigt Übersicht 11.

Übersicht 11: Beispiel einer SWOT-Analyse für eine Projektidee

Stärken	Schwächen
• Motiviertes Team • Hervorragendes Know-how der Projektmitarbeiter • Gute Beziehungen zu Projekt-Interessenten • Kontakte zu Förderstellen • Ausgezeichnete Verankerung in und starker Rückhalt durch Lokalpolitik	• Noch unklare Projektziele • Fehlende Projekterfahrung bei Teammitgliedern • Geringes Projektbudget • Ungenaue Projektbeschreibung • Fehlen eines „Projektauftraggebers" • Mangelnder Zusammenhalt der Projektgruppe
Chancen	**Gefahren**
• Große Marktnachfrage nach zu erwartenden Projektresultaten • Projekt könnte als Vorbild für weitere Vorhaben dienen (Pilotcharakter) • Passgenauigkeit mit Subventionsschwerpunkten der Regierung	• Geplante Rechtsreformen als Realisierungshindernisse • Widerstände von Bürgerinitiativen • Irritationen im etablierten Sozialgefüge

8.4. Quantitative Verfahren rationaler Projektwahl

Nutzwertanalyse

Wesen

Mit der Nutzwertanalyse (auch Punktwertverfahren oder Multifaktorentechnik genannt), lassen sich Projekte nach bestimmten – selbst festzulegenden – Kriterien in eine Rangfolge bringen. Die Kriterien sind so zu wählen, dass sie den Eigenarten der zur Wahl stehenden Projekte sachlich entsprechen und sich für alle zu beurteilenden Projekte feststellen lassen. Das Verfahren ermöglicht es, die relative Vorteilhaftigkeit der Entscheidungsalternativen (Projekte) zu bestimmen.

Vorgangsweise

- Zielkriterienfestlegung: Das komplexe Beurteilungsproblem wird durch Formulierung von Zielkriterien in abgegrenzte Teilprobleme zerlegt.

- Zielkriteriengewichtung: Die einzelnen Zielkriterien werden zueinander in Relation gesetzt. Das heißt, man legt Gewichtungsfaktoren fest, die den relativen Stellenwert der einzelnen Zielkriterien erfassen.

- Teilnutzenbestimmung: Für jede Entscheidungsalternative erfolgt hierauf eine isolierte, subjektive Bewertung der Erfüllung der einzelnen Zielkriterien (z.B. Punkteskala: 0...gar nicht erfüllt, 1...gerade noch erfüllt, ..., 10...ausgezeichnet erfüllt).

- Nutzwertermittlung: Durch Aggregation (Zusammenrechnen) der einzelnen (für jedes Zielkriterium separat ermittelten) Teilnutzen wird für jede Alternative (jedes zur Wahl stehende Projekt) ein Gesamt-Nutzwert ermittelt.

Das Projekt mit dem höchsten Nutzwert empfiehlt sich dann als die relativ vorzüglichste Variante.

Übersicht 12: Nutzwertanalyse zur Abwägung zweier Projektideen

Zielkrite- rium (Z_j) Projektidee	Innovationsgrad (Z_1)	Profitabilität (Z_2)	Folgeaufträge (Z_3)	Nutzwert (N_i)
	Kriteriengewichte (g_j)			Aggregations- vorschrift:
Alternative (A_i)	$g_1 = 0{,}3$	$g_2 = 0{,}4$	$g_3 = 0{,}3$	$N_i = n_{i1}.g_1 + n_{i2}.g_2 + n_{i3}.g_3$
„Tag der offenen Tür" (A_1)	$n_{11} = 6$	$n_{12} = 8$	$n_{13} = 8$	$N_1 = 7{,}4$
„Vortragsreihe" (A_2)	$n_{21} = 8$	$n_{22} = 7$	$n_{23} = 9$	$N_2 = 7{,}9$

Als Vorzüge/Nachteile dieses Verfahrens lassen sich ins Treffen führen, dass es leicht anwendbar ist und schnell ausgeführt werden kann. Außerdem erfordert es lediglich, dass relative Abstufungen geschätzt und keine objektiven Zielerfüllungsgrade gemessen werden müssen.

Diese Tatsachen begründen auch die Hauptnachteile der Methode, dass sie eine gewisse Scheinobjektivität entwickeln kann und dass man als Anwender womöglich der ihr innewohnenden Scheingenauigkeit selbst auf den Leim geht und die ermittelten Werte für unabänderliche Gegebenheiten hält.

Kraftfeldanalyse

Bei jedem Vorhaben lassen sich Momente und Beweggründe ausmachen, die dessen Realisierung begünstigen (treibende Kräfte). Ebenso zeichnen sich Widerstände und Schwierigkeiten, mit denen man zu rechnen haben wird (hemmende Kräfte), oft vorzeitig ab. Es gilt für jedes in Frage kommende Projekt, sich die einzelnen Kräfte bewusst zu machen, sich deren Wichtigkeit zu vergegenwärtigen und in ihrer Stärke vorweg abzuschätzen. In einem einfachen Diagramm lassen sich die jeweils wichtigsten hemmenden und treibenden Kräfte als horizontale Balken darstellen, deren Länge die zu erwartende Intensität der einzelnen Kräfte abbildet. Zusätzlich lässt sich durch Variation der Balkenbreite das Gewicht, welches man der jeweiligen Kraft beimisst, zum Ausdruck bringen. In einem derartigen Kräfte-Diagramm lässt sich auf einen Blick feststellen, ob die treibenden oder hemmenden Kräfte für das Vorhaben überwiegen und ob das Projekt zum Erfolg oder zum Scheitern tendiert (vgl. Abbildung 35).

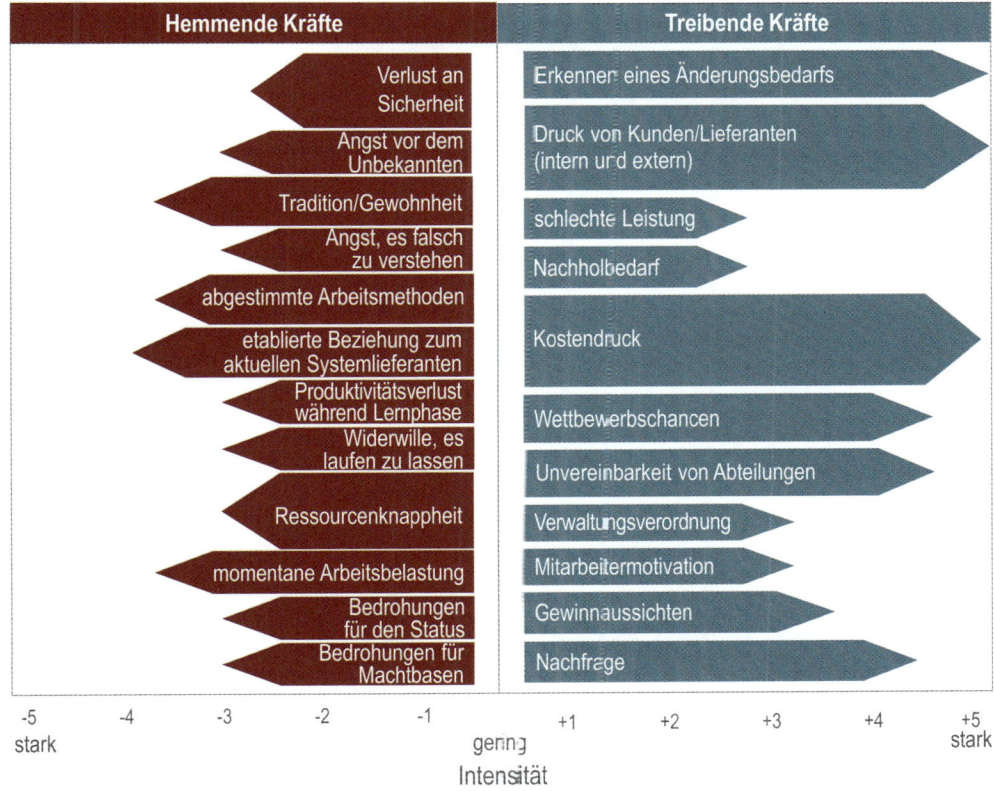

Abbildung 35: *Kraftfelddiagramm (Force-field analysis chart)* (nach HÖLZLE 2007, 67)

91

Zu beachten ist, dass die Einstufung der Kräfte als treibend oder hemmend sowohl von der in Rede stehenden Projektidee als auch von der jeweiligen Gesamtkonstellation abhängt. So kann z.B. die Motivation der Mitarbeiter für die eine Idee mit Begeisterung und für das andere Vorhaben mit Ablehnung einzuschätzen sein. Es könnte aber sogar ein und dieselbe Idee bei einer Gruppe potentieller Mitarbeiter auf positives Echo stoßen und hohe Motivation erwarten lassen, während sich bei einer anderen Gruppe Reserviertheit und Demotivation abzeichnen. Um die Realisierbarkeit einer Projektidee systematisch vorab zu beurteilen, ist eine Feststellung und Abschätzung treibender sowie hemmender Kräfte hilfreich.

Eine solche Kraftfeldanalyse gewinnt an Verlässlichkeit und Aussagekraft, wenn vor ihrer Erstellung das Projektumfeld systematisch betrachtet wurde. So wäre beispielsweise mittels einer sogenannten Stakeholderanalyse ein Überblick darüber zu verschaffen, welche Personen und Institutionen als Anspruchsgruppen (Stakeholder) am Projekt beteiligt, am Projektverlauf interessiert oder von den Auswirkungen des Projekts betroffen sind.

Einen Überblick, welche Gruppen in die Kategorie der Stakeholder fallen können, zeigt Abbildung 36.

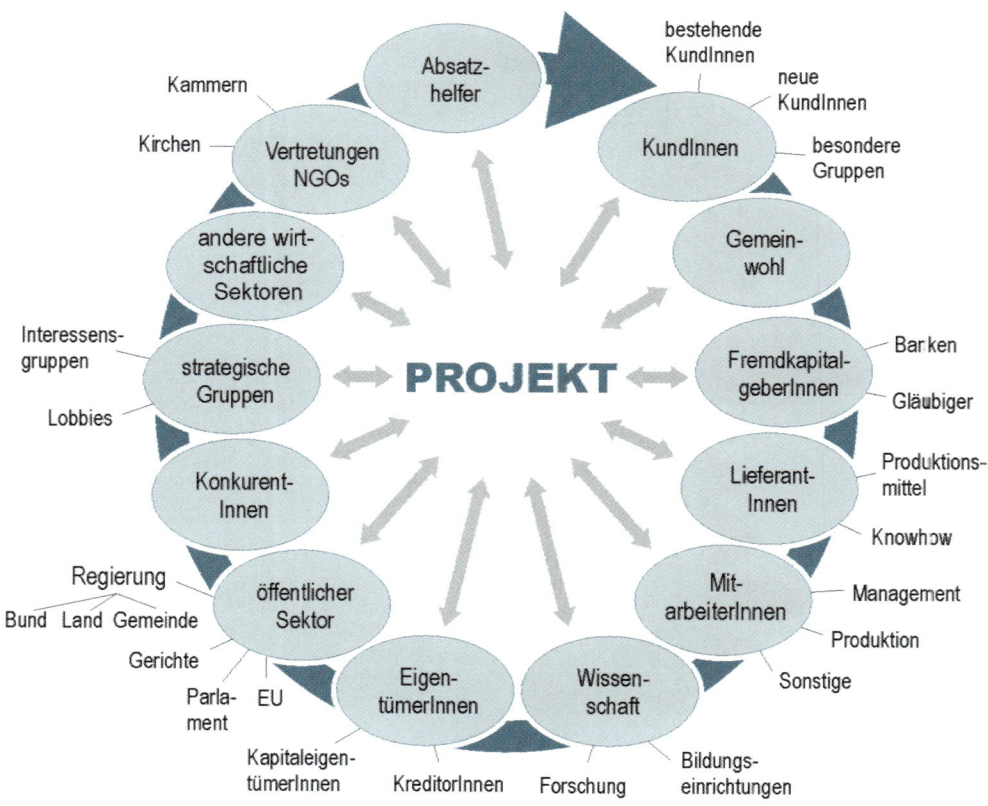

Abbildung 36: Für die Projektarbeit relevante Anspruchsgruppen (nach NAUSNER 2006)

Dabei kann es zwischen den interessierten Parteien durchaus Interessenkonflikte geben, woraus auch unterschiedliche Einstellungen dem Projekt gegenüber resultieren können. Auch die Einflüsse der Stakeholder kann man systematisch abzuschätzen versuchen (vgl. Übersicht 13).

Übersicht 13: Ausschnitt aus einer Stakeholder-Einflussmatrix

Stakeholder		Art des Einflusses					
Name	Rolle	Manager	Entschei-dungsträger	direkte Einfluss-nahme	indirekte Einfluss-nahme	Beobachter	Besitzer
Müller	Auftraggeber		✓+				
Steiner	Finanzier		✓+				
Berger	Techn. Direktor			✓+			
Huber	Servicemanager				✓N		
Zapfel	Verkaufsleiter					?	
Wetty	Entwicklungsmanager			✓−			
Fuchs	Produktmanager			✓N			
Gans	Lagerleiter			?			
Maier	Einkaufsleiter			?			

+   positiv gesinnter Stakeholder
−   eindeutig negativ eingestellter Stakeholder
N   neutral, indifferent eingestellter Stakeholder
?   nicht eindeutig einschätzbare Stakeholdereinstellung

Aus der Verschneidung von Stakeholderanalyse und einfacher Kraftfeldanalyse lassen sich auch differenziertere Einsichten zu den zur Auswahl stehenden Projekten gewinnen (vgl. Abbildung 37).

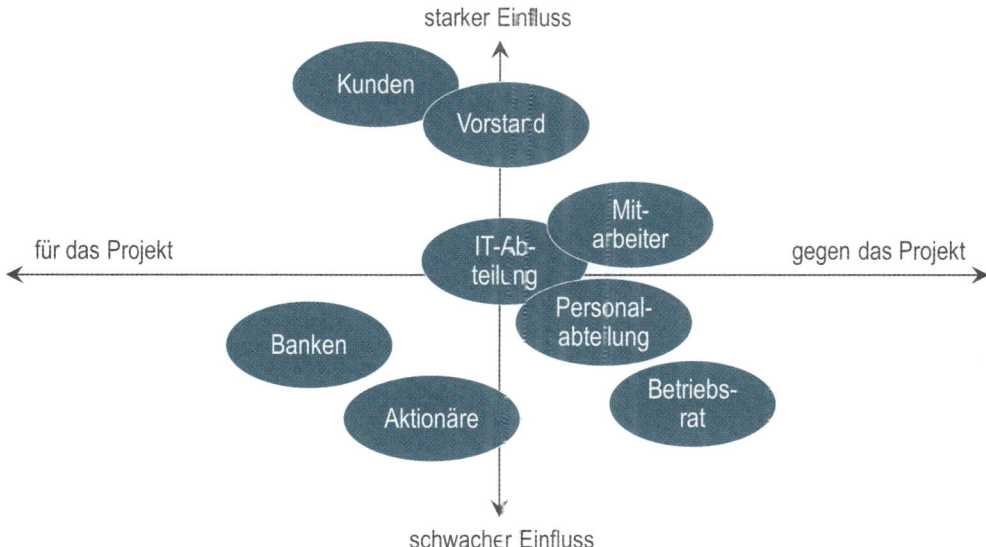

Abbildung 37: Beispiel einer komplexen Kraftfeldanalyse (in Anlehnung an HÖLZLE 2007, 67)

8.5. Freigabeentscheidung über Projektideenskizzen

Welche Verfahren der Projektauswahl auch immer angewendet werden, am Ende der Ideen-Sondierungsphase, die ja noch im Vorfeld der eigentlichen Projektbearbeitung angesiedelt ist, steht eine Entscheidung: Es ist zu bestimmen, welche Ideen und Projektskizzen weiterzuverfolgen sind und welche nicht. Solche klaren Festlegungen sind zu empfehlen, weil sonst die Gefahr unnötiger Belastungen besteht. Lässt man Ideen weiter schwelen, die man letztlich doch nie realisieren will, dann beschäftigen sie einen womöglich immer wieder, ohne dass etwas dabei herauskommt und man verschwendet Gedanken, Zeit und womöglich noch andere Ressourcen auf sie.

Lässt man andererseits solche Ideen zu lange in Schwebe, die man gerne vorangetrieben sehen möchte, dann kann einem die Lust an der Sache vergehen und es verpuffen unter Umständen Euphorie, Elan und Begeisterung. Letztlich könnte dann überproportionaler Aufwand erforderlich sein, um das Geisteskind doch noch zum Leben zu erwecken. Deswegen sollte am Ende einer zeitlich klar limitierten Projektanbahnungs- und -auswahlphase ein eindeutiges Bekenntnis zu derjenigen skizzenhaft vorliegenden Projektidee stehen, die weiterverfolgt werden soll und die nach allen Regeln der Kunst des Projektmanagements weiterzuentwickeln ist.

Zusammenfassung

☑ Ideen für Projekte entspringen entweder eigener Inspiration und Intuition, externen Impulsen oder einem gezielten Einsatz von Kreativitätstechniken.

☑ Für eine systematische primär rationale statt emotionale Ideenauswahl eignen sich qualitative entscheidungsunterstützende Verfahren, wie die Portfolio- oder die SWOT-Analyse ebenso wie semiquantitative Verfahren der Nutzwert- oder der Kraftfeldanalyse.

☑ Als Kriterien für die Selektion von Projektideen bieten sich u.a. deren Machbarkeit, ihre strategische Bedeutung, das mit ihnen verbundene Risiko und ihr potenzieller Nutzen an.

☑ Die Machbarkeit von Projektideen lässt sich durch einen Feasibilitycheck abschätzen, welcher allfällige strategische, rechtliche, knowhowmäßige, technische, finanzielle und ressourcenmäßige Hindernisse zu identifizieren sucht.

☑ Eine Entscheidung über die Ideenauswahl hat letztlich der Auftraggeber zu fällen, wobei maßgeblich einfließen:

- seine Interessen,
- sämtliche Stakeholder und deren Einstellung dem Projekt gegenüber,
- Stärken und Schwächen der eigenen Organisation,
- diverse treibende und hemmende Kräfte.

☑ Am Ende der Anbahnungs- und Sondierungsphase steht eine Go/NoGo-Entscheidung über eine Projektskizze, die, so sie positiv ausfällt, eine Freigabe des Vorhabens zur Erstellung einer Projektdefinition bzw. eines Projektauftrages bedeutet.

Kontrollaufgaben

4.1. Die LehrerInnen einer Landwirtschaftlichen Fachschule erwägen verschiedene Vorhaben, um neue Schüler zu werben. Folgende drei Varianten ziehen die Pädagogen in die nähere Wahl: Serie von speziellen Infoabenden in Hauptschulen, Tag der offenen Tür, Angebot von Schnupperwochen am Bauernhof für Hauptschulabgänger.

a) Welche Verfahren eignen sich prinzipiell, um mehrere Projekte in graphisch übersichtlicher Form miteinander zu vergleichen und was sind jeweils die spezifischen Vor- bzw. Nachteile dieser Verfahren?

b) Vergleichen Sie in übersichtlicher Form die drei in Rede stehenden Projekte unter Bezugnahme auf mindestens 10 Projektmerkmale.

c) Welche Rückschlüsse lassen sich aus einem solchen Projektvergleich ziehen?

4.2. Sie fungieren in der Zentrale eines internationalen Saatgutkonzerns als AuftraggeberIn von verschiedenen Forschungsprojekten. Sie haben sich für eine Besprechung mit jenem Vorstandsmitglied vorzubereiten, das für Forschung und Entwicklung letztverantwortlich ist. Bei der Unterredung werden Sie Ihre Projektvergaben nachvollziehbar zu argumentieren haben.

a) Stellen Sie bitte eine Liste mit den sechs wichtigsten Kriterien zusammen, die Sie bei der Entscheidung über Projektzuschläge einfließen lassen.

b) Welche Verfahren eignen sich prinzipiell, um mehrere Projekte in graphisch übersichtlicher Form miteinander zu vergleichen und was sind jeweils die spezifischen Vor- bzw. Nachteile dieser Verfahren?

c) Wenden Sie bitte eines dieser Verfahren an, um folgende Projekte vergleichend darzustellen:

Projekt A: Erforschung von Grundlagen zur Entwicklung eines neuen Verpackungsmaterials, welches das Saatgut deutlich länger keimfähig hält.

Projekt B: Erstellung eines Pflichtenheftes für die ersatzweise Beschaffung von kaputt gegangenen Klimaschränken im Forschungslabor.

Leitfragen

- Welche Schritte sind zu setzen, um eine Projektidee bis zur Entscheidungsreife zu konkretisieren und ein Projekt zu definieren?

- Welche Vorgaben sind wie festzulegen, damit ein formeller Projektauftrag erteilt werden kann?

- Welche Bedeutung haben Ziele für das Projekt und wie kommt man zu deren Festlegung?

- Was ist bei der Formulierung projekttauglicher Ziele zu beachten?

- Wie verläuft der offizielle Projektstart?

- Was passiert bei einem Kick-off-Meeting?

Lehr- und Lernziele

- Ziele für konkrete Vorhaben fixieren und praktisch ausformulieren können

- Für konkrete Vorhaben wenigstens drei Projektausschließungen und drei Projektdeliverables praktisch festlegen können

- Projektauftragsentwürfe kritisch begutachten und mindestens 80 % allfälliger gravierender Mängel aufdecken können

- Den Projektstart adäquat zu gestalten vermögen

9. Definition des Projektauftrages

Vor allem, wenn beabsichtigt ist, Ideen im kommerziellen Kontext weiterzuverfolgen, ist dafür ein Auftrag notwendig. Damit ein solcher erteilt werden kann, braucht es aber mehr als eine bloße – womöglich noch recht ungefähre – Skizze; am besten eine möglichst exakte Konkretisierung des Vorhabens, eine bisweilen sogenannte Projektauftragsdefinition.

9.1. Begriff „Projektauftrag"

Dem Ausdruck „Projektauftrag" wohnt eine gewisse Mehrdeutigkeit inne:

- Einmal meint der Begriff „Auftrag" generell einen Vorgang der Bestellung einer Ware oder Leistung (in diesem Falle der Arbeiten am Vorhaben).

- Ferner bezeichnet das Wort „Auftrag" eine Weisung zur Erledigung einer übertragenen Aufgabe (in diesem Falle zur Weiterverfolgung einer skizzenhaft vorliegenden Idee).

- Schließlich ist der Terminus „Auftrag" auch gebräuchlich, um damit jene Schriftstücke zu benennen, die vertragliche Vereinbarungen über zu Leistendes festhalten.

Im Kontext des Projektmanagements gilt zumeist folgende Festlegung:

> Der **Projektauftrag** ist ein schriftliches Dokument, in dem die Ziele und Rahmendaten des Vorhabens festgehalten werden mit Benennung von Auftraggeber und Projektleiter. Er dient als formale Beauftragung zum Start eines Projektes.

9.2. Zweck des Projektauftrages

Am Beginn des Projektorganisationsprozesses stehen die Beschreibung des Vorhabens und die Festlegung der mit dem Projekt zu erreichenden Ziele. Dabei gilt es die übergeordneten Ziele bzw. Hauptziele, Unterziele und auch explizite Nicht-Ziele präzise zu formulieren und damit den gewünschten Endzustand nach der Projektdurchführung zu definieren. Die Zielerreichung sollte am Ende des Projektes messbar sein.

Der Definitionsprozess sollte weiters deutlich machen, weshalb das Projekt zu diesem Zeitpunkt nötig ist und welche Ergebnisse zu erwarten sind. Alle Beteiligten müssen die Auftragsdefinition wirklich verstehen, damit sie etwas zur Entwicklung des Projektplanes beitragen können.

In diesem Stadium der Projektarbeit werden Eckdaten des bevorstehenden Vorhabens verankert, obwohl häufig noch Unsicherheiten und Unklarheiten bestehen. Üblicherweise steckt man in einem Dilemma: Einerseits müsste man eigentlich erst in die Projektplanung einsteigen, aber andererseits kann diese erst begonnen werden, wenn ein klarer Projektauftrag vorliegt; dieser verlangt aber schon gewisse, grob geschätzte Angaben zu wesentlichen Inhalten und Parametern (Zeitrahmen, Aufwand). Ein pragmatisch-iteratives Vorgehen mag helfen, diese Zwickmühle zu durchbrechen.

9.3. Prinzipien bei der Definition des Projektauftrages

Bei der Erarbeitung und Erstellung des Projektauftrages sind verschiedene Grundsätze zu beachten:

- Der Projektauftrag sollte jedenfalls schriftlich festgehalten werden. Er stellt ein Schlüsseldokument für die weiteren Projektbearbeitungsschritte dar. Gleichzeitig eignet er sich bei externen Projekten als Grundlage für Verträge. In vielen Fällen genügen zwei bis maximal drei Seiten. Schriftlichkeit zwingt dazu, die Dinge klar zu formulieren und zusammenzufassen (STÖGER 2004, 47).

- In der Projektdefinition sind die Erwartungen allfälliger Auftraggeber zu berücksichtigen.

- Der Projektauftrag sollte auf alle Fälle enthalten:
  - Name/Titel des Projektes (möglichst aussagekräftig, attraktiv und einprägsam);
  - Projektnummer oder/und Kurzbezeichnung;
  - Projektauftraggeber, Projektleiter (Projektteam);
  - Start- und Endtermine, Projektlaufzeit;
  - Kurzbeschreibung des Vorhabens und jenes Problems, das der Projektidee zugrundeliegt;
  - Aussagen über die Notwendigkeit des Vorhabens (Statement über die Erforderlichkeit des Projektes, welches motiviert und den Beteiligten den Hintergrund liefert, warum sich ein Engagement für das Projekt lohnt);
  - Aussagen über übergeordnete Ziele (ein Mission-Statement macht in möglichst knapper und klarer Form die prinzipiellen Absichten des Vorhabens deutlich);
  - Auflistung der zu liefernden Projektprodukte (= Outputs; Deliverables, sodass klar wird, welche konkret greif- und messbaren Ergebnisse zu erwarten sind. Gerade die Festlegung dessen, was vom Projekt hervorzubringen ist, hätte am deutlichsten die Erwartungen des Auftraggebers widerzuspiegeln);
  - Projektinhalte/-phasen (Meilensteine);
  - Einschränkungen und Annahmen (insbesondere ist darauf einzugehen, welche Ressourcenverfügbarkeit [Personal, Kapital und Zeit] für das Vorhaben unterstellt wird. Im Rahmen der Auflistung von Projektschranken sind Restriktionen anzusprechen, die unbedingt zu beachten sind. Mit anderen Worten, es wären jene Annahmen festzulegen, deren Eintreten als KO-Bedingungen für das Projekt wirken. Dies können Risiken sein, von denen man ausgeht, dass sie nicht eintreten [z.B. Aus-

bleiben von Rohstofflieferungen oder grundlegende Änderungen maßgeblicher rechtlicher Bestimmungen] oder Unterstützungen, deren Gewährung man voraussetzt [z.B. Subventionszusagen, Verfügbarmachung von Daten]).

- – Unterschriften von Auftraggeber und Projektleiter.

▪ Der Detaillierungsgrad des Projektauftrages ist abhängig von Umfang, Komplexität, Bedeutung etc. des Gesamtvorhabens.

Als Ergänzungen können sich folgende Elemente als zweckmäßig erweisen:

▪ Ausdrückliche Projektausschließungen, worunter Leistungen oder Produkte zu verstehen sind, deren Erbringung bzw. Herstellung man vom Vorhaben mit Fug und Recht erwarten könnte, die aber dezidiert nicht zugesagt und gemacht werden sollen. Was darunter konkret zu verstehen ist, sei am Beispiel eines Projektes erklärt,

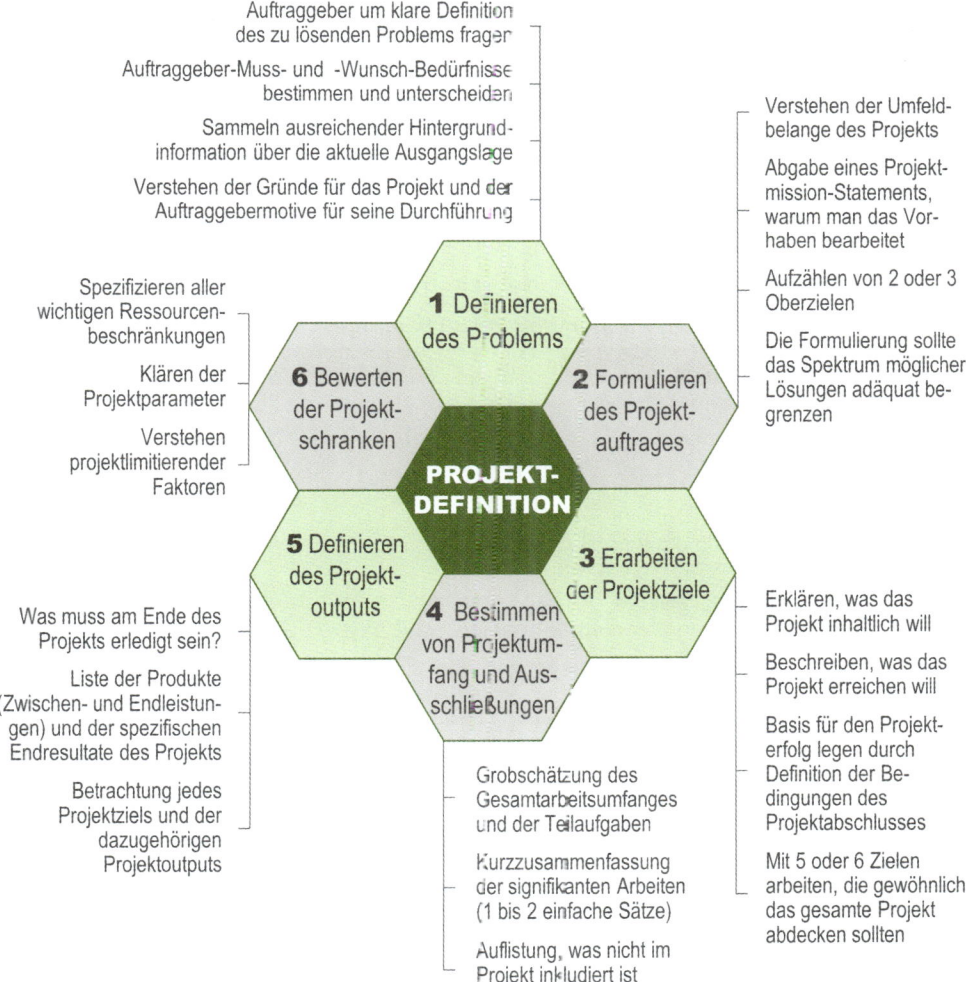

Abbildung 38: Kernelemente eines Projektauftrages

101

welches die Herausgabe einer Firmenfestschrift zum Inhalt hat. Da könnte jemand ohne weiteres damit rechnen, dass der Band nach dem Druck in feierlichem Rahmen der Öffentlichkeit vorgestellt wird. Als explizite Ausschließung kann man aber schon vorab ankündigen, dass eine Präsentation des Buches nicht Gegenstand dieses Projektes darstellt. Das Benennen von dezidierten Nicht-Zielen bewahrt vor falschen Erwartungen und vor späteren Enttäuschungen, weil unausgesprochene (Auftraggeber-)Hoffnungen unerfüllt bleiben.

- Graphische Kurzdarstellung der Projektorganisation mit Benennung der wichtigsten Rollenträger (Auftraggeber, Projektleiter, soweit bereits bekannt weitere Mitglieder des Projektteams)
- Zusammenstellung aller Stakeholder des Projektes
- Beschreibung des Nutzens für den Auftraggeber

In einer Vorbereitungsphase sind alle für den Projektauftrag benötigten Informationen zusammenzutragen und schriftlich zusammenzufassen. Das Dokument sollte hierauf sowohl der Auftraggeber unterfertigen als auch der Projektleiter gegenzeichnen, einerseits als Beleg für den über Eckpunkte des Projektes erzielten Konsens und andererseits als Signal für das „Commitment" beider Seiten.

Um zu überprüfen, ob die Definition des Projektauftrages hinreichend erfolgt ist, kann man auch auf Checklisten zurückgreifen. Ein Beispiel für eine solche Zusammenstellung einfacher Ja/Nein-Fragen, welche einem helfen sollen, keine zentralen Punkte zu vergessen, zeigt Übersicht 14.

Übersicht 14: Checkliste Definition des Projektauftrages

Frage	ja	nein
Liegt der Projektauftrag schriftlich formuliert vor?	☐	☐
Umfasst die Projektbeschreibung		
– einen allgemeinverständlichen, griffigen Projekttitel?	☐	☐
– eine klare Punktation, was das Projekt erreichen will?	☐	☐
– grundsätzliche Angaben zu Messgrößen, welche später die Zielerreichung beurteilen lassen?	☐	☐
– eine Umschreibung des angestrebten Endstandes?	☐	☐
– eine zeitliche Vorstellung, wann die Projektziele erreicht sein sollen?	☐	☐
Enthält die Projektdefinition		
– eine Angabe darüber, wie viel Leute in welchem Ausmaß in das Vorhaben involviert sein werden?	☐	☐
– grobe Vorstellungen über benötigte Mittel?	☐	☐
– eine Festlegung, wer für die Leitung zuständig und verantwortlich sein soll?	☐	☐
Benennt die Projektauftragsdefinition,		
– wie und wann eine Kommunikation mit Auftraggebern stattfindet?	☐	☐
– welche Instrumente und Techniken zur Planung und Kontrolle des Projekts eingesetzt werden sollen?	☐	☐
– wer aller bei deren Erstellung mitgewirkt hat?	☐	☐
– wann deren Erstellung erfolgte?	☐	☐
Sollten Sie öfter als drei Mal Nein angekreuzt haben, sollten Sie Ihre Projektbeschreibung nochmals überdenken und verändern, bevor Sie weitere Arbeitsschritte setzen.		

9.4. Festlegung von Projektzielen

Kernstück jeder Projektdefinition ist die Festlegung, was das Vorhaben erreichen will. Dazu muss der Leiter (oder Auftraggeber) eines Projektes das Vorhaben möglichst genau erklären und unter den Mitwirkenden Konsens erarbeiten über

- Definition und Umfang des Vorhabens und
- grundlegende Strategien der Abwicklung.

> Als **Projektziel** bezeichnet man eine normative Aussage des Entscheidungsträgers über den gewünschten anzustrebenden künftigen Zustand.

Ziele stellen mithin Sollvorstellungen dar für das Erreichen eines bestimmten Ergebnisses.

Abbildung 39: Bedeutung von Zielen

Nur wenn die zu erreichenden Ziele klar gesteckt werden, kann einem Vorhaben Erfolg beschieden sein. Denn wenn man Erfolg als das Erreichen klar gesteckter Ziele definiert, ist a priori ein Misserfolg zu erwarten, wenn man gar keine oder nur äußerst diffuse Ziele festschreibt. Die Scheu, Ziele zu fixieren, mag zwar psychologisch verständlich sein und aus der Angst davor resultieren, sich unter Umständen später ein Scheitern eingestehen zu müssen. Dahinter steckt dann wohl die vordergründig bestechend simple Überlegung: Wo kein Ziel gesetzt ist, kann man auch keines verfehlen! Logisch erweist sich allerdings eine Furcht vor Fehlschlägen nur in genau diesem Falle als wirklich zwingend begründet, denn nur wenn man sich gleich gar keine Ziele setzt, wird man auch nachher sicher nichts erreichen!

Wenn auch der Zusammenhang zwischen Zielen und Erfolg noch so logisch zwingend und bestechend sein mag, die Praxis verstößt relativ häufig gegen das Gebot, klare Ziele zu setzen und dann bleibt nur mehr nach dem Motto zu handeln: „Nachdem wir das Ziel aus den Augen verloren haben, verdoppeln wir unsere Anstrengungen!"

Funktionen von Projektzielen

Das Vernachlässigen einer Zielklärung am Anfang bringt eher früher als später für die Arbeiten zahlreiche Probleme, denn eindeutige Ziele erfüllen eine Reihe von bedeutsamen Funktionen für das Projektgeschehen:

- Sie schaffen Orientierung und geben den Projektmitarbeitern einen klaren Maßstab für ihre Leistungen;
- sie definieren (zumindest indirekt) die Beiträge der Projektbeteiligten;
- sie dienen im Rahmen systematischer Entscheidungsfindung als Kriterien zur Bewertung von Alternativen (Welche Option trägt am meisten zu ihrer Erreichung bei?);
- sie üben eine Koordinationsfunktion aus;
- sie informieren Mitarbeiter und Stakeholder über künftige Aktivitäten;
- sie stecken den Rahmen für die weiteren Projektplanungen ab;
- sie brechen allgemeine Absichten näher herunter, sodass sie konkretes Handeln provozieren;
- sie geben einem Team seine Daseinsberechtigung und erfüllen so auch eine Legitimationsfunktion.

Wo entweder gar keine Ziele existieren oder lediglich nebulose Absichtserklärungen, dort fällt eine Erfüllung der genannten Funktionen flach.

Mit anderen Worten, zu Beginn ist zu diskutieren und zu analysieren, welche Ziele das Projekt verfolgt, um eine klare Vorstellung über die Absicht des Unterfangens und über das zu bearbeitende Problem zu bekommen. Auf Basis erster Diskussionsergebnisse ist eine vorläufige Zielliste zu erstellen; diese wird mit dem Erwerb neuer Information und Erfahrung laufend überarbeitet (sukzessive präzisiert). Sollten sich Rahmenbedingungen ändern, sind u.U. die Ziele zu überdenken und zu überarbeiten. (Vorsicht: Wenn eine kritische Überprüfung unterbleibt, weil man „sein Projekt nicht gefährden will", führt gerade diese Unterlassung bisweilen zum Scheitern des Vorhabens.) Um sicherzustellen, dass die Liste der festgeschriebenen Ziele alle relevanten Vorstellungen erfasst, empfiehlt sich eine Rücksprache mit dem Auftraggeber, dem Projektteam und allenfalls mit anderen maßgeblichen Stakeholdern. Will man sich spätere Unstimmigkeiten ersparen, müssen die Ziele und die geforderten Ergebnisse jedenfalls in einer solchen Ausführlichkeit beschrieben werden, dass sie keine großartigen Interpretationsspielräume offen lassen. Ansonsten besteht die Gefahr, dass immer noch Zusätzliches verlangt wird oder dass Auftraggebererwartungen und Auftragnehmervorstellungen beträchtlich auseinanderklaffen, ohne dass dies offenbar wird, was später zu Unzufriedenheit und Streit führen und das gesamte Projekt gefährden kann.

Kriterien der Projekttauglichkeit von Zielen

Im beiderseitigen Interesse von verantwortlichem Projektnehmer (Projektleiter) und Auftraggeber liegt es, die Konkretisierung der Ziele so weit voranzutreiben, dass daraus eindeutige Erfüllungsbedingungen abzuleiten sind. Mit anderen Worten: die Ziele haben zusammengenommen den Soll-Zustand, wie er zu Ende des Projektes beabsichtigt ist, so zu umschreiben, dass dessen Erreichen eindeutig feststellbar ist. Kurz: Erst klare Ziele gestatten ein Urteil über eine erfolgreiche Vollendung eines Projektes. Zu diffuse Ziele eines Vorhabens legen dagegen den Grundstein für ein Scheitern oder eine unendliche Geschichte.

Abbildung 40: Kriterien lenkungswirksamer Projektziele

Zu den Grundvoraussetzungen, damit Ziele über eine entsprechende Klarheit verfügen, gehört, dass sie eindeutig formuliert sein müssen. Rein sprachlich heißt das, sie haben in ganzen Sätzen gefasst zu sein, eine Ansammlung von Schlagworten, womöglich ohne klares Subjekt oder/und Prädikat reicht nicht, sondern lässt stets Interpretationsspielräume, was zu Lasten der Steuerungswirksamkeit der Ziele geht.

Ferner besitzen Ziele erfahrungsgemäß dann einen hinreichenden Konkretisierungsgrad, wenn ihre Formulierung konsequent die sogenannten SMART-Kriterien erfüllt (vgl. Abbildung 40). Die Bezeichnung SMART ergibt sich als Akronym aus den Anfangsbuchstaben folgender Eigenschaften:

- *Spezifisch*: Ein Ziel muss spezifisch, d.h. so konkret und anschaulich sein, dass man später prüfen kann, ob es verwirklicht worden ist. Wenn ein unklares Ziel vorliegt, hat man drei Möglichkeiten: sich weiterhin zu verzetteln, das Projekt zu beenden oder das Ziel zu konkretisieren (STÖGER 2004, 37).

- *Messbar*: Ein messbares Ziel ist in absoluten oder relativen Werten quantifizierbar, was formal darin zum Ausdruck kommt, dass es eine Zahl samt zugehöriger Maßeinheit nennt.

- *Ausführbar*: Ein ausführbares Ziel muss mit den gegenwärtigen Mitteln erreichbar und auch selbst aktiv beeinflussbar sein (ansonsten schlittert man in ein Vorhaben, dessen Scheitern vorprogrammiert ist, weil niemand das Erreichen des Zieles zu bewerkstelligen vermag).

- *Realistisch*: Ein realistisches Ziel gestattet, gemessen an den jeweils verfügbaren Ressourcen, eine Umsetzung. Es mag zwar herausfordernd, darf aber nicht überfordernd sein.

- *Terminbezogen*: Ein terminbezogenes Ziel nennt ein Datum, bis wann es zu erreichen ist.

Hinreichend spezifizierte Ziele berücksichtigen also eine Reihe von Komponenten in ihrer Formulierung (vgl. Abbildung 41).

Abbildung 41: Komponenten einer klaren Zielformulierung (nach BEA et al. 2008, 116)

Bewusst sein sollte man sich jedenfalls: Wo klare Ziele schon am Anfang im Projektauftrag fehlen, werden die Projektmitarbeiter später jeder für sich ihre eigenen Ziele verfolgen. „Die Konsequenzen für das Gesamtprojekt sind vorprogrammiert: Mehrdeutigkeiten, Missverständnisse und nicht selten Misstrauen" (STÖGER 2004, 39).

Typen von Projektzielen

Gemäß den unterschiedlichen Kriterien für taugliche Projektziele bestehen auch verschiedene Möglichkeiten zu deren Typisierung:

- Grundformen nach Messbarkeit und Zielbereich:
    - Quantitative Ergebnisziele (z. B. Entwicklung einer Maschine, deren Ausstoß bei gleicher Qualität um X % höher liegt)
    - Qualitative Ergebnisziele (z.B. Verbesserung der Arbeitsbedingungen des Bedienungspersonals der Maschine)

- Quantitative Prozessziele (z.B. Entwicklung einer Maschine innert einer Frist von X Wochen zu maximal Y € Kosten)

- Qualitative Prozessziele (z.B. Bessere Qualifizierung der Mitarbeiter durch die Arbeit am Projekt)

In der praktischen Projektarbeit ist grundsätzlich den quantitativen Zielen der Vorzug einzuräumen. Dort, wo zunächst nur qualitative Vorgaben bestehen, wäre danach zu trachten, diese in quantitative Ziele überzuführen, was sich mit einiger Phantasie in den allermeisten Fällen bewerkstelligen lässt. (So könnte an die Stelle der qualitativen Vorgabe „Verbesserung der Arbeitsbedingungen für das Bedienungspersonal" das quantitative Ziel treten „Im Interesse des Bedienungspersonals sind der durchschnittliche Schallpegel um mindestens 40 Dezibel, die Durchschnittstemperatur um wenigstens 5°C und die Staubfrachten in der unmittelbaren Umgebung der Maschine um zumindest 2000 ppm zu reduzieren".)

- Grundformen nach „Ziel"-Gruppe:

  - Kundenziele/Auftraggeberziele (Zufriedenstellung der Wünsche der Auftraggeber)

  - Stakeholderziele (Zufriedenstellung der Bedürfnisse der beteiligten Mitarbeiter und sonstigen Interessenten)

- Grundformen nach Prioritäten:

  - Muss-Ziele (unbedingt zu erreichen; z.B. auch mit höheren Kosten oder/und längerer Projektdauer)

  - Kann-Ziele (nicht unbedingt zu verwirklichen; Abstriche u.U. möglich)

Ergänzende Hinweise zur Formulierung von Projektzielen

Projektziele sollten lösungsneutral sein (d.h., es sollte keine Lösungen a priori ausschließen oder vorgeben), damit dem Projektteam verschiedene Möglichkeiten offenstehen und damit den Mitarbeitern Freiräume für Innovationen und Kreativität bleiben. Bereits bekannte, durch Vorgabe erzwungene Lieblingslösungen verhindern das Finden optimaler Lösungsansätze.

Projektziele sind ergebnisbezogen und nicht aufgabenbezogen zu fassen. Ergebnisbezogene Ziele bringen zum Ausdruck, was die Mitarbeiter durch ihr Tun erreichen sollen, sie sagen aber nicht, was die Personen im Einzelnen tun müssen. Dagegen enthalten aufgabenbezogene Ziele eine Arbeitsanweisung, die Mitarbeiter erfahren diesfalls, was sie tun müssen, aber nicht, welches Ergebnis sie dadurch erzielen sollen. Z.B. ist das Ziel „Bis zum 31.12. soll die Ausfallszeit der Rüttelmaschine maximal 20 Stunden betragen" klar ergebnisbezogen, während die Vorgabe „Die Rüttelmaschine ist jeden Morgen gemäß Wartungsanleitung zu prüfen und alle Mängel sind so schnell wie möglich zu reparieren" als aufgabenbezogen zu qualifizieren (vgl. HEMMRICH und HARRANT 2002, 13).

Wenn alle Projektbeteiligten ihre Arbeit konsequent an den festgelegten Zielen ausrichten sollen, dann müssen diese Ziele in deren Köpfen permanent präsent sein. In der Praxis impliziert das bei der Zielformulierung einen Zwang zu Knappheit und Einfachheit: Die Ziele sind so zu formulieren, dass man sie sich leicht auswendig merken kann. D.h. man sollte das „KISS"-Prinzip beherzigen: Keep it short and simple!

Umgang mit dem Projektzielbündel

Um im Projekt voranzukommen, genügt es nicht, ausschließlich jene Anforderungen zu beachten, denen jedes einzelne Ziel individuell zu genügen hat. Überdies bleibt nämlich auch die Gesamtheit der Ziele als kollektives Bündel und dessen innere Stimmigkeit im Auge zu behalten. Idealerweise

- beschränkt sich die Gesamtzahl der Ziele auf ein überschaubares Maß (von etwa 5 bis 6),
- hätten die einzelnen Projektziele voneinander unabhängig zu sein und
- sind die Einzelziele zueinander widerspruchsfrei.

Um allenfalls auftretende Widersprüche auflösen zu können und um während des Projektverlaufes sich ändernde Ziele entsprechend werten zu können, empfiehlt sich auch die Festlegung einer Rangfolge. Klare Prioritäten innerhalb des Zielbündels gleich am Anfang explizit festzulegen, hilft später langwierige Diskussionen zu vermeiden.

Bisweilen findet sich die Irrmeinung, man könne mangelnde Klarheit bei den einzelnen Zielen dadurch kompensieren, dass man viel mehr Einzelziele festschreibt. Mit zunehmender Zahl an Zielen lassen sich diese aber immer schwerer gleichzeitig im Visier behalten und die Wahrscheinlichkeit steigt, dass Antinomien auftreten und sie einander widersprechen.

Wege zur Zielfindung

Für den Zielfindungsprozess stehen unterschiedliche Verfahren zur Verfügung:

- Intuitive Verfahren operieren unter Zuhilfenahme von Kreativitätstechniken (z.B. Mindmaps, Brainstorming).

  Sie generieren zunächst eine Vielzahl von Projektziel-Ideen. Je kreativer, desto besser. Anschließend werden die Ziele strukturiert, bewertet, im Hinblick auf ihre wechselseitigen Beeinflussungen analysiert und schließlich operationalisiert (vgl. Abbildung 42).

- Diskursive Verfahren sammeln alle für die Projektabsichten relevanten Informationen und binden sie in eine vorgegebene Struktur ein. Die Informationen werden miteinander kombiniert, bewertet und die sinnvollsten werden als Projektziele herausgefiltert.

- Deduktive Verfahren leiten Einzelziele aus globalen Oberzielen ab oder knüpfen bei akuten Problemen an und leiten aus diesen stufenweise konkrete Ziele ab (vgl. Übersicht 15).

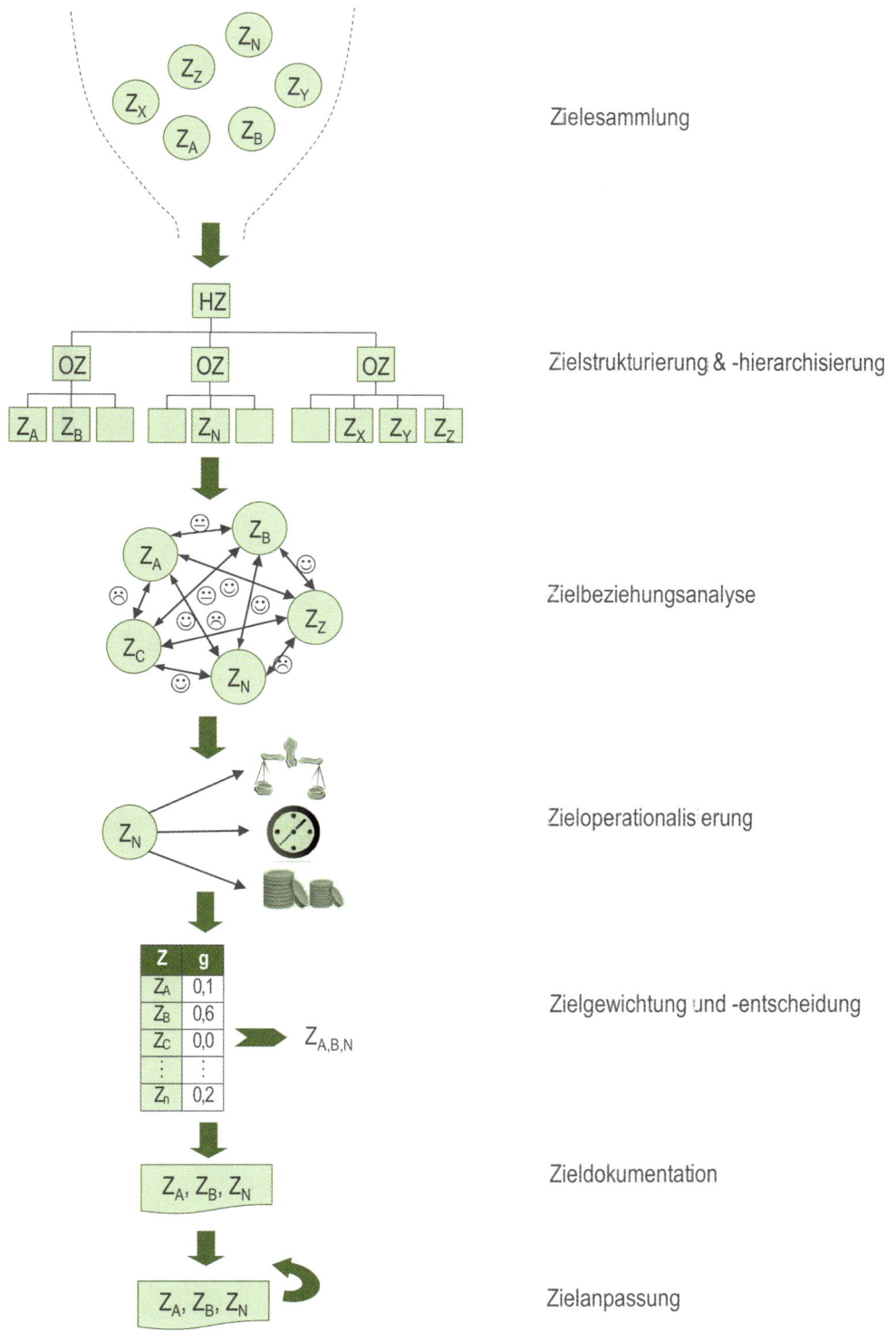

Zielesammlung

Zielstrukturierung & -hierarchisierung

Zielbeziehungsanalyse

Zieloperationalisierung

Zielgewichtung und -entscheidung

Zieldokumentation

Zielanpassung

Abbildung 42: Prozess der Zielfestlegung *(nach JENNY 2003, 163, modifiziert)*

109

Übersicht 15: Zielentwicklung vom Problem zum Ziel

Problemfeld	Zielinhalt	Zielausmaß	Zielzeit
Überstunden	Abbau von Überstunden	Überstunden nur noch im Ausnahmefall	10 Monate
Verzögerungen durch Rückstau im Warenein-gangsbereich	Beseitigung der Verzögerungen	Reklamationen werden zeitnah bearbeitet, d.h. durch Erfassung am Eingangstag	3 Monate
Mangelnde Beratung der Kunden	Aufbau einer effizienten Beratung	Optimale Beratung zur Vermeidung unnötiger Rücksendungen	3 Monate
Steigende Kosten bei Ersatzteilen	Kostenreduzierung	Senkung der Kosten um mindestens 10 %	5 Monate
Kundenbeschwerden	von Qualität und Service überzeugte Kunden	Kunden sollen Empfehlungen aussprechen	5 Monate

Darstellung von Zielen

Vor allem wenn – aus welchen Gründen immer – ein größeres Bündel an Zielen zu verfolgen ist, kann durch eine Hierarchisierung der Vorgaben in Form eines Zielbaumes oder einer Zielpyramide Übersichtlichkeit geschaffen werden. Außerdem erlaubt eine derartige Darstellung auch ein Herunterbrechen globaler Vorgaben auf sehr konkrete operationale Ziele (vgl. Abbildung 43).

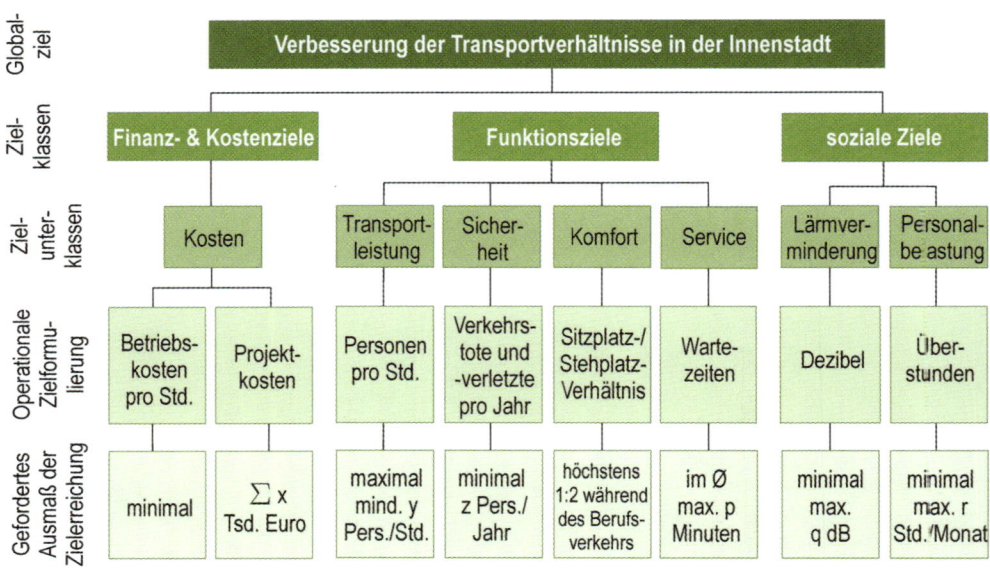

Abbildung 43: Beispiel für eine Zielhierarchie zur Lösung innerstädtischer Verkehrsprobleme

Folgen mangelhafter Zieldefinition

Schlecht definierte Ziele, undurchsichtige Zielfindungsprozesse und mangelhafte Ziel-
definitionen haben u.a. folgende Konsequenzen:

- Auf Ebene der Projektorganisation und im Personalbereich ist damit zu
  rechnen, dass:
    - der Projektleiter bzw. das Projekt nicht über die notwendigen Res-
      sourcen verfügt,
    - der Projektleiter und/oder Mitarbeiter sich überfordert fühlen,
    - die Projektgruppen nicht harmonieren,
    - Unterstützung durch die Unternehmensleitung fehlt,
    - Widerstände der Betroffenen gegen das Projekt auftauchen.

- Auf Ebene der Methoden hat man zu gewärtigen, dass:
    - Vorgehensweisen unstrukturiert bleiben,
    - „Aktionismus" statt effizientes Handeln Platz greift,
    - Termine und Kostenvorgaben nicht eingehalten werden,
    - das Projekt „im Sande verläuft",
    - das Projekt „kein Ende findet",
    - sich mangelhafte Information und Kommunikation einstellen,
    - miteinander inkompatible Insellösungen entstehen,
    - unzureichende Dokumentation stattfindet (vgl. ZINGL 2002, 13).

Dokumente der Zielfixierung

Neben dem Projektauftrag finden die schriftlich niedergelegten Ziele bei größeren
Projekten auch Eingang in eigens aus der Perspektive von Auftraggeber bzw. Auftragnehmer erstellte Dokumente, nämlich in das:

- Lastenheft (Gesamtheit der Anforderungen des Auftraggebers an die Lieferungen
  und Leistungen des Auftragnehmers): Was ist zu erarbeiten und wofür?

- Pflichtenheft (vom Auftragnehmer erarbeitete Realisierungsvorhaben aufgrund der
  Umsetzung des Lastenheftes): Wie und womit sollen die Forderungen verwirklicht
  werden?

Prozess der Zielklärung

Nachdem an Projektziele relativ anspruchsvolle Anforderungen gestellt werden, lassen
sich die Vorgaben nicht immer im ersten Anlauf befriedigend ausformulieren. Manche
Ziele klären sich erst aus einer fortschreitenden Befassung mit dem Projekt hinreichend. Dementsprechend durchläuft die Zielfindung für Projekte – ähnlich wie die
Projekte selbst – in der Regel verschiedene Phasen (vgl. Abbildung 44); am Ende jeder

Phase sollte ein Dokument vorliegen. Eine besondere Rolle fällt in diesem Zusammenhang einer Auftaktveranstaltung (dem sogenannten Start-up-Workshop oder Kick-off-
Meeting) zu, weil bei dieser Gelegenheit dem Projektteam gemeinsam mit dem Auftraggeber ein Finetuning der Ziele gelingen kann.

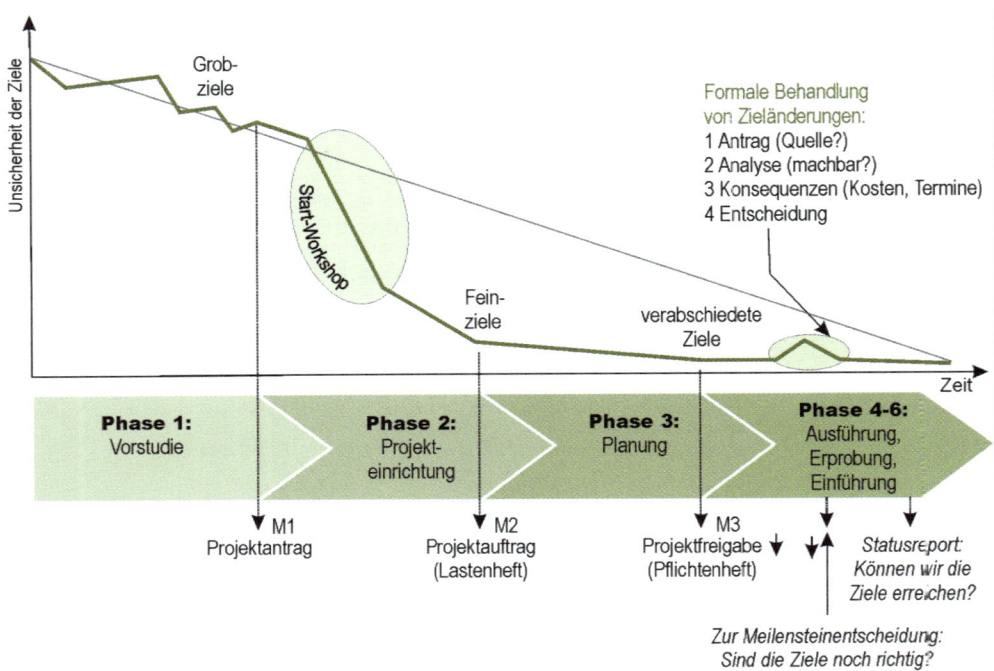

Abbildung 44: Schematische Darstellung des Zielklärungsprozesses in Projekten
(nach SCHELLE 1999, 70)

10. Projektstart

Der Ausdruck Projektstart meint den Prozess der formellen Autorisierung eines neuen Projektes (vgl. BURKE 2004, 136).

Mit dem schriftlich ausformulierten und vom Auftraggeber sowie dem Projektleiter unterfertigten, möglichst präzisen und griffigen Projektauftrag wird aus einer Idee offiziell ein Projekt.

Wiewohl bis zur Erteilung eines Projektauftrages schon eine Reihe von Vorbereitungen getroffen und einiges an Vorarbeiten erledigt wurde, fehlt bislang ein allseitig vernehmbarer Startschuss für das Vorhaben. Dieser fällt in aller Regel in Form einer Einführungsveranstaltung, für die sich die Bezeichnungen „Kick-off-Meeting" oder „Start-up-Workshop" eingebürgert haben.

> Als **Kick-off-Meeting** bezeichnet man eine Zusammenkunft der Projektmitarbeiter (gegebenenfalls mit Vertretern wesentlicher Stakeholder) zu Beginn des Vorhabens, mit der Absicht, wesentliche Weichen für das Projekt und für die Modalitäten der Zusammenarbeit zu stellen.

Im Detail kommen als wichtige Ziele für eine derartige Startsitzung in Frage:

- Auf Inhaltsebene:
    - Klärung der Ziele (Beseitigung von allfälligen Missverständnissen. Schließlich sind die Ziele allen im Detail bekannt zu machen, sodass sie auch alle das Gleiche verstehen, damit alle am selben Strang ziehen. Letztendlich sollen sich sämtliche Betroffene mit den Zielen identifizieren.)
    - Entwicklung erster Lösungsansätze; Bestimmung erster wesentlicher Schnittstellen
    - Ausarbeitung von Grundzügen einer Projektstruktur und eines -phasenplanes
    - Festlegungen zur Projektorganisation (erste Aufgabenverteilungen), zum Informations- und Kommunikationssystem
    - Identifizierung von Projektinteressenten und Projektrisiken.
- Auf Beziehungsebene:
    - Kennenlernen der Teammitglieder
    - Rollen im Projekt festlegen
    - Aufdecken möglicher Konflikte
    - Entwicklung eines „Wir-Gefühls" im Projektteam

In der Praxis variieren die Ziele solcher Startveranstaltungen bisweilen in Abhängigkeit vom Zeitpunkt, wann ein solches erstes Treffen im Projektverlauf angesetzt ist. Ein frühes Kick-off hebt die Motivation und die Identifikation der Teammitglieder mit dem Projekt, weil sie unter Umständen mehr mitgestalten können. Eine spätere Terminisierung erleichtert die Abstimmung des konkreten Arbeitsbeginns.

In Organisationen, die häufig Projekte abwickeln, kann sich eine explizite Kick-off-Veranstaltung erübrigen, weil ein vollständiger Projektauftrag sowie eine transparente Projektorganisation samt funktionierendem Informationswesen ein zusätzliches Treffen der Beteiligten überflüssig machen können. Unter solchen Bedingungen stellt das Kick-off einfach die erste Arbeitssitzung des Projektteams dar.

Üblicherweise lädt der Projektleiter das Team und womöglich den Auftraggeber zum Kick-off-Meeting ein, welches er auch moderiert.

Die Tagesordnung einer derartigen Veranstaltung sieht in der Regel vor:

- die Vorstellung des Projektteams,
- die Erhebung von Erwartungen und Motiven der Teammitglieder,
- die Erläuterung des Projektauftrages (Ausgangslage)
- die Darstellung der Organisations- und Infrastruktur des Projektes,
- das Fixieren grundsätzlicher Spielregeln in Bezug auf Verhalten, Entscheidungsfindung, Informationsweitergabe und Kommunikation,
- die Vereinbarung der nächsten Schritte und
- die Termine für weitere Treffen.

Vor allem bei bunt zusammengewürfelten Projektteams, wenn die Mitarbeiter sich aus verschiedenen Stammorganisationen rekrutieren oder sehr unterschiedliche fachliche Ausrichtungen besitzen, dann hilft eine Projektstartveranstaltung, eine einheitliche Sprache zu finden und eine gemeinsame Projektkultur zu entwickeln.

Zusammenfassung

☑ Um seriös entscheiden zu können, ob eine ausgewählte Idee tatsächlich als Projekt aufgesetzt werden soll oder nicht, ist sie als Projektauftragsdefinition auszuarbeiten, wofür die Absichten zu spezifizieren, zu erwartende Ergebnisse (Output) zu skizzieren und Kosten sowie Laufzeit grob zu schätzen sind.

☑ Ein formeller Projektauftrag muss sich auf eine schriftliche Projektdefinition stützen, mit

    – knapper Schilderung des Vorhabens und Mission Statement;

    – Liste klarer Ziele und zu liefernder Produkte bzw. Leistungen;

    – Benennung dezidierter Ausschließungen, Einschränkungen bzw. Annahmen, von Eckterminen und Kosten sowie von Auftraggeber und Projektleiter.

☑ Klar festgeschriebene Ziele legen den Grundstein und setzen den Maßstab sowohl für den Projekterfolg als auch für die Leistungen der MitarbeiterInnen, sie vermitteln intern wie extern Orientierung und sie lenken Projektplanungen sowie Entscheidungen.

☑ Ziele taugen dann als Vorgaben für Projekte, wenn sie eindeutig, spezifisch, messbar, ausführbar, terminbezogen, ergebnisbezogen und lösungsneutral formuliert sind und untereinander harmonieren.

☑ Auf Grundlage eindeutig geklärter Ziele und der schriftlichen Projektdefinition kann der Auftraggeber die Weiterbearbeitung (detaillierte Planung) des Projektes freigeben, was in der Regel als eigentlicher Projektstart gilt.

☑ Bei einem Kick-off-Meeting tritt das Projektteam erstmals zusammen, um:

    – in einer Vorstellungsrunde einander als auch Erwartungen kennenzulernen,

    – in einer Auftragspräsentation mit Intentionen des Projekts vertraut zu werden,

    – in gemeinsamer Diskussion grundsätzliche Teamregeln zu fixieren und

    – in einem Arbeitsplan nächste Schritte und Termine auszumachen.

Kontrollaufgaben

5.1. Mehrere Landwirte aus einer alpinen Talschaft möchten gemeinsam und in Zusammenarbeit mit dem örtlichen Tierarzt ein innovatives Urlaub am Bauernhof-Angebot kreieren, welches speziell Besitzer von rekonvaleszenten (= sich im Stadium der Genesung befindenden) Haustieren ansprechen soll. Um die Chancen ausloten zu können, ob die Bauern für ihr Vorhaben Förderungen bekommen könnten, benötigt die Gruppe eine Projektkurzbeschreibung. Deswegen wenden sich die Urlaub am Bauernhof-Anbieter an Sie mit der Bitte um Hilfe.

a) Sie wollen einen Tipp, welche Kernpunkte eine solche Projektkurzbeschreibung jedenfalls ansprechen sollte.

b) Um bei der Zielfindung schneller voranzukommen, bitten die Landwirte, dass Sie eine Liste von Projektzielen für das Urlaub am Bauernhof-Vorhaben als Diskussionsgrundlage vorbereiten sollen.

c) Schließlich möchten die Landwirte von Ihnen drei bis vier Beispiele genannt bekommen, was sie im Falle ihres Urlaub am Bauernhof-Projektes als Projektausschließungen anführen könnten.

5.2. Eine Gruppe von Bauern, die ihre Betriebe in einer westösterreichischen Fremdenverkehrsgemeinde haben, möchte im Rahmen des Ice-Ass-Projektes aus dem Après-Ski-Geschäft Gewinne lukrieren. Die Landwirte wollen während der Wintersaison als einmal pro Woche stattfindende Abendveranstaltung ein Hindernisrennen für Feriengäste mit von Eseln gezogenen Schlitten am zugefrorenen Dorfteich organisieren. Die Landwirte suchen für ihr Vorhaben um Regionalförderung an und wollen ihrem Ansuchen folgende Liste an Projektzielen beischließen.

    a. Steigerung der Attraktivität der Gemeinde
    b. Mithilfe bei der Positionierung als ruhige Fremdenverkehrsgemeinde
    c. Aktives Marketing
    d. Pressearbeit
    e. Lustiges Zusatzangebot für junge Gäste
    f. Profilierung als progressive Event-Location
    g. Beitrag zur Erhaltung seltener Haustierrassen
    h. Zusatzverdienst

Bevor die Bauern ihre Unterlagen einreichen, werden Sie von ihnen gebeten, die Liste anzusehen, Stellung zu nehmen und allenfalls Verbesserungsvorschläge zu erstatten.

a) Beurteilen Sie zunächst die Ziele in ihrer Gesamtheit.

b) Beurteilen Sie jedes der Ziele im Einzelnen und machen Sie dort, wo Ihnen das notwendig erscheint, konkrete Verbesserungsvorschläge.

5.3. Die Entwicklungsabteilung der auf diätetische Lebensmittel spezialisierten Firma Sanofood möchte firmenintern das Kiddy-med-Projekt initiieren, bei dem es um die Entwicklung und Markteinführung eines neuartigen Puddings geht. Dieser Pudding soll mit medizinischen Wirkstoffen nicht chemisch interagieren, aber den Geschmack bitterer Arzneien neutralisieren und die Verabreichung von Medikamenten an Kleinkinder erleichtern.

a) Was werden Sie ausarbeiten müssen, um die Firmenleitung für dieses Vorhaben gewinnen zu können und welche Punkte sollte ein solches Dokument üblicherweise jedenfalls ansprechen?

b) Formulieren Sie als Basis für Gespräche mit der Firmenleitung eine Liste von Projektzielen, die Sie für das Kiddy-med-Projekt vorschlagen.

c) Um der Geschäftsleitung noch klarer zu vermitteln, was ihr das Kiddy-med-Projekt bringen könnte, beschreiben Sie bitte den angestrebten Output (in Form von mindestens vier zu erwartenden Deliverables).

5.4. Anlässlich des Auftretens der Schweinegrippe möchte die Leitung eines Pharmakonzerns die Entwicklung eines Impfstoffes als Projekt auf Schiene bringen. Sie haben vom Firmenvorstand den Auftrag erhalten, zu diesem Vorhaben für folgende Teile der Definition eines Projektauftrages jeweils einen konkreten Vorschlag zu erstellen:

a) Formulieren Sie eine Liste von Projektzielen, die Sie für das Schweinegrippe-Impfstoff-Projekt vorschlagen.

b) Listen Sie drei – aus Ihrer Sicht besonders wichtige – Projektausschließungen auf.

c) Benennen Sie drei zentrale Deliverables (Outputs) des Schweinegrippe-Impfstoff-Projektes.

Leitfragen

❦ Womit und wie verschafft man sich eine Übersicht darüber, welche Arbeiten im Zuge eines Projektes anfallen werden?

❦ Wie kommt man zur zweckmäßigen Reihenfolge der zu erledigenden Arbeiten?

❦ Wann werden welche Arbeiten zu erledigen sein und bis wann kann das Projekt frühestens fertig sein?

❦ Wie ermittelt man den Bedarf sowie die Verfügbarkeit an Personal und Sachmitteln für das Projekt?

❦ Wie errechnet man, wie viel das Projekt kostet?

❦ Welche Aspekte sind in welcher Reihenfolge bei der Planung eines Projektes zu bedenken?

Lehr- und Lernziele

➲ Imstande sein, vorliegende Projektpläne kritisch zu prüfen und wenigstens 75 % der darin allenfalls enthaltenen gravierenden Fehler zu entdecken

➲ Zu konkreten Vorhaben nach drei verschiedenen Prinzipien Projektstrukturpläne zu erstellen vermögen

➲ Dauer von Arbeiten realistisch einschätzen und wenigstens zwei unterschiedliche Verfahren der Projektterminplanung praktisch anwenden können

➲ Verfahren der Kostenschätzung beherrschen und Basics einer soliden Projektkalkulation umsetzen können

11. Stufen der Projektplanung

> Projektplanung meint die systematische Informationsgewinnung über den zukünftigen Ablauf eines einmaligen Vorhabens samt gedanklicher Vorwegnahme des für das Erreichen seiner Ziele notwendigen Handelns (vgl. PLATZ und SCHMELZER 1986, 131).

Im Verlauf der Arbeiten an einem Projekt stellt die Planung keinen einmaligen Vorgang zu dessen Beginn dar, sondern eine mehrfach wiederholte Aufgabe, die jeweils auf der Grundlage neuer oder sicherer gewordener Informationen erfolgt (vgl. LITKE 2004, 84). Dennoch schließt üblicherweise unmittelbar nach der formellen Definition des Projektauftrages und der Go-Entscheidung zunächst eine Phase der Planung an, ehe man mit ersten Durchführungsarbeiten beginnt.

Aus dem charakteristischen Ablauf der Planung von Projekten resultiert eine zweckmäßige und typische Abfolge von Arbeitsschritten. Dieses inkrementale (= in Einzelschritte zergliederte) Vorgehen lässt sich zunächst didaktisch einprägsam als stufiger Prozess charakterisieren (vgl. Abbildung 45).

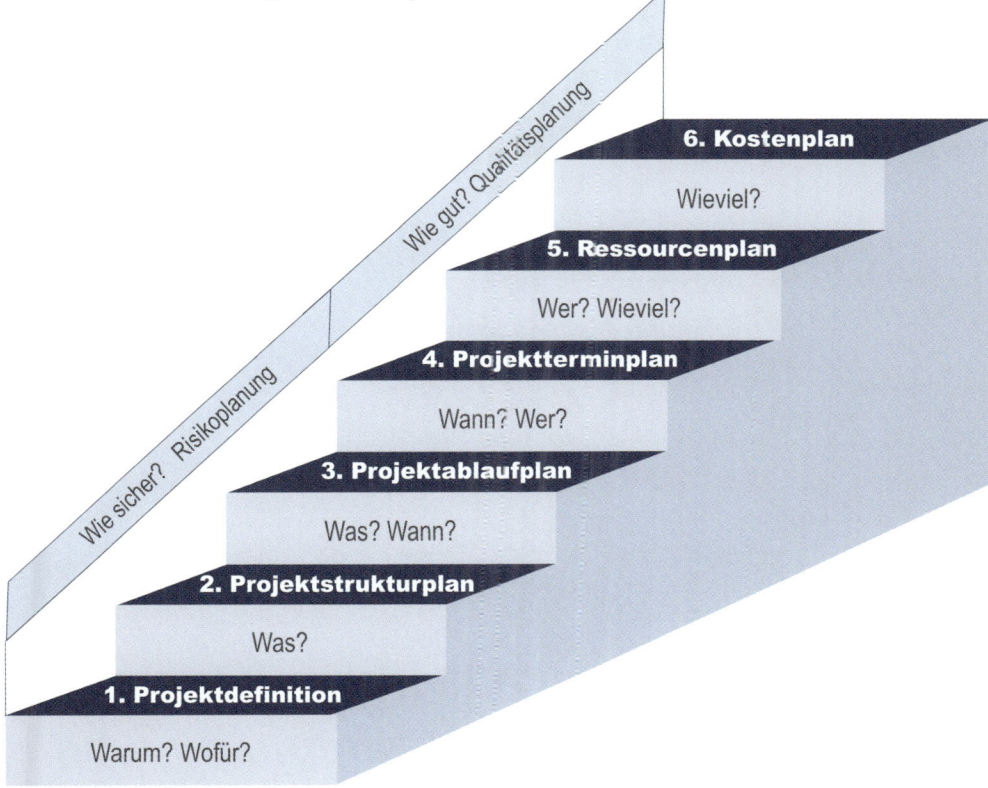

Abbildung 45: Stufen der Projektplanung

Die Projektplanung trachtet

- zunächst im Projektstrukturplan sämtliche anfallenden Arbeiten gedanklich zu antizipieren,

- diese in Arbeitspaketbeschreibungen mit Input/Output-Beziehungen näher zu charakterisieren,

- dann im Projektablaufplan die Arbeiten gemäß Schnittstellenanalyse in eine zweckmäßige Reihenfolge zu bringen,

- hierauf im Terminplan die Arbeiten gemäß geschätzter Dauer zeitlich zu fixieren,

- anschließend im Ressourcen- und Kapazitätsplan für Personal- sowie Sachmittel Bedarf und Verfügbarkeit zu schätzen und aufeinander abzustimmen

- und abschließend im Kosten-, Finanz- respektive Budgetplan Wirtschaftlichkeit, Zahlungsfähigkeit und finanziellen Dispositionsrahmen abzustecken.

Während der Weg von der Projektauftragsdefinition zu kommerziellen Projektplänen eine gewisse Etappengliederung aufweist, handelt es sich bei der Risiko- sowie bei der Qualitätsplanung um Aktivitäten, die den gesamten Planungsprozess begleiten. Aber selbst die verschiedenen idealtypischen Stufen der Projektplanung werden in der Praxis nicht stets streng linear beschritten, sondern meist geht man in iterativen (= mehrfach wiederkehrenden) Schritten vor und verfeinert so im Laufe der Zeit die Vorstellungen über das zu bearbeitende Vorhaben. Grundsätzlich erfolgt die Projektplanung ja nach dem Prinzip „vom Groben ins Detail". Letztlich werden Regelkreise zum Management von Projekten mehrfach durchlaufen, um taugliche Projektpläne zu erstellen und hernach auch zu realisieren (vgl. Abbildung 46).

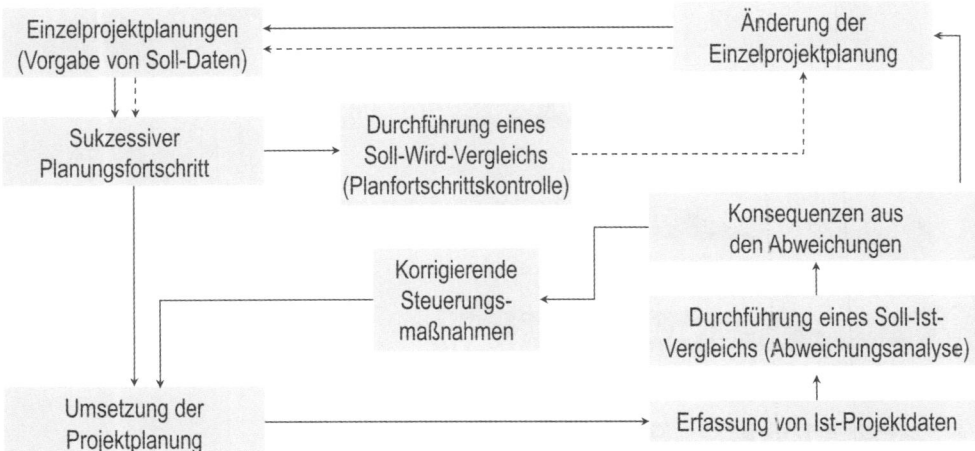

Abbildung 46: Führungsregelkreise des Projektmanagements
(BEA et al. 2008, 37 modifiziert)

12. Projektleistungsplanung

12.1. Projektstrukturplan (PSP)

Die Projektstrukturplanung antizipiert die Struktur und den Anfall der Arbeiten und liefert einen „Leitfaden" für das weitere Vorgehen. Zunächst verschafft der Projektstrukturplan einen Überblick darüber, welche Arbeiten im Einzelnen zu erledigen sein werden. Mit anderen Worten: Der Projektstrukturplan ist ein Instrument, mit welchem festgelegt wird, was in einem Projekt zu tun ist.

> Als **Projektstrukturplan** bezeichnet man eine hierarchisch gestufte Gliederung des gesamten Vorhabens in einzelne überschaubare Arbeitspakete.

Der Projektstrukturplan mündet in eine grafische Darstellung aller Tätigkeiten eines Projekts mit klaren Aufgabenlisten. Er macht eine hierarchische Ordnung der Aktivitäten sichtbar und unterscheidet zwischen Haupt- sowie Teilaufgaben, die ihrerseits in Unteraufgaben der nächstniederen Ebene unterteilt werden können usw.; er macht allerdings keine Abhängigkeitsverbindungen sichtbar. Das Projekt wird also in Untereinheiten und einzelne Teilschritte inhaltlich zergliedert. Die Präsentation des Strukturplanes kann in unterschiedlichen Formen erfolgen:

- tabellarisch als einfache Liste der Bezeichnungen der Einzelelemente (mit entsprechenden Ordnungsziffern/Codes) und allenfalls zusätzlich strukturiert durch Schrifthervorhebungen sowie Einrückungen;
- graphisch als hierarchische Baumstruktur.

Je nach Umfang des Projekts kann man den Projektstrukturplan in beliebig viele Ebenen untergliedern. Die hierarchisch niedrigsten Positionen in jedem Zweig eines Projektstrukturplanes werden Arbeitspakete genannt. Demnach ergibt sich folgende Definition:

> **Arbeitspaket:** Teil des Projekts, der im Projektstrukturplan nicht weiter aufgegliedert ist und auf einer beliebigen Gliederungsebene liegen kann.

Jedes Arbeitspaket ist eine klar abgegrenzte Teilaufgabe des Projekts und wird durch eine schriftliche Arbeitspaketbeschreibung präzisiert. Die Erarbeitung eines Projektstrukturplanes hat das Ziel, eigenständige Arbeitsabläufe, die das Projekt seiner Fertigstellung näher bringen, einzugrenzen und festzustellen und damit eine Basis für die weitere detaillierte Projektplanung zu schaffen.

Gliederungsprinzipien für Projektstrukturpläne

Um zu einer Strukturierung sämtlicher Arbeiten, die das Projekt benötigt, zu gelangen, kann man sich an verschiedenen Prinzipien orientieren (vgl. Abbildung 47).

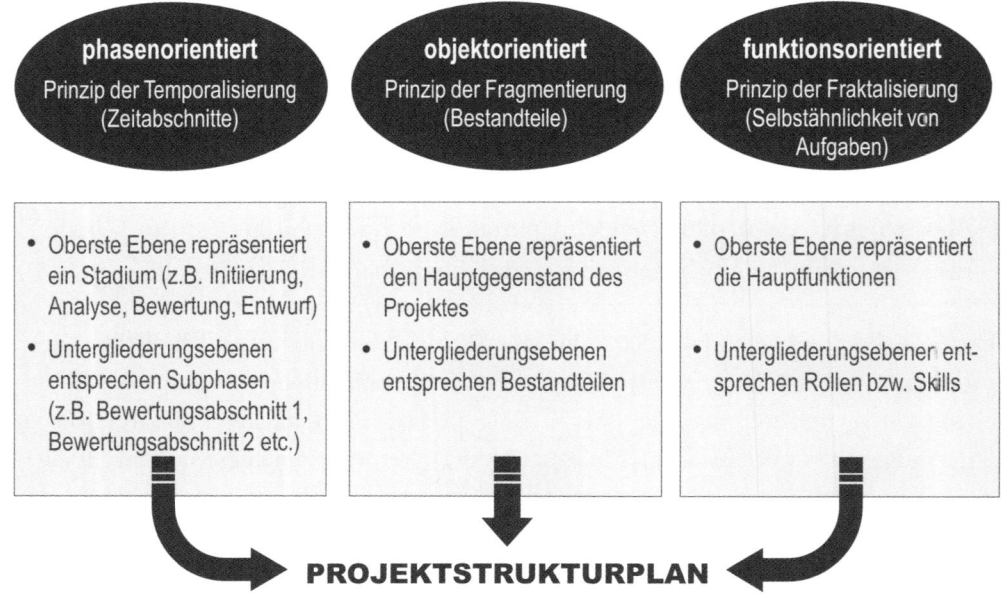

Abbildung 47: Prinzipien zur Erstellung eines Projektstrukturplanes

- *Objekt- oder Erzeugnisgliederung:* dabei zerlegt man den Projektgegenstand in seine einzelnen Komponenten; bei einer solchen Gliederung kann es passieren, dass man wichtige Aufgaben übersieht, weil sie zwar zu erledigen sind, aber nicht mit der Erstellung einer Einzelkomponente unmittelbar zusammenhängen.

- *Phasenorientierte Gliederung:* orientiert sich an den unterschiedlichen typischerweise auftretenden Stadien der Projektbearbeitung (z.B. Initiierung, Analyse, Bewertung, Konzeption etc.), das heißt, es ergibt sich ein an Abschnitten ausgerichteter Plan.

- *Funktionsorientierte Gliederung:* strukturiert die Aufgaben rein nach betrieblichen Funktionsbereichen (z.B. Einkauf, Marketing, Personalwesen etc.); d.h. es ergibt sich ein rein verrichtungsorientierter Plan.

- *Mischformen:* In der Praxis lässt man auf der gleichen Gliederungsebene sowohl Objekt- als auch Funktionsgliederungselemente einfließen (in sehr frühen Projektphasen und bei Entwicklungsprojekten mit hohem Neuigkeitsgrad oder bei Organisationsprojekten dominieren eher funktionsorientierte Gliederungen).

Unabhängig vom Prinzip, an dem man sich orientiert, sollte der Leistungsplan das Management des Projektes separat abbilden, zumal für die Projektmanagementleistung bis zu 20 % der Gesamtleistung zu kalkulieren sind.

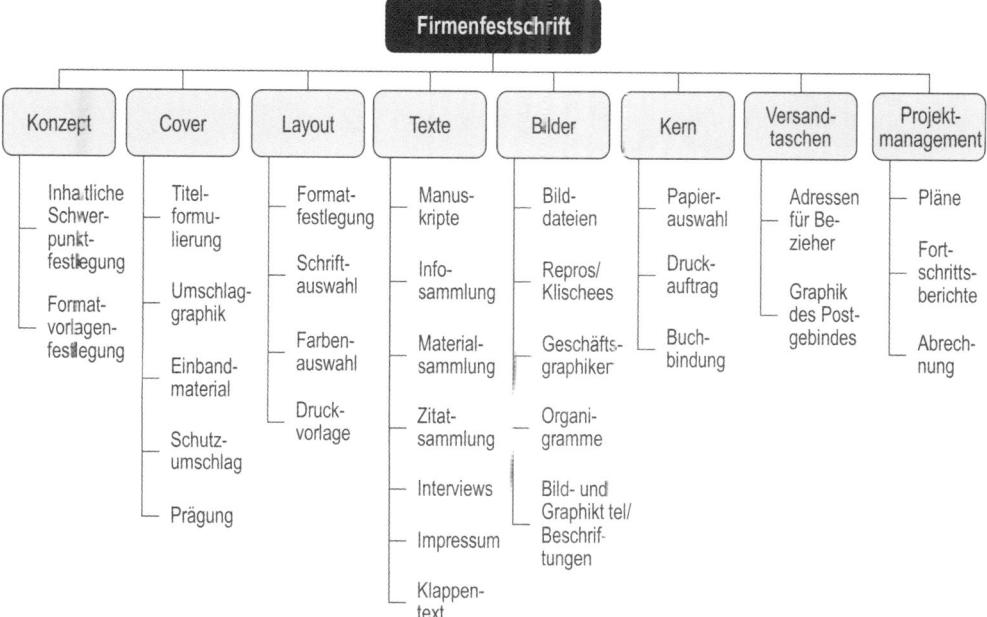

Abbildung 48: Objektorientierter Projektstrukturplan für das Projekt „Firmenfestschrift"

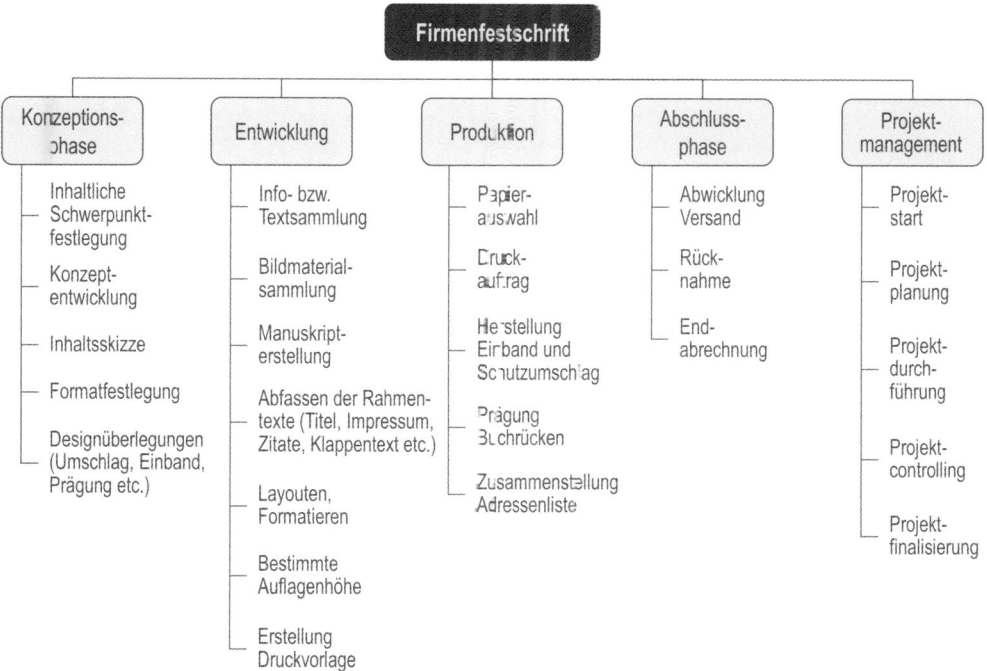

Abbildung 49: Phasenorientierter Projektstrukturplan für das Projekt „Firmenfestschrift"

125

Projektstrukturplan „Firmenfestschrift"

1. **Projektmanagement**
   1.1. Projektleitung und -koordination
   1.2. Projektcontrolling
   1.3. Projektabnahme

2. **Forschung und Entwicklung**
   2.1. Auflistung aller Patentanmeldungen der letzten 20 Jahre
   2.2. Forschungstätigkeiten der letzten 20 Jahre
   2.3. Bildersammlung innovativer Entwicklungen

3. **Marketing**
   3.1. Kurzdarstellung „Marketing vor 20 Jahren und heute"
   3.2. Auflistung innovativer Marketingkonzepte
   3.3. Erstellung einer Bildergalerie von Marketingkonzepten
   3.4. Konzeptentwicklung für Aufbau der Firmenfestschrift
   3.5. Entwickeln einer Formatvorlage *)
   3.6. Design des Covers *)
   3.7. Entwurf des Layouts *)
   3.8. Sammeln der Materialien (Texte, Bilder, Grafiken etc.) aller Abteilungen
   3.9. Erstellung des Manuskripts
   3.10. Layouten und formatieren
   3.11. Weitere Promotionsaktivitäten (Presseaussendungen etc.)

4. **Kundenberatung**
   4.1. Gegenüberstellung „Der Kunde damals, der Kunde heute"
   4.2. Auflistung namhafter Kunden
   4.3. Bildersammlung besonderer Kundenevents
   4.4. Erfassen/Auflistung der geladenen Gäste, Kunden, Geschäftspartner

5. **Produktion**
   5.1. Zusammenfassung und Darstellung der Produktionseinheiten
   5.2. Chronologische Auflistung der Entwicklung der Produktpalette
   5.3. Fotografische Dokumentation der Produktpalette
   5.4. Druckauftrag *)
   5.5. Buchbinden

6. **Einkauf**
   6.1. Abfassen des Tätigkeitsberichts der Abteilung Einkauf der letzten 20 Jahre
   6.2. Erstellen einer grafischen Trendanalyse der Einkaufstätigkeit
   6.3. Kauf Druckmaterial, Einbandmaterial etc.
   6.4. Kauf Versandtaschen
   6.5. Akquirieren von Inseraten der Hauptlieferanten
   6.6. Entsorgung

7. **Finanzen**
   7.1. Vorlage des Jahresberichts des vorangegangenen Geschäftsjahres
   7.2. Grafische Auswertung der finanziellen Entwicklung der letzten 20 Jahre
   7.3. Erstellung einer Projektkostenrechnung
   7.4. Führung der Projektbuchhaltung
   7.5. Kostenplanung Projekt
   7.6. Abwicklung des projektbezogenen Zahlungswesens

8. **Personal**
   8.1. Gegenüberstellung „Personalbestand heute und damals"
   8.2. Bereitstellung eines Gruppenbildes des gesamten Personalstandes
   8.3. Aufbereiten schriftlicher Lebensläufe markanter Mitarbeiter

9. **Controlling**
   9.1. Darstellung der internen Qualitätsanforderungen
   9.2. Skizzieren eines Organigramms der Qualitätssicherung
   9.3. Verfolgung Projektkostenverlauf
   9.4. Qualitätsüberprüfung (Korrekturlesen)

10. **Logistik**
    10.1. Entwerfen einer Karte der Vertriebswege
    10.2. Hervorhebung essenzieller Änderungen in der Logistikbranche
    10.3. Grafische Darstellung des Logistiksystems
    10.4. Versand der Versandtaschen

*) extern zu vergeben

Abbildung 50: Funktionsorientierter Projektstrukturplan für das Projekt „Firmenfestschrift" in Listenform

Vorgaben zur Erstellung eines Projektstrukturplanes

Um zu einem Projektstrukturplan zu kommen, bestehen zwei grundsätzliche Möglichkeiten:

- nach der *Bottom-Up-Methode* sammelt man zunächst alle kleinen Aufgaben, die zum Vorhaben gehören, und fasst sie dann jeweils mit Oberbegriffen zusammen,
- nach der *Top-Down-Methode* geht man vom Kernanliegen des Vorhabens aus und splittet von oben nach unten auf verschiedenen Ebenen, bis man schließlich bei den Arbeitspaketen landet.

Für das praktische Herangehen an die Erstellung eines Projektstrukturplanes nach der Top-Down-Methode empfiehlt sich beispielsweise folgende Vorgangsweise:

Übersicht 16: Leitfaden zur Erstellung eines Projektstrukturplanes

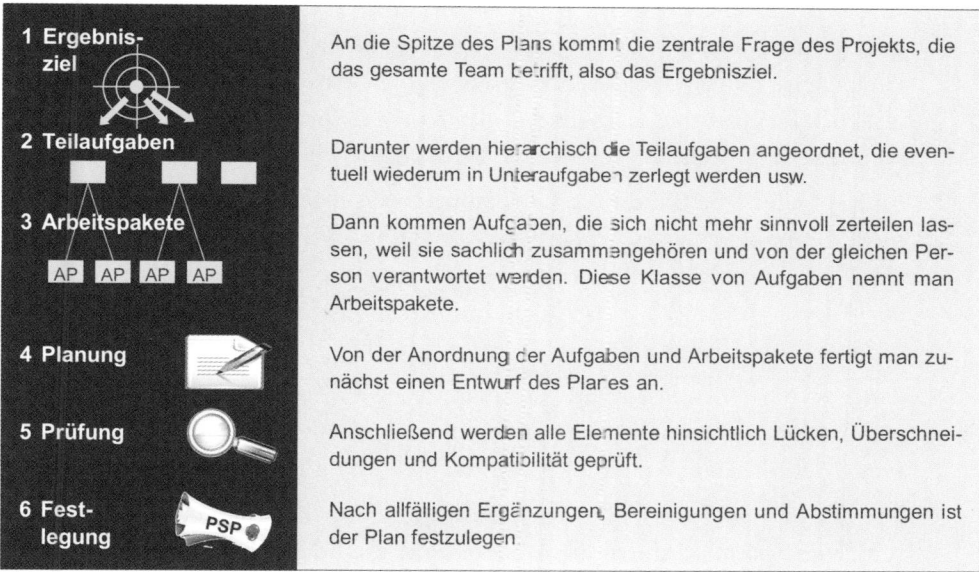

1 Ergebnisziel	An die Spitze des Plans kommt die zentrale Frage des Projekts, die das gesamte Team betrifft, also das Ergebnisziel.
2 Teilaufgaben	Darunter werden hierarchisch die Teilaufgaben angeordnet, die eventuell wiederum in Unteraufgaben zerlegt werden usw.
3 Arbeitspakete	Dann kommen Aufgaben, die sich nicht mehr sinnvoll zerteilen lassen, weil sie sachlich zusammengehören und von der gleichen Person verantwortet werden. Diese Klasse von Aufgaben nennt man Arbeitspakete.
4 Planung	Von der Anordnung der Aufgaben und Arbeitspakete fertigt man zunächst einen Entwurf des Planes an.
5 Prüfung	Anschließend werden alle Elemente hinsichtlich Lücken, Überschneidungen und Kompatibilität geprüft.
6 Festlegung	Nach allfälligen Ergänzungen, Bereinigungen und Abstimmungen ist der Plan festzulegen.

Um zu einer ausgewogenen Gliederungstiefe und damit zu einem einheitlichen Genauigkeitsgrad des Projektstrukturplanes zu kommen, hilft es, die minimale und maximale Größe eines Arbeitspaketes festzulegen. So mag man etwa vereinbaren, dass einzelne Handgriffe und Tätigkeiten, welche weniger als zwei Arbeitstage in Anspruch nehmen, noch nicht als Arbeitspaket gelten, Abläufe, die aber mehr als zwei Wochen benötigen, noch einmal zu zerlegen sind.

Regeln für die Erstellung des Projektstrukturplanes

Ein effizientes und pragmatisches Vorgehen, um zu einem Projektstrukturplan zu kommen beherzigt folgende Erfahrungen:

- Für jedes Arbeitspaket soll es nur einen Verantwortlichen geben.
- Ein Arbeitspaket soll einer Projektphase zuzuordnen sein.

- Aufgaben, die nach außen vergeben werden sollen, sind als eigene Arbeitspakete auszuweisen.

- Für jedes Element im Projektstrukturplan soll die Formulierung klarer Spezifikationen möglich sein. Die Leistung, die ein Arbeitspaket zu erbringen hat, muss von anderen Arbeitspaketen eindeutig abgrenzbar sein.

- Arbeitspakete sollten nicht zu groß dimensioniert sein, damit man im Laufe der Projektdurchführung allfälligen Terminverzug rechtzeitig bemerken kann.

- Die Dimensionierung der Arbeitspakete sollte so erfolgen, dass die voraussichtlichen Kosten nicht zu niedrig sind, da sonst die projektbegleitende Kostenkontrolle zu schwerfällig wird.

- Manchmal fällt es schwer, zwischen Arbeitspaketen und übergeordneten Hauptaufgaben zu unterscheiden. Wenn solche Probleme auftreten, kann man sich sprachlich zu helfen versuchen und für die Bezeichnung der Hauptaufgaben Hauptworte wählen und die Arbeitspakete unter Verwendung von Verben benennen (z.B. Hauptebene: 1. Analyse, 2. Bewertung … Arbeitspaketebene: 1.1. Daten sammeln, 1.2. Modell berechnen, … 2.1. Ziele suchen, 2.2. Kriterien wählen ...)

- Eine auf einer übergeordneten Gliederungsebene angesiedelte Hauptaufgabe darf nicht in nur ein einziges Arbeitspaket „unterteilt" werden: Entweder ist eine solche Hauptaufgabe in mindestens zwei Arbeitspakete gesplittet, oder es bleibt bei der Angabe des einen Arbeitspaketes und man lässt in diesem Fall die übergeordnete Bezeichnung weg.

- Zur besseren Orientierung und zur praktischen Erleichterung vor allem der projektinternen Kommunikation hat sich die Nummerierung der Arbeitspakete (entweder fortlaufend oder nach dem Dezimalklassifikationssystem) bewährt.

- Vor allem, wenn innerhalb eines Projektteams auf eine gleichmäßige Arbeitsleistung Wert gelegt wird, empfiehlt es sich, die Zahl der Arbeitspakete an der Anzahl der Projektteammitglieder (bzw. einem Vielfachen davon) zu orientieren.

Zwecke von Projektstrukturplänen

Projektstrukturpläne besitzen in mehrerlei Hinsicht zentrale Bedeutung für die Arbeit an einem einmaligen Vorhaben:

- Eine Unterteilung in Teilaufgaben und Arbeitspakete ist Voraussetzung für die Schätzung der Projektkosten und deren Kontrolle

- Der Projektstrukturplan ist häufig Bezugsgrundlage für die Dokumentation und Projektberichte

- Grundlage für die Verteilung der Aufgaben und Verantwortlichkeiten im Projekt

- Grundlage für Risikoanalysen (Identifikation von Punkten, wo das Risiko von Verfehlung der Leistungsziele besonders groß ist)

- Ausgangsbasis für Ablauf- und Terminplanung
- Mittel für Strukturierung von Projektstatussitzungen
- Unentbehrliche Grundlage für die Kommunikation im Projekt.

12.2. Verantwortlichkeitsmatrix
(Responsibility Chart/ Funktionendiagramm)

Eine zentrale Herausforderung im Projektmanagement besteht darin, für alle zur Realisierung des Vorhabens nötigen Aufgaben die Verantwortung an jemanden zu übertragen. Wobei Verantwortung sowohl die Verpflichtung, dass das jeweils Notwendige und Richtige getan wird, als auch die Berechtigung zum selbstständigen Handeln, um Arbeiten gewissenhaft zu erledigen, meint.

Verantwortung umfasst sowohl

- das Einstehen-Wollen für das eigene Handeln (Eigenverantwortung) als auch
- das Einstehen-Müssen für das Handeln hierarchisch nachgeordneter Handlungsträger (Fremdverantwortung) (vgl. KEßLER und WINKELHOFER 2002, 409).

> Die **Verantwortlichkeitsmatrix** (Funktionendiagramm) ist eine Darstellung, welche die im Projekt anfallenden Aufgaben an Stellen verbindlich überträgt und ihnen klare Rollen bei deren Erfüllung zuweist.

Mit anderen Worten, die Verantwortlichkeitsmatrix geht vom Projektstrukturplan aus und verbindet diesen mit den in der Projektorganisation involvierten Personen. In dieser Verknüpfung wird deutlich, welche Person für die Durchführung eines bestimmten Arbeitspaketes verantwortlich ist.

Bei einer solchen Verantwortlichkeitsmatrix stehen üblicherweise die Arbeitspakete (Projektaktivitäten) in der Vorspalte. Der Tabellenkopf enthält als Spaltenbezeichnungen die ins Projekt involvierten Personen (Stellen). In die Tabellenfelder ist dann eingetragen, welche Rolle jeder Einzelne bezüglich der verschiedenen Tätigkeiten spielt (vgl. Abbildung 51).

Arbeitspakete (laut Projektstrukturplan)	Projekt-leiter	Team-mitglied A	Team-mitglied B	Team-mitglied C	Team-mitglied D
Fragebogen entwerfen	G, I	S, G	P	K	
Zielpersonen auswählen		P		S	
Testbefragungen durchführen		K	S	P	I
Fragebogen drucken lassen	G	P	T	G	G

P = Primäre Verantwortung   G = Genehmigung   K = Konsultation
S = Sekundäre Verantwortung   T = Prüfung/Test   I = Information

***Abbildung 51: Beispiel einer Verantwortlichkeitsmatrix (Linear Responsibility Chart/ Funktionendiagramm)** (in Anlehnung an PORTNY 2001, 197)*

Welche Rollen bei den einzelnen Projektaktivitäten konkret vorgesehen sind, ist Vereinbarungssache.

In Frage kommen beispielsweise folgende Rollen:

- Primäre Verantwortung (P): Verpflichtung sicherzustellen, dass die vorgesehenen Ergebnisse auch tatsächlich erreicht werden.

- Sekundäre Verantwortung (S): Verpflichtung, einen Teil der Ergebnisse zu erzielen.

- Genehmigung (G): formale Freigabe von Ergebnissen, ohne sonst selbst Projektaktivitäten durchzuführen.

- Prüfung/Test (T): Kontrolle und Kommentierung von Ergebnissen einer Aktivität, ohne daran geknüpfte formale Freigabeentscheidungen.

- Konsultation (K): muss zur Projektaktivität begleitend zugezogen werden.

- Information (I): muss über Projektaktivitäten benachrichtigt werden.

Das Erstellen einer solchen Verantwortlichkeitsmatrix geschieht nach Möglichkeit in Absprache mit den Beteiligten (insbesondere den Teammitgliedern), damit nicht Leute ohne ihr Wissen Aufgaben übertragen bekommen. Wenn nämlich über die Köpfe der Betroffenen Verantwortungen zugewiesen werden, weckt das womöglich unnötigen Widerstand. Den Konsens über die Rollenzuteilung bei den einzelnen Aufgaben bestätigen die Beteiligten üblicherweise durch Unterschrift.

Ohne ausdiskutierte Betrauungen besteht das Risiko, dass allzu schnell das Motto regiert: „Jeder macht, was er will, keiner macht, was er soll, und alle machen mit!"

12.3. Arbeitspaketbeschreibung als Übergang von der Projektstruktur- zur -ablaufplanung

> Eine **Arbeitspaketbeschreibung** ist die schriftliche Spezifizierung einer klar abgegrenzten Teilaufgabe eines Projektes, welche deren Ziele, Leistungsinhalte, angestrebte Ergebnisse, Positionierung im Projekt, Ressourcenbedarf sowie Schnittstellen zu anderen Teilaufgaben und den Verantwortlichen benennt.

Zweck von Arbeitspaketbeschreibungen

Um die Reihenfolge der im Rahmen eines Vorhabens zu erledigenden Arbeiten planen zu können, ist es sinnvoll, die einzelnen im Projektstrukturplan vorgesehenen Arbeitspakete detaillierter in verschiedene Vorgänge (Aktivitäten; Tätigkeiten) zu untergliedern. Sinn eines solchen Unterfangens sind die:

- quantitative und qualitative Beschreibung der Arbeitspakete;

- Abgrenzung von Inhalten und Ergebnissen einzelner Arbeitspakete zueinander.

Zu diesem Zweck empfiehlt es sich – zumindest für größere, komplexere – Arbeitspakete eine detaillierte, schriftliche Spezifikation von Zielen, Einzelaufgaben samt Zwischen- und Endergebnissen vorzunehmen.

Arbeitspaketbeschreibungen dienen insbesondere der:

- Erfassung und Klarstellung der Detailaufgaben (Vorgänge, Aktivitäten, Lösungswege, Tätigkeiten);

- Festlegung klarer Verantwortlichkeiten und Leistungszuordnungen im Projektteam (der zu benennende Zuständige zeichnet für die Erledigung aller in der Arbeitspaketbeschreibung detaillierten Einzelaufgaben verantwortlich und ist Ansprechpartner des Projektleiters);

- Detaillierten Zeitplanung auf der Vorgangsebene;

- Schnittstellenerfassung (Zwischenresultate, die als Voraussetzung vorhanden sein müssen bzw. die als essentieller Input für eine Bearbeitung anderer Arbeitspakete fungieren); Schnittstellen sind Punkte, an denen die einzelnen Arbeitspakete miteinander verhängt sind.

- Kostenplanung und -kontrolle.

Innere Logik einer Arbeitspaketbeschreibung

Damit die Arbeitspaketbeschreibungen die an sie gestellten vielfältigen Funktionen erfüllen können, muss jede einzelne sorgfältig erstellt, und in sich logisch stimmig sein. Außerdem müssen die Beschreibungen der einzelnen Arbeitspakete einander ergänzen und in Summe überzeugend darlegen, dass sie aufeinander wohl abgestimmt sind sowie zusammen genommen die Projektziele erreichen.

Die innere Stimmigkeit der Beschreibung eines einzelnen Arbeitspakets ist daran zu erkennen, dass sie

- klare (wiederum den SMART-Kriterien entsprechende), ergebnisbezogene Teilziele ausweist;

- dann zu jedem Teilziel Tätigkeiten (Vorgänge) benennt, die dessen Erreichen gewährleisten sollen,

- ferner zu jeder Tätigkeit zumindest ein konkretes Ergebnis (Produkt oder Output) benennt und

- bei jeder Tätigkeit genau angibt, welche Inputs als Voraussetzung zu deren Verrichtung von welchen anderen Arbeitspaketen kommen müssen und welche von den zu erwartenden Outputs an welche anderen Arbeitspakete weiterzuleiten sein werden (vgl. Übersicht 17).

Übersicht 17: Schema für Arbeitspaketbeschreibungen

Arbeitspaketbeschreibung	
Projekt	Datum
Arbeitspaket	Verantwortlicher
Ziele des Arbeitspaketes	
Lösungswege (Teilschritte/Tätigkeiten allenfalls samt Dauer/Terminen) bzw. Leistungsinhalte	
Zu erwartende Ergebnisse	
Schnittstellenanalyse *Voraussetzungen (Benötigter Input von anderen Arbeitspaketen)* *Zu liefernder Output für andere Arbeitspakete*	

Die Stimmigkeit aller Arbeitspaketbeschreibungen zueinander lässt sich dadurch prüfen, dass man schaut, ob alle für die einzelnen Tätigkeiten eines Arbeitspakets als notwendig erachteten Inputs auch tatsächlich in anderen Arbeitspaketen abgedeckt sind (d.h. dort als Outputs aufscheinen). Im Gegenzug lässt sich auch nachsehen, ob jeder von einem Arbeitspaket gelieferte Output für ein anderes Arbeitspaket benötigt wird. Sollte das nicht der Fall sein, wäre zu hinterfragen, ob die den nicht weiter benötigten Output erbringenden Tätigkeiten wirklich notwendig sind.

Schnittstellenanalyse

Die geschilderte Prüfung, ob die Arbeitspakete hinsichtlich der von ihnen benötigten Inputs und der weiterzureichenden Outputs nahtlos zusammenpassen, ist Aufgabe der Schnittstellenanalyse.

> Eine **Schnittstelle** repräsentiert einen Berührungspunkt, eine Grenzfläche oder eine **Nahtstelle**, wo einzelne Arbeitspakete miteinander interagieren.

Die Schnittstellen sollen dafür sorgen, dass

- sich alle projektnotwendigen Tätigkeiten möglichst reibungslos zu einem sinnvollen Ganzen zusammenfügen,
- sämtliche Komponenten des Projekts zweckmäßig ineinandergreifen und
- die Projektziele ohne Umwege oder unnötige Schleifen erreicht werden.

Die Schnittstellen sind aber (ähnlich wie Nähte, die leichter platzen und reißen) auch höchst sensible Punkte,

- wo es besonders leicht zur Friktionen kommen kann,
- wo Verantwortlichkeiten wechseln, was zu Unklarheiten führen kann und
- wo Brüche im Projektablauf ihren Ausgang nehmen.

Sinnvoll scheint, sich auf die Schnittstellen zu konzentrieren: Dort sind nämlich speziell Risiken angesiedelt, die den Projekterfolg gefährden können. Um eine möglichst reibungslose Abwicklung sicherzustellen, sind schon während der Planung aber auch später beim Controlling die Schnittstellen besonders im Auge zu behalten.

Die Schnittstellenanalyse versucht die Zusammenhänge und die Übergänge zwischen den Arbeitspaketen bzw. den Vorgängen respektive Tätigkeiten systematisch zu erfassen.

Die Schnittstellenanalyse

- identifiziert möglichst alle Andockpunkte zwischen Arbeitspaketen
- charakterisiert inhaltlich oder/und technisch jene Transferbeziehungen zwischen Arbeitspaketen, die an den Andockpunkten auftreten
- liefert die Grundlage für die planliche Darstellung eines geordneten Projektablaufes, denn die Schnittstellen definieren das Netz an sachlichen, technischen Abhängigkeiten zwischen den einzelnen Arbeitspaketen respektive Tätigkeiten und determinieren so bis zu einem gewissen Grade auch die Reihenfolge, in der die Arbeitspakete bzw. Tätigkeiten zu erledigen sind.

13. Projektablaufplan (PAP)

Der Projektablaufplan stellt alle Verknüpfungen und Abhängigkeiten eines Vorhabens dar und legt die Reihenfolge der einzelnen Arbeiten fest, die erforderlich sind, um das Projektziel zu erreichen. Mit anderen Worten: Die Projektablaufplanung soll Antwort geben, welche Vorgänge voneinander abhängig sind und wie sie unter Berücksichtigung dieser Abhängigkeitsverhältnisse zweckmäßig anzuordnen sind. Damit fixiert sie eine sachlogische Anordnung der Tätigkeiten vom Beginn bis zum Ende des Projektes, wobei sie möglichst alle Vernetzungen der Aufgaben untereinander erfassen sollte.

> Ein **Projektablaufplan** (auch Flowchart) ist eine graphische Darstellung der logischen Aufeinanderfolge aller zum Projekt gehörigen Sachverhalte (z.B. Handlungen, Zustände) und ihrer Verknüpfungen.

Der Projektablaufplan stellt also ein reines Flussdiagramm dar und enthält noch keine Termine!

13.1. Strategien zur Gliederung und Systematisierung der Abläufe

Zur Ermittlung von Ablaufstrukturen lassen sich unterschiedliche Strategien verfolgen:

- *Progressives Vorgehen:* beim Start beginnend Schritt für Schritt zu jedem Vorgang alle Nachfolger überlegen, die nun gestartet werden können
- *Regressives Vorgehen:* beim Ende beginnend werden zu jedem Vorgang sämtliche Tätigkeiten ermittelt, die jeweils abgeschlossen sein müssen, um starten zu können
- *„Pilgerschrittverfahren":* progressiv bis zu Sammelpunkten und von dort wieder regressiv

13.2. Leitfragen der Projektablaufplanung

Praktisch hat der Projektablaufplan insbesondere die Fragen zu beantworten:

- Was ist als erstes zu tun?
- Was kann auf der Grundlage der Ergebnisse dieser Tätigkeit weiter gemacht werden?
- Welche Resultate einer Tätigkeit dienen als Input für (Folge)Aufgaben?
- Welche Tätigkeiten setzen die Fertigstellung einer anderen Teilaufgabe (fachlich und zeitlich) voraus?
- Welche Tätigkeiten können parallel durchgeführt werden?

Diese Fragen sollen helfen, für jede einzelne Tätigkeit klar zu machen, in welcher Abhängigkeit sie von anderen Tätigkeiten steht und insbesondere welche Vorgänger- oder Nachfolgetätigkeit ihr zuzuordnen ist. Aus der Beantwortung dieser Fragen resultiert eine „Projektlogik", die sich schematisch darstellen lässt.

13.3. Grundelemente eines Ablaufes

Jeder beliebige Ablauf kann als Phänomen betrachtet werden, das sich aus folgenden drei Typen von elementaren Bausteinen zusammensetzt:

- **Vorgang**: Ablaufelement, das ein bestimmtes Geschehen (**Prozess**) repräsentiert (auch Einzelaufgaben, Job, Activity, Tätigkeit). Ein Vorgang ist durch seinen Anfang: „Noch nichts ist erledigt" und sein Ende: „Alles Erforderliche ist erledigt" begrenzt. Diese beiden Grenzen sind Ereignisse. In Flussdiagrammen (Ablaufplänen) sind Vorgänge üblicherweise als Rechtecke dargestellt.

- **Ereignis** (**Meilenstein**): Ablaufelement, das einen bestimmten **Zustand** repräsentiert. Bei Vorgängen, Arbeitspaketen, Teilprojekten und auch ganzen Projekten können jeweils ein Startereignis, beliebige Zwischenereignisse und ein Endereignis definiert werden, Ereignisse besitzen keine Dauer (= 0).

  Meilensteine bieten sich als markante Kontrollpunkte an, wo der tatsächliche Status des Projektes mit dem geplanten Stand hinsichtlich Terminen, Resultaten und Kosten verglichen werden kann und wo sich weitere Vorgehensweisen überdenken und entscheiden lassen. Als graphisches Symbol repräsentieren Rauten (auf die Spitze gestellte Quadrate) die Meilensteile.

- **Abhängigkeit**: Ablaufelement, das die **Beziehung zwischen den Vorgängen** repräsentiert (auch Relation, Anordnungsbeziehung) und graphisch durch Pfeile visualisiert ist. Abhängigkeiten können sich aufgrund von technologischen Erfordernissen, aber auch aus organisatorischen Randbedingungen der Ressourcenverfügbarkeit ergeben. Ein betrachteter Vorgang besitzt damit jeweils einen oder mehrere Vorgänger (Vorlieger) und einen oder mehrere Nachfolger. Grundsätzlich lassen sich folgende Arten von Anordnungsbeziehungen unterscheiden:

  - *Anfangsfolge* (Anfang – Anfang): Der Start des nachfolgenden Arbeitspaketes oder Vorganges erfolgt erst, nachdem das vorhergehende gestartet wurde (z.B. Gesprächsrunden mit Entscheidungsträgern müssen begonnen haben, damit die Erstellung von Gesprächsprotokollen anfangen kann)

  - *Endfolge* (Ende – Ende): Der nachfolgende Vorgang kann erst abgeschlossen werden, wenn der davor liegende Vorgang bereits abgeschlossen ist (z.B. ein telefonischer Rundruf bei allen zu einer Veranstaltung geladenen, ob sie erscheinen werden, lässt sich erst dann abschließen, wenn der davor stattgefundene Versand von Einladungen zur Gänze ausgeführt wurde)

  - *Normalfolge* (Ende – Anfang): Der nachfolgende Vorgang kann erst begonnen werden, wenn der vorhergehende abgeschlossen ist (z.B. Versand von Veranstaltungseinladungen kann erst beginnen, wenn deren Drucklegung fertig gestellt ist)

- *Sprungfolge* (Anfang – Ende): Der nachfolgende Vorgang kann erst beendet werden, wenn der vorhergehende begonnen hat (z.B. es erfolgt die Umstellung auf ein neues Computersystem – Vorgänger, sobald dieses einwandfrei funktioniert, kann das alte System abgeschaltet werden – Nachfolger). Da diese Abfolge nicht der intuitiven Wahrnehmung von Vorgängern/Nachfolgern entspricht, wird sie in der primären Planung oft nicht eingesetzt (vgl. auch Übersicht 18).

Tätigkeiten, die parallel zur gleichen Zeit durchgeführt werden können, aber nicht müssen, sind unabhängig voneinander.

Übersicht 18: Anordnungsbeziehungen im Projektablauf

Art der Anordnungsbeziehung	Beschreibung	Beispiel	Bemerkung
Normalfolge	Nachfolger kann erst beginnen, wenn der Vorgänger beendet ist.	Der Autor muss den Text seines Buches vollendet haben, bevor das Manuskript gesetzt werden kann.	Häufigste Abhängigkeit
sobald als möglich so spät als möglich		Das Aufblasen von Luftballons muss vor dem Beginn einer Party abgeschlossen sein, aber erst so spät als möglich, weil ihnen sonst womöglich die Luft wieder ausgeht.	
Anfangsfolge	Nachfolger kann erst beginnen, wenn der Vorgänger begonnen hat.	Ein Künstler muss angefangen haben, Zeichnungen zu liefern, damit das Anfertigen von Klischees für die Buch Illustration beginnen kann.	seltenere Abhängigkeit
Endfolge	Nachfolger kann erst enden, wenn der Vorgänger beendet ist.	Ein Buchbinder kann seine Arbeit nicht beenden, solange der Buchdruck nicht abgeschlossen ist.	seltenere Abhängigkeit
Sprungfolge	Nachfolger kann erst enden, wenn der Vorgänger begonnen hat.		äußerst ungewöhnliche Abhängigkeit

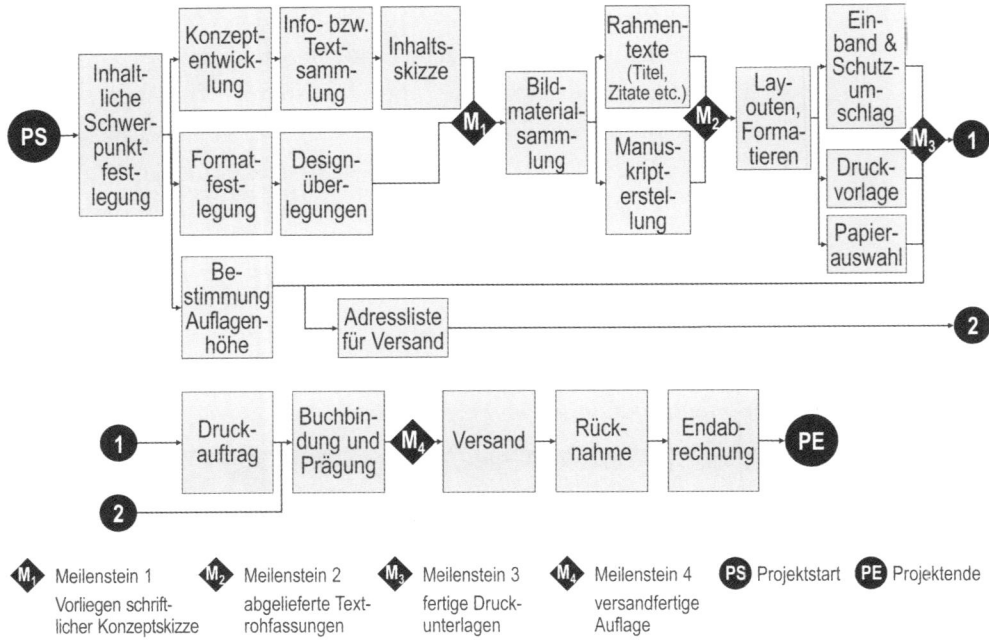

Abbildung 52: Projektablaufplan für das Projekt „Firmenfestschrift"

13.4. Praktische Herangehensweise an die Ablaufplanung

Um einen Ablaufplan für ein konkretes Vorhaben zu entwerfen, ist es günstig, sich auf einer größeren Schreibfläche/Pinnwand mit Pinnwandpapier Anfangs- und Endpunkt zu markieren. Jede anfallende Tätigkeit schreibt man auf einen Klebezettel/Moderations- karte und bringt dann die Zettel in eine zeitlich logische Reihenfolge. Hierauf werden die Zettel durch Pfeile verbunden; zu beachten ist, ob jeder Zettel einen einlangenden Pfeil als „Input" und einen ausgehenden Pfeil als „Output" besitzt. Sollte eine Tätig- keit ohne Pfeil quasi „in der Luft hängen", ist zu hinterfragen, ob sie überhaupt für die Fertigstellung des Projektes notwendig ist. In einer Darstellung des Projektablaufes haben auch doppelt gerichtete Pfeile (↔) nichts verloren, denn sie würden einen Rücksprung symbolisieren, was insofern nicht geht, als sich die Zeit nicht zurückdre- hen lässt. Wenn zwischen verschiedenen Tätigkeiten immer wieder Rückkoppelungen und gegenseitige Abstimmungen vorgesehen sind, dann lässt sich das im Ablaufplan da- durch erfassen, dass man die Vorgänge genauer aufsplittet und eigene Abstimmungs- aktivitäten vorsieht.

Wenn es die Sache zulässt, wären bewusst möglichst viele Parallelaktivitäten vorzu- sehen – so gewinnt man nämlich für die weiteren Planungsschritte Gestaltungsfreiräume und so lässt sich im Team auch Arbeitsteilung und Nutzung der Spezialisierungsvor- teile realisieren.

14. Projektterminplanung

Nach der Projektstruktur- und -ablaufplanung werden die Arbeitspakete zeitlich zu einer realistischen Projektlaufzeit angeordnet. Aufbauend auf den Überlegungen, welche Tätigkeiten in welcher Reihenfolge zu bearbeiten sind, stellt sich die Frage nach dem Zeitbedarf für die Durchführung der einzelnen Aufgaben und nach der Laufzeit für das Gesamtvorhaben. Damit bekommen das Projekt selbst, die Projektphasen, jedes Arbeitspaket Start- und Endtermine und die Meilensteine eine klare zeitliche Lage zugewiesen.

> Ein **Projektterminplan** ist eine Darstellung der präliminierten (vorläufig festgelegten) Anfangs- und Endzeitpunkte aller Vorgänge eines einmaligen Vorhabens oder/und der zeitlichen Lage markanter Ereignisse (Meilensteine) des Vorhabens.

14.1. Funktionen des Projektterminplans

Ein Projektterminplan ist notwendig, damit die Projektbeteiligten ihre Aufgaben rechtzeitig erfüllen und das Projekt mit der erforderlichen Termintreue zu einem erfolgreichen Abschluss kommt. Er enthält die Termine aller zu erledigenden Arbeiten und basiert auf dem Projektablaufplan. Mit anderen Worten: der Projektterminplan erweitert den Projektablaufplan um klare Zeitangaben.

Damit sich die Vorstellungen vom Projektablauf um eindeutige Terminangaben ergänzen lassen, ist für jede Einzelaufgabe (jeden Vorgang) realistisch abzuschätzen, wie viel Zeit ihre Erledigung erfordern wird. (Dabei sollte man stets mit Risiken und Unwägbarkeiten rechnen. Zu bedenken ist ferner sowohl der frühestmögliche als auch der späteste Zeitpunkt für den Anfang eines Schrittes bzw. der Aufgabenerledigung). Außerdem ist die Gesamtdauer des Projektes zu kalkulieren.

Um unliebsame Überraschungen bei der Terminplanung zu vermeiden, ist es wichtig, sauber zu trennen zwischen:

- Zeitaufwand (= Zahl der Arbeitseinheiten, die benötigt wird, um einen Vorgang, ein Arbeitspaket oder das gesamte Projekt abzuarbeiten; wird gewöhnlich in Arbeitskraftstunden, Mann-Tagen usw. angegeben; vgl. SÜß 2001, 5) und

- Dauer (= Zahl der Perioden, die es braucht, bis ein Vorgang, ein Arbeitspaket oder das gesamte Projekt fertig ist; wird für gewöhnlich in Stunden, Tagen, Wochen etc. ausgedrückt).

Der in der Regel bestehende Zusammenhang zwischen Dauer und Zeitaufwand lässt sich nach folgender genereller Faustformel darstellen:

$$\text{Vorgangsdauer} = \frac{\text{Einsatzmittelaufwand}}{\text{Anzahl der Einsatzmittel}}$$

In spezieller Anwendung auf den Personaleinsatz lautet die Formel dann:

$$\text{Dauer} = \frac{\text{Zeitaufwand}}{\text{Anzahl der Mitarbeiter x Mitarbeiterverfügbarkeit (\%/100)}}$$

Hinter dieser Formel steckt der Grundgedanke, dass sich bei Erhöhung des Arbeitskräfteeinsatzes je Zeiteinheit die Dauer eines Vorganges oder Arbeitspaketes verkürzt. Diese Überlegung kann, muss aber nicht zutreffen, denn der Rückgriff auf zusätzliches Personal kann auch zu zeitlichem Mehraufwand führen, etwa wenn umfangreiche Einweisungen oder Schulungen, komplexe Koordination und intensive Kommunikation notwendig sind. Besonders bei zeitkritischen Arbeitspaketen scheint daher eine Abschätzung der Ressourcenelastizität sinnvoll. Sie gibt an, um wie viel sich dank einer Erhöhung des Ressourceneinsatzes die Dauer eines Vorganges oder Arbeitspaketes verkürzt. Errechnet wird sie nach der Formel:

$$\varepsilon = \frac{\delta t}{\delta RE} \times \frac{RE}{t}$$

ε .... Ressourcenelastizität

t .... Zeitaufwand zur Fertigstellung des Arbeitspaketes

RE .... eingesetzte Ressourceneinheiten

Die Ressourcenelastizität kann Werte zwischen -1 und +1 annehmen; sie sind folgendermaßen zu interpretieren:

$\varepsilon = 0$ unelastisch: Eine Erhöhung des Ressourceneinsatzes führt zu *keiner Verkürzung* der Laufzeit.

$\varepsilon = 1$ elastisch: Eine Erhöhung des Ressourceneinsatzes führt zu *einer proportionalen Verkürzung* der Laufzeit.

$\varepsilon = -1$ negativ elastisch: Eine Erhöhung des Ressourceneinsatzes ist kontraproduktiv und führt sogar zu einer Verlängerung der Laufzeit.

Zu beachten ist ferner, dass es Vorgänge geben kann, die zwar keinen Zeitaufwand verursachen, aber sehr wohl eine Dauer haben (z.B. bei Bauvorhaben das Aushärten von Beton).

Informationsquellen für die Projektterminplanung

Quellen für Zeitschätzungen können sein:

- frühere Erfahrungen aus bereits durchgeführten Projekten (unter Beachtung auftragsspezifischer Besonderheiten);

- Richtwertsammlungen oder extern vorgegebene Lieferzeiten;

- Probeläufe einzelner Arbeitsgänge;

- Expertenschätzungen; am besten durch jene Personen, die später bei der Projektbearbeitung auch für die Einhaltung der Termine Verantwortung tragen.

- Bei einer Schätzung, wie viel Arbeitszeit jede einzelne Aufgabe benötigen wird, durch jene Mitglieder des Projektteams, die Verantwortung für Arbeitspakete übernommen haben, ist sicherzustellen, dass alle Beteiligten die selben Maßstäbe und Einheiten verwenden.

- Neben realistischen Einschätzungen sind folgende Antwortstrategien verbreitet:

  - Pessimistisch („sich Polster schaffen" oder salopp gesprochen „sich warm anziehen"): man gibt immer einen größeren Zeitraum an, als den voraussichtlich benötigten. So schafft man sich selbst Freiräume und Zeitpuffer.

  - Optimistisch („sich selbst unter Druck setzen"): man setzt sich selbst ehrgeizige Zeitvorgaben. Im Projektverlauf kommt man dann zusehends in Zeitverzug.

  - Ausweichend („sich nie festlegen").

Zu empfehlen sind Planungsbesprechungen, in denen die Zeitbedarfsvorstellungen mit den Fachleuten (Projektteammitgliedern) diskutiert und von ihnen begründet werden. Eine andere pragmatische Annäherung bildet Durchschnittswerte aus vorsichtiger und zuversichtlicher Bedarfsschätzung. Zu bedenken bleibt jedenfalls, dass sich die notwendige Dauer einer Tätigkeit nur dann realistisch schätzen lässt, wenn man sich gedanklich mit den Bedingungen ihrer Ausführung auseinandersetzt (LITKE 2004, 101).

- Drei-Punkt-Schätzung: Dieses Verfahren sieht anstelle der Schätzung eines einzelnen Wertes die von drei Werten vor: ein wahrscheinlichster, ein optimistischer (best case, wenn alles perfekt läuft) und ein pessimistischer (worst case, wenn alles, was schief gehen kann, auch schief geht). Diese drei Werte werden dann gemittelt, z.B. nach der Formel

$$\text{gewichteter Durchschnitt} = \frac{\text{optimistischer} + 4 \times \text{wahrscheinlichster} + \text{pessimistischer}}{6}$$

Diese Methode verspricht eine höhere Verlässlichkeit der Prognose, ist aber insgesamt aufwendiger.

- Ist die Zeitschätzung für die einzelnen Aktivitäten abgeschlossen, können noch Zuschläge erfolgen für Tätigkeiten, die in jedem Projekt anfallen, die aber unter Umständen nicht mitgerechnet wurden, wenn für sie in der Projektstrukturplanung bislang noch keine eigenen Vorgänge vorgesehen waren. Erfahrungsgemäß fallen folgende Tätigkeiten in diese – allzu gerne übersehene – Kategorie:

  - Einarbeitung
  - Projektleitung
  - Qualitätssicherung
  - Dokumentation
  - Kommunikation
  - Allfällige Nacharbeiten

Zeitskalierung und Kalendierung für die Terminplanung

Sowohl die Schätzung der Dauer als auch die Darstellung der Zeitpläne verlangt eine Grundsatzentscheidung darüber, in welchen Einheiten die Zeitangaben erfolgen. Zur Auswahl stehen Stunden oder sogar deren Bruchteile, Tage, Wochen bzw. Monate.

Welche Skalierung zum Zug kommt, hängt von verschiedenen Faktoren ab, so etwa

- vom Gesamtumfang des Projektes (je größer, desto gröber wird der Zeitmaßstab zunächst ausfallen);
- von der Feinheit der Projektstrukturplanung und damit von der Durchschnittsgröße der einzelnen Arbeitspakete;
- von allfälligen Wünschen oder Vorgaben des Auftraggebers;
- von Branchengepflogenheiten;
- von der Taktung, mit der Zeitaufzeichnungen der Mitarbeiter in jener Organisation zu führen sind, die das Projekt ausführt.

Außerdem stellt sich für die Terminplanung die Frage, ob mit absoluten Datumsangaben oder relativen Zeitangaben zu operieren ist. Zwar lässt sich jede der beiden Darstellungsformen in die andere überführen, dennoch scheint es in manchen Fällen praktikabler, gleich mit absoluten Datumsangaben zu planen. Dies ist insbesondere dann anzuraten, wenn entweder der Termin für den Start der Durchführungsarbeiten oder der Fertigstellungstermin von vornherein fix feststeht (z.B. wenn das Projekt eine große Jubiläumsveranstaltung zum Inhalt hat).

Dagegen sind entweder auf den Zeitpunkt des Startes der Projektdurchführung oder auf den der Fertigstellung relativ bezogene Terminplanungen die adäquate Vorgehensweise, wenn zum Zeitpunkt der Planung weder klar ist, wann die Realisierung starten noch wann sie enden wird (z.B. bei Anträgen für Forschungsprojekte, die bei Förderungsstellen eingebracht werden, und wo die Dauer von Begutachtungs- und Vergabeentscheidungsprozessen kaum kalkulierbar ist). In einer solchen Situation gibt man beispielsweise den Startzeitpunkt eines Arbeitspaketes mit so und so vielen Zeiteinheiten nach Projektstart und den Endtermin wiederum in Zeiteinheiten nach Projektstart an.

14.2. Verfahrensübersicht zur Projektterminplanung

Den Projektterminplan kann man – in Abhängigkeit von der gewählten Erstellungsmethode – unterschiedlich aufwendig kalkulieren und formal unterschiedlich darstellen; welches Verfahren konkret eingesetzt werden sollte, hängt vom Umfang und der Komplexität des Projektes ab, aber auch von den Funktionen, die der Terminplan im Rahmen der projektinternen Kommunikation erfüllen soll (vgl. Übersicht 19).

Übersicht 19: **Grundsätzliche Verfahren zur Terminplanung in Projekten und ihr**
Informationsbedarf *(nach* PATZAK *und* RATTAY *1998, 169)*

Methode der Terminplanung	Informationsbedarf
Terminliste	• Liste der Aufgaben (Arbeitspakete) • Endtermin je Aufgabe, Fixtermine
Balkenplan	• Liste der Aufgaben (Arbeitspakete) • Starttermin je Aufgabe • Endtermin je Aufgabe bzw. deren Dauer, Fixtermine
Vernetzter Balkenplan	• Liste der Aufgaben (Arbeitspakete) • Dauer je Aufgabe • Fixtermine • Abhängigkeiten zwischen den Aufgaben
Netzplan	• Liste der Aufgaben (Arbeitspakete, Vorgänge) • Dauer je Aufgabe • Logische Abhängigkeiten zwischen den Aufgaben • Fixtermine (einschließlich Projektstart/-ende)

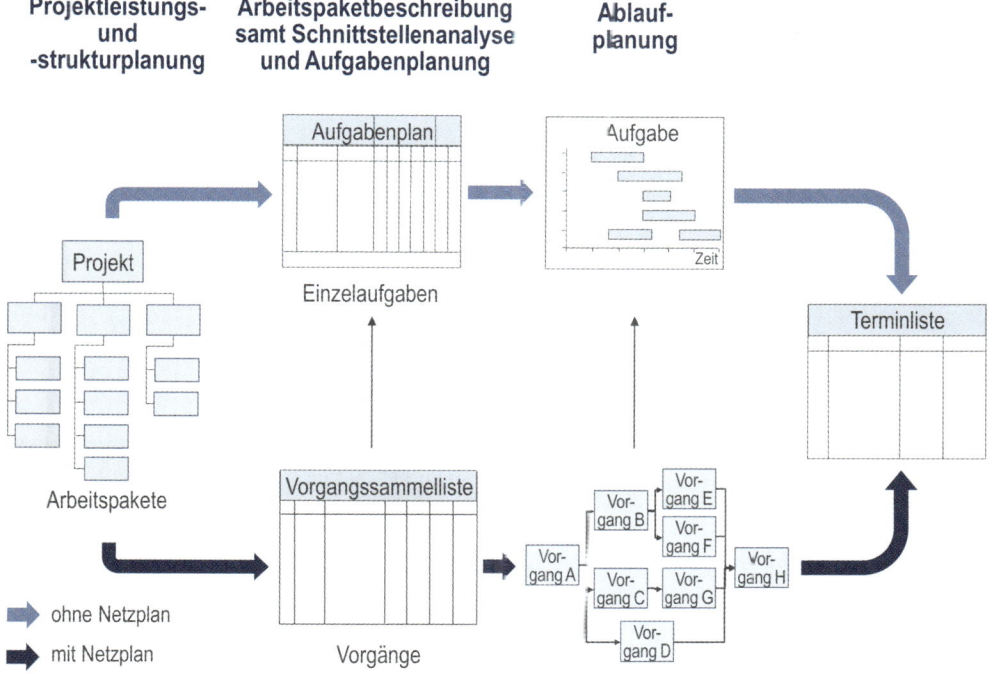

Abbildung 53: Alternative Vorgehensweisen bei der Projektterminplanung

143

14.3. Terminliste

Wesen

Terminlisten sind geeignet für wenig komplexe Projekte.

Sie halten insbesondere die Ereignisse im Projektablauf fest und zeigen damit indirekt die Dauer der wichtigsten Vorgänge an. Die Arbeiten bzw. Vorgänge werden in der Regel in den Listen nach aufsteigenden Terminen sortiert. Es sind keine technologischen Zusammenhänge oder Abhängigkeiten ersichtlich, wenngleich diese bei der Terminfixierung durchaus mitberücksichtigt werden sollten.

Ein Spezialfall der Terminliste ist die **Meilensteinliste**; dort sind bloß einige zentrale Projektereignisse (Meilensteine) samt Termin eingetragen.

Vorgehensweise

- ▪ Listung von Aufgaben und/oder Ereignissen im Projektablauf (z.B. Abschluss von Arbeitspaketen, wichtige zu fassende Beschlüsse und Entscheidungen etc.)

- ▪ Festlegung des Endtermins jeder Aufgabe

Vor- und Nachteile

- + Diese Art der Terminplanung bereitet nur einen geringen Arbeitsaufwand und

- + ist, da man keine weiteren Hilfsmittel benötigt, in aller Regel mit niedrigen Kosten verbunden.

- — Dieses Verfahren ist nur für Projekte geeignet, die eher klein und die übersichtlich sind und

- — die Methode lässt sich nur einsetzen, wenn in den Vorhaben die Vorgänge nur wenig miteinander verknüpft sind.

Übersicht 20: Beispiel für Terminliste

Arbeitspaket Nummer	Vorgang Nummer	Arbeitspaket-/Vorgang Beschreibung	Termin
1	1.1	Projektauftragserteilung zur Erstellung eines Schulungskonzeptes	31. März 2015
	1.2	Projektstartsitzung	15. April 2015
2		Erhebung Schulungsbedarf	
	2.1	Entwicklung Fragebögen	12. Mai 2015
	2.2	Durchführung Mitarbeiterbefragung	7. Juni 2015
	2.3	Durchführung Führungskräftebefragung	15. Juni 2015
	2.4	Auswertung Befragung	20. Juni 2015
	2.5	Vorlage Endbericht Befragung	22. Juni 2015
...	...	...	...

14.4. Balkenplan (Gantt-Chart)

Wesen

Der Balkenplan stellt eine graphische Umsetzung der Terminliste dar. Wegen seiner guten Lesbarkeit ist er wohl das am häufigsten genutzte Terminplanungsinstrument. Es wurde in den 1920er Jahren vom amerikanischen Ingenieur Henry Gantt entwickelt. Als Graphik ist das Gantt-Chart das zentrale Visualisierungsmittel der Terminplanung.

Balkenpläne dienen in der Praxis oft auch als das wesentlichste Kommunikationsinstrument, sei es mit Auftraggebern oder innerhalb des Projektteams.

Vorgehensweise

Zur übersichtlichen Darstellung verfügt das Diagramm über:

- eine horizontale Zeitachse (deren Skalierung abhängig ist von der gewünschten Genauigkeit der Planung aber auch vom Gesamtumfang des Projektes);
- eine vertikale Listung von Aufgaben und/oder Ereignissen im Projektablauf (eventuell eine Beschränkung auf die groben Ebenen des Projektstrukturplanes, um die Übersichtlichkeit nicht zu sehr zu verlieren);
- eine horizontale Linie bzw. einen Balken für jede Aktivität/Vorgang und
- Linien oder Balken für die benötigte Zeit zur Fertigstellung der Aktivität (zum Abschluss des Vorganges).
- Die Gruppierung der Aufgaben erfolgt aus Übersichtlichkeitsgründen meist entsprechend dem Strukturplan bzw. geordnet nach dem frühesten Start.

Vor- und Nachteile

- + Gute Lesbarkeit;
- + Für die Projektkontrolle lässt sich der tatsächliche Arbeitsfortschritt bzw. der Bearbeitungsstand an den Balken relativ einfach vermerken und nachverfolgen.
- + Parallele Abläufe können auf den ersten Blick erkannt werden.

Übersicht 21: Beispiel für einen Balkenplan

Nr.	AP/Vorgang	Jan.	Feb.	März	April	Mai	Juni	Juli
1.	Anbauplanung	▬						
2.	Saatgut							
2.1.	Beschaffung	▬						
2.2.	Beizung		▬					
3.	Anbau			▬				
4.	Bestandsführung							
4.1.	Unkrautbekämpfung				▬	▬		
4.2.	Bewässerung					▬	▬	▬
4.3.	Fungizidausbringung						▬	

145

— Die Verknüpfung der einzelnen Vorgänge untereinander kann nur in geringem
Maße kenntlich gemacht werden (Es zeigt nicht an, wenn ein Vorgang nicht
stattfinden kann, ehe ein vorhergehender abgeschlossen ist).

— weil Abhängigkeiten nicht erfasst werden, sind Gantt-Diagramme für große
oder komplexe Projekte oder für Vorhaben, deren Planung häufig korrigiert
werden muss, nur bedingt einsetzbar.

14.5. Vernetzter Balkenplan

Der vernetzte Balkenplan ist ein Gantt-Diagramm, welches zusätzlich die wesentlichen
Abhängigkeiten (ablauflogisch oder ressourcenbedingt) enthält.

Zweck

▪ Darstellung der Aufgaben und ihrer Ablauffolge (Abhängigkeiten) in graphi-
scher und damit übersichtlicher Form

▪ Sichtbarmachen von kritischen Wegen

▪ Wesentliches Kommunikationsinstrument

Wird die graphisch dargestellte Vernetzung des Balkenplanes zu dicht, nimmt die
Lesbarkeit des vernetzten Balkenplanes stark ab.

Übersicht 22: Vom Projektablaufplan zum vernetzten Balkenplan
(HEMMRICH und HARRANT 2002, 83)

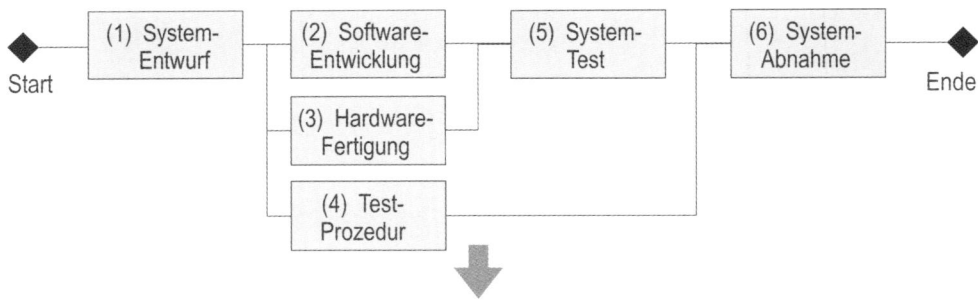

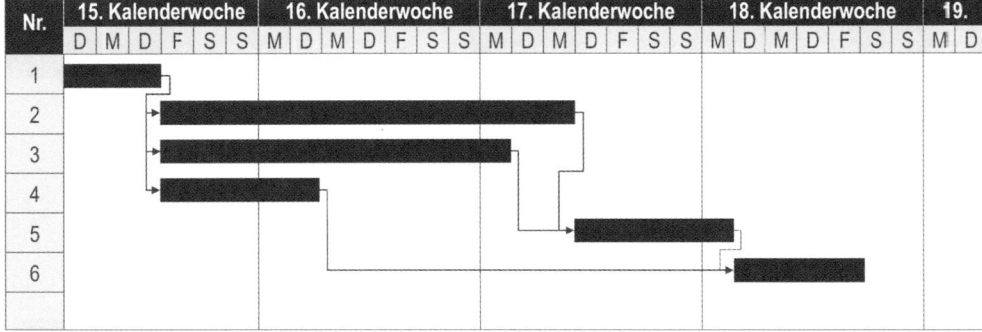

146

Vorgehensweise

Wie beim einfachen Balkenplan, aber zusätzlich

- Berücksichtigung der Abhängigkeiten zwischen den Aufgaben (durch Pfeile visualisiert)

Balkenpläne erlauben auch die Visualisierung von Meilensteinen; sie werden üblicherweise als Raute dargestellt, an Punkten gesetzt, wo Verzweigungen im Projektablauf ihren Ausgang nehmen bzw. wieder zusammen kommen, wo also Arbeitsergebnisse vorliegen, welche für den weiteren Projektverlauf besonders erfolgskritisch sind (vgl. Abbildung 54).

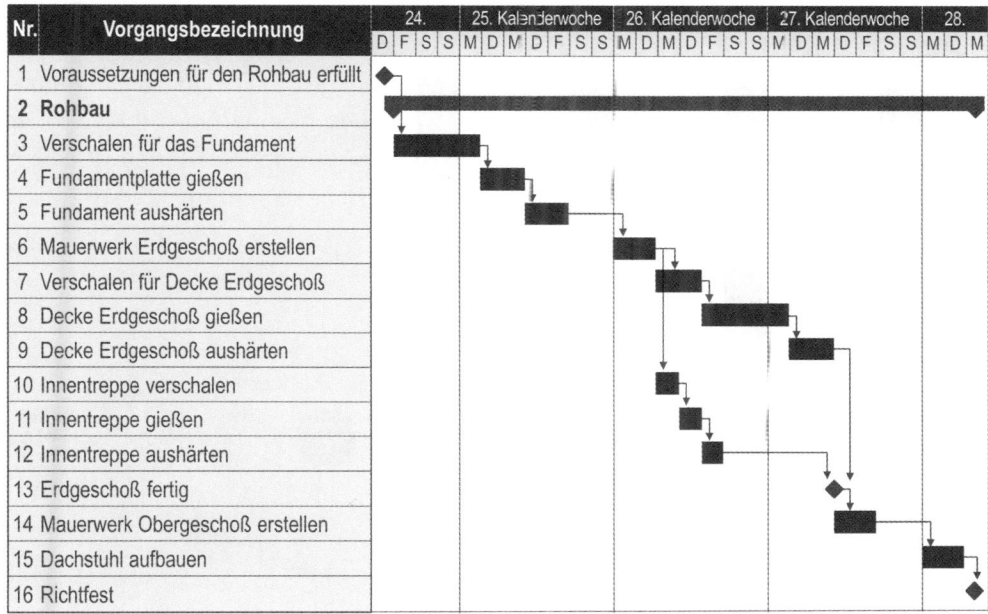

Abbildung 54: Beispiel für einen vernetzten Balkenplan mit Ersichtlichmachung von Meilensteinen

14.6. Mathematische Terminplanungsmethoden (Netzplantechniken)

Program Evaluation and Review Technique (PERT)

Etwas komplexer gestaltet sich die Darstellung des Zeitplanes als PERT-Diagramm; selbiges hat drei Komponenten:

- Ereignisse werden durch Kreise oder andere geschlossene Figuren dargestellt;
- Aktivitäten durch Pfeile zwischen den Kreisen (oder Figuren) und
- Abhängigkeiten, die zwei Ereignisse verbinden, für die aber kein Arbeitsaufwand anfällt, durch gestrichelte Linien

Abbildung 55: Prinzipielle Darstellungslogik von PERT-Diagrammen

Am nützlichsten sind PERT-Diagramme, wenn sie die für den Abschluss einer Tätigkeit geplante Zeit zeigen. Die Zeit wird in Einheiten skaliert, die an die Gesamtdauer des Projektes angepasst sind. Man kann in solchen Diagrammen auch jeweils zwei Zeiteinschätzungen – eine hohe und eine niedrige – angeben. Ausgereifte PERT-Diagramme werden auf einer Zeitskala gezeichnet, bei der die Länge der Pfeile der Zeitdauer der Aktivität entspricht. Während der maßstabgetreuen Zeichnung geraten manche Pfeile länger, als an Zeit für die Tätigkeit tatsächlich benötigt wird. Diese Pfeile stellen Zeitpuffer dar und werden am Ende des angemessenen Zeitraumes mit einem Punkt markiert und dann gestrichelt bis zum nächsten Ereignis geführt.

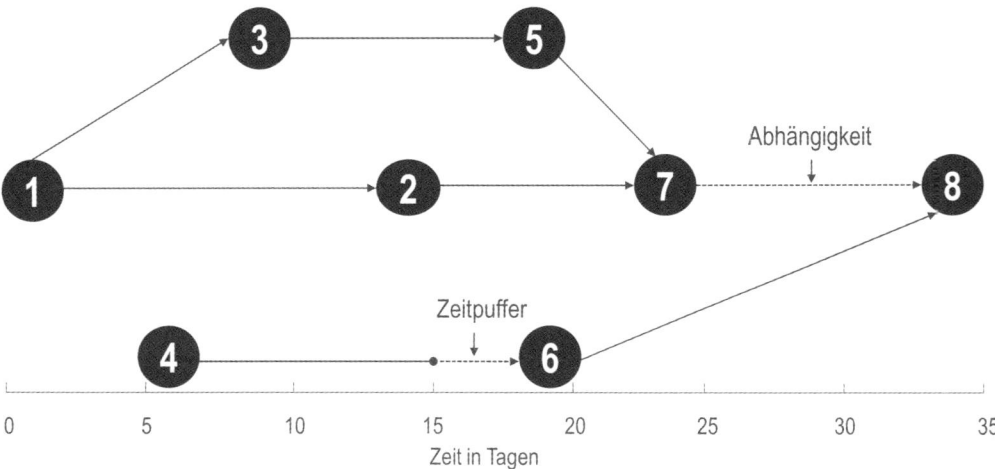

Abbildung 56: Im Zeitmaßstab erstelltes PERT-Diagramm

Um ein PERT-Diagramm zu zeichnen, muss man die Schritte aufzählen, die bis zur Projektfertigstellung nötig sind; dann ist die Dauer eines jeden Schrittes abzuschätzen. Hierauf zeichnet man das Netz von Verbindungen zwischen den Schritten, wobei auf die korrekte Reihenfolge zu achten ist. Die Nummern der Schritte in der Liste werden in die Ereignissymbole im Diagramm übertragen, die Zeit bis zum Abschluss des folgenden Schritts notiert man auf der Pfeillinie. Schritte, die gleichzeitig laufen, trägt man auf verschiedenen Pfaden ein. Abschließend sollte man prüfen, ob man alle Schritte aus dem Strukturplan berücksichtigt hat.

148

Das PERT-Diagramm zeigt nicht nur Beziehungen im Projekt auf, sondern erlaubt auch, den „kritischen Pfad" zu errechnen – den längsten Weg durch das Netzwerk. Er zeigt als solcher die notwendigsten Schritte, deren rechtzeitiger Abschluss für das verzögerungsfreie Fortkommen des Projekts unentbehrlich ist.

Der kritische Pfad wird von Aufgaben ohne Pufferzeiten gebildet, das heißt, dass deren Verzögerung zu einer Verschiebung und damit Nichteinhaltung des Projektend-termines führen würde. Er bezeichnet damit *„den Weg von Anfang bis zum Ende des Netzplanes auf dem die Summe aller Pufferzeiten minimal wird."* (DIN 69900-1).

Diese Technik operiert mit einem „activity on arrow" (AOA) Netzwerkdiagramm und verwendet eine Schätzung des gewogenen Mittelwertes, um Tätigkeitsdauern zu berechnen (die Formel wird noch häufig für die Bewertung benutzt). PERT selbst wird heute nur mehr selten verwendet.

Netzplantechnik nach der „critical path method" (CPM)

Die „critical path method" (Kritischer-Pfad-Methode) berechnet für jede Tätigkeit jeweils einen eigenen frühesten und spätesten Anfangs- und Endzeitpunkt. Die Technik beruht auf einem Ablaufplan, welcher die Vorgänge bzw. Tätigkeiten als Knoten (etwa in Form von Rechtecken oder Kreisen) und die Abhängigkeiten in der Gestalt von Pfeilen darstellt. Dieses Terminkalkulationsverfahren basiert also auf einer sequenziellen „activity on notes" (AON) Netzwerklogik und auf Schätzungen der einzelnen Vorgangs-dauern. Die kritische Pfadmethode zielt darauf ab, Pufferzeiten zu berechnen, um zu bestimmen, welche Tätigkeiten die geringste Terminplanungsflexibilität besitzen.

Abbildung 57: Prinzipielle Darstellungslogik von Netzplänen nach der kritischen Pfad Methode

Die kritische Pfadmethode berechnet die folgenden Daten für jede Tätigkeit:

- frühester Start (der früheste Zeitpunkt, an dem die Tätigkeit beginnen kann);
- spätester Start (der späteste Zeitpunkt, an dem die Tätigkeit beginnen kann und gerade noch erlaubt, dass das Projekt rechtzeitig vollendet werden kann);
- frühestes Ende (der früheste Zeitpunkt, an dem die Tätigkeit abgeschlossen werden kann);
- spätestes Ende (der späteste Zeitpunkt, an dem die Tätigkeit abgeschlossen werden kann und der gerade noch erlaubt, dass das Projekt rechtzeitig beendet werden kann).

Bei allen Tätigkeiten, die auf dem kritischen Pfad liegen, fallen jeweils der früheste und späteste Start (und das früheste und späteste Ende) zusammen.

Der Puffer (englisch float) ist jene Zeit, um die sich eine Tätigkeit verschieben lässt, ohne das Projekt zu verzögern. Die Pufferzeit entspricht dem Unterschied zwischen frühestem und spätestem Start (bzw. der Differenz zwischen frühestem und spätestem Ende). Bei Tätigkeiten auf dem kritischen Pfad ergibt sich generell ein Puffer von Null. Alle Tätigkeiten auf demselben, nicht kritischen Pfad haben denselben gemeinsamen Puffer (der freie Puffer ist jene Zeitdauer, um die sich eine Tätigkeit verzögern kann, ohne den frühesten Start einer unmittelbar nachfolgenden Tätigkeit zu verzögern).

Bezeichnung der Tätigkeit		
frühester Start	Dauer	frühestes Ende
spätester Start	Puffer	spätestes Ende

Abbildung 58: Darstellung eines Vorgangs- bzw. Tätigkeitsknotens

- Zur Berechnung der frühesten Start- und frühesten Endzeitpunkte wird eine Vorwärtsrechnung verwendet.
  - Man beginnt bei der ersten Tätigkeit, mit der das Projekt startet und trägt als frühesten Startzeitpunkt den Wert Null ein.
  - Sodann addiert man zur frühesten Startzeit die Dauer der Tätigkeit und erhält so die früheste Endzeit. Diese Berechnungen trägt man in jeden Tätigkeitsknoten ein. Die früheste Endzeit der Vorgängertätigkeit wird jeweils als die früheste Startzeit der nächsten Tätigkeit übernommen.
  - Wenn vor einer Aktivität mehrere parallel zu verrichtende Vorgängertätigkeiten liegen, wird als früheste Startzeit für diese Nachfolgeaktivität der höchste Wert aller für die unmittelbaren Vorgängertätigkeiten errechneten frühesten Endzeitpunkte herangezogen.
  - Diese Schritte werden für jede Tätigkeit von Beginn des Netzwerks bis zu dessen Ende wiederholt.
- Die Bestimmung des spätesten Start- und des spätesten Endzeitpunktes erfolgt durch eine Rückwärtsrechnung im Netzplan.
  - Für das späteste Ende der letzten Tätigkeit trägt man den spätesten Zeitpunkt ein, zu dem das Projekt beendet werden soll (wenn kein Fertigstellungstermin extern vorgegeben ist, gilt generell, das früheste Ende, das man im Wege der Vorwärtsrechnung für die letzte zu erledigende Tätigkeit ermittelt hat, auch als spätestes Ende).

- – Vom spätesten Ende subtrahiert man die Dauer, um die späteste Start-zeit zu berechnen. Diese Berechnungen trägt man wiederum in jedem Tätigkeitsknoten ein. Die späteste Startzeit einer Tätigkeit wird jeweils der spätesten Endzeit der vorhergehenden Tätigkeit gleichgesetzt.

- – Wenn nach einer bestimmten Aktivität mehrere parallele Aktivitäten zu erledigen sind, ist bei der betreffenden Aktivität als spätestes Ende die niedrigste späteste Startzeit aller Nachfolgeaktivitäten zu übernehmen.

- – Die geschilderten Schritte wiederholt man solange, bis man sich vom Ende des Netzwerks zu dessen Anfang durchgearbeitet hat.

- Die Pufferzeitberechnung erfolgt für jede Tätigkeit durch Subtrahieren der frühesten von der spätesten Endzeit.

- Die Identifizierung des kritischen Pfades erfolgt dadurch, dass man alle Tätig-keiten, die eine Pufferzeit von Null haben, miteinander verbindet.

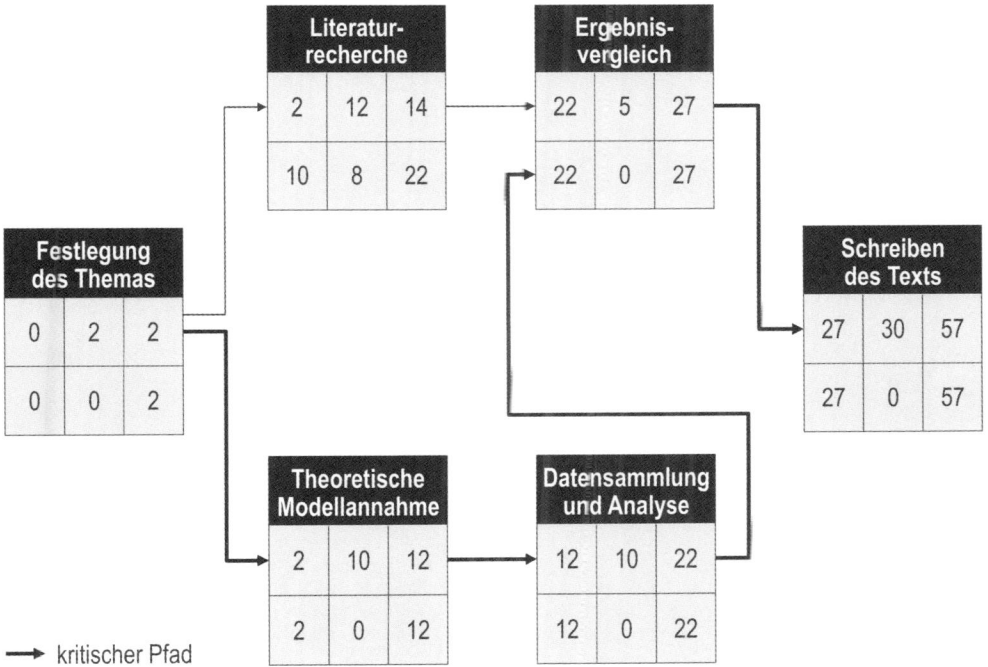

Abbildung 59: Die Berechnung des kritischen Pfades am Beispiel des Verfassens eines wissenschaftlichen Artikels

151

15. Ressourcen- und Kapazitäts-planung

Die im Rahmen der Terminplanung in ihrer zeitlichen Folge für die Realisierung eines Vorhabens vorgesehenen Vorgänge werden durch Handlungen umzusetzen sein. Hierzu ist im Vorhinein zu überlegen, welche Personen tätig werden müssen und welche Materialien und sonstigen Mittel diese Leute benötigen werden.

> Die **Kapazitätsplanung ordnet** den einzelnen Projektaktivitäten die jeweils zur Durchführung notwendigen Personal- und allenfalls auch erforderlichen Geräte-, Maschinen- und sonstigen **Kapazitäten** aufgrund von Aufwandsschätzungen **zu.** Die Kapazitätsplanung ist von der Kernfrage geleitet: Wer wird wann, wo, wie lange und womit tätig?

Aufgabe der Kapazitätsplanung ist

- einerseits die Bedarfsvorhersage,
- andererseits die Einsatzoptimierung, was durch Aufzeigen von sich abzeichnenden Engpässen und Leerläufen geschieht.

Die Kapazitätsplanung soll letztlich sicherstellen, dass benötigte Ressourcen

- in der richtigen *Art* und Qualität,
- in der richtigen *Menge*,
- zur richtigen *Zeit* und
- am richtigen *Ort zur Verfügung* stehen.

Unter Ressourcen sind Einsatzmittel zu verstehen, die verbraucht oder gebraucht werden, um ein Vorhaben zu verwirklichen. "Personal und Sachmittel, die zur Durchführung von Vorgängen, Arbeitspaketen oder Projekten benötigt werden" (DIN 69902). Ihr unzureichendes Vorhandensein kann eine wesentliche Ursache für Schwierigkeiten bei der Realisation eines Vorhabens sein. Es lassen sich verschiedene Ressourcenarten unterscheiden (vgl. Übersicht 23).

Übersicht 23: *Typologie der Ressourcenarten* (nach PATZAK und RATTAY 1998, 198)

einmalig verwendbare Ressourcen (Verbrauchsgüter)	wiederholt verwendbare Ressourcen (Gebrauchsgüter, Kapazitäten)
• Einsatzstoffe	• Betriebsstätten
• Energie	• Personen (nach Qualifikation untergliedert)
• Finanzmittel	• Betriebsmittel
• kurzlebiges projektrelevantes Wissen	• personenunabhängiges Know-how

153

„Finanzmittel" stellen ein Substitut für alle anderen Einsatzmittel dar; die Abschätzung des Finanzbedarfes und die Planung des Einsatzes monetärer Mittel erfolgt prinzipiell nach ähnlichen Methoden, wie die Kapazitäts- und Ressourcenplanung; üblicherweise wird die Finanzplanung aber als eigene, separate Sparte der Projektplanung behandelt.

Hinweise zur Erstellung des Kapazitätsplanes

Aus Praktikabilitätserwägungen empfiehlt es sich, nicht sämtliche Ressourcen im Detail zu planen, sondern sich *auf Engpassressourcen* zu *beschränken*. Solche „Engpassressourcen" sind durch

- *hohe Kosten* in der Nutzung bzw.
- stark *beschränkte Verfügbarkeit* charakterisiert.

Ein zu hoher Detaillierungsgrad der Planung verursacht einen gegenüber dem zu erwartenden Nutzen unverhältnismäßigen Aufwand und erschwert es, die Planung aktuell zu halten.

Die Planung der Ressourcen vollzieht sich in mehreren **Teilschritten**:

- Kapazitätsanalyse
    - *Bedarfsermittlung* (Was wird entsprechend der bisherigen Planungen als Personal- und Sachmitteleinsatz zu welchem Zeitpunkt benötigt?) Praktisch umgesetzt heißt das: in einfachster Form knüpft man an die Arbeitspaketbeschreibungen und die dort aufgelisteten Einzelschritte/-tätigkeiten an und bestimmt für jede Tätigkeit (Vorgang) die zur Durchführung benötigten Arbeitskräfte und -mittel. Der Einsatzmittelbedarf (EBi) eines Einsatzmittels k für die Tätigkeit bzw. den Vorgang i errechnet sich nach folgender Formel:

$$EB_i = \frac{A_{(h,i)}}{D_{(i)} \times h}$$

$A_{(h,i)}$ ... Aufwand an Einsatzmitteln für den Vorgang i gemessen in Personen- oder Maschinenstunden

$D_{(i)}$ ... Dauer des Vorgangs in Zeiteinheiten

h ... Anzahl der Arbeitsstunden bzw. Zeiteinheiten

Die Formel gilt allerdings nur unter der Voraussetzung, dass sich der Ressourceneinsatz stetig gestaltet und dass weder Unterbrechungen noch Schwankungen auftreten.

– *Ermittlung der Kapazitätsverfügbarkeit* (Welche Ressourcen sind für das Projekt disponibel? Auf welchen Vorrat kann das Projekt zurückgreifen?) Praktisch ist insbesondere festzustellen, wann welche Mitglieder des Projektteams für die Arbeit am Vorhaben wie viel Zeit erübrigen können. Zu beachten ist, dass

  o in der Regel die verfügbare Kapazität unterhalb der maximalen Kapazität liegt (bei Personal sind Urlaube, Schulungen, Krankheit etc. einzukalkulieren; bei Maschinen Wartungs- und Ausfallzeiten etc.; außerdem ist zu bedenken, dass Mitarbeiter erkleckliche Anteile ihres Zeitbudgets auch für nicht projektbezogene Tätigkeiten verwenden müssen),

  o der Ressourcenbestand und damit die Verfügbarkeit längerfristig gesehen nicht konstant ist über die Zeit (so verursacht z.B. Mitarbeiterfluktuation Sprünge).

– *Ermittlung von Kapazitätsengpässen und Überkapazitäten (*Aus der Bedarfsermittlung sind die Ressourcenansprüche und aus der Ablauf- und Terminplanung die zeitliche Lage der Vorgänge bekannt, woraus sich die Verteilung des Ressourcenbedarfes über die Zeit ergibt (Soll). Eine Gegenüberstellung mit den verfügbaren Kapazitäten (Ist) offenbart, ob und in welchen Phasen der Bedarf über respektive unter den verfügbaren Kapazitäten liegt; dabei sind freilich nicht nur quantitative Gesichtspunkte im Auge zu behalten, sondern es ist auch auf mögliche qualitative Engpässe zu achten.)

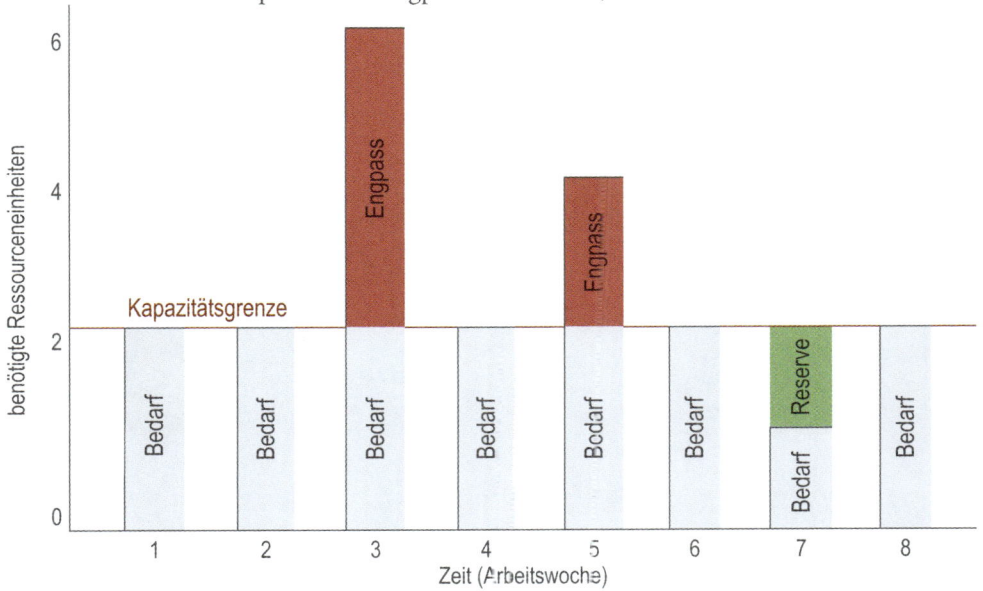

Abbildung 60: Bedarfsprofil zur Ermittlung von Kapazitätsunter- und -überdeckungen

Übersicht 24: Beispiel für einfachen Kapazitätsplan

Arbeitspaket/Vorgang		Projektmitarbeiter/ Ressource	1. Kalenderwoche			2. Kalenderwoche			...
Nr.	Bezeichnung		Bedarf [in h]	Vorrat [in h]	Saldo + / −	Bedarf [in h]	Vorrat [in h]	Saldo + / −	
1.1.	Listung Patent-analysen	Technischer Direktor Müller	15	10	− 5	10	20	− 10	
1.2.	Forschungstätig-keitenübersicht	Forschungsleiter Mayer	7	7	0	9	7	− 2	
		Forschungsassistentin Huber	20	25	+ 5	20	25	+ 5	
1.3.	Bildersammlung	Archivarin Beier	15	20	+ 5	15	10	− 5	
		Microfilmlesegerät	10	10	0				
⋮	⋮	⋮	⋮	⋮	⋮	⋮	⋮	⋮	⋮

- Kapazitätsausgleich

    Als Kapazitätsausgleich bezeichnet man den Versuch, benötigte und verfügbare Kapazitäten aufeinander abzustimmen. Ziel des Kapazitätsausgleiches ist

    – die Durchführbarkeit des Projektes aus Sicht der gegebenen Ressourcenverfügbarkeiten zu gewährleisten und

    – den Ressourceneinsatz hinsichtlich einer Kostenminimierung zu optimieren.

    Dabei wird versucht, nichtkritische Arbeitspakete aus Überlastbereichen in Bereiche mit geringerer Auslastung zu verlegen. Das ist allerdings nur dann möglich, wenn dies der Projektablauf technisch bzw. organisatorisch zulässt.

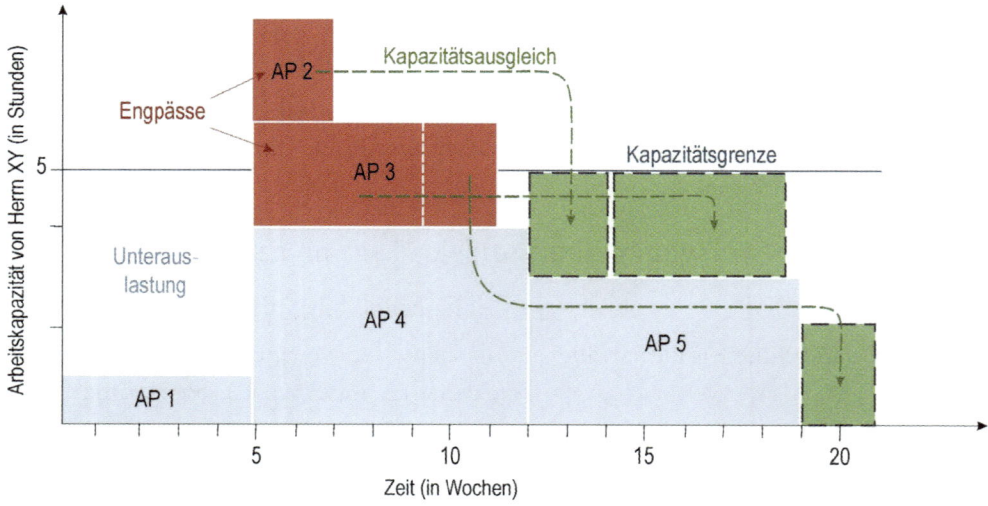

Abbildung 61: Kapazitätsplanung zur Identifikation und zum Ausgleich von Engpässen und Unterauslastungen *(nach HOFMANN 2007, 50)*

Mehrere grundsätzliche Möglichkeiten stehen zur Verfügung:

– *Ausgleich im Rahmen von Pufferzeiten:* dabei wird versucht, Vorgänge, die in einer Engpassphase liegen und über einen zeitlichen Spielraum verfügen, in eine kapazitätsmäßig weniger belastete Phase zu verschieben.

– *Abänderung der Vorgangsdauer:* In der Praxis kann es sinnvoll sein, einen Vorgang (mit Pufferzeiten) zu „strecken", das heißt, die Tätigkeitsdauer über die ursprüngliche Planung hinaus (im Rahmen dieses Puffers) zu verlängern und entsprechend den Ressourceneinsatz zu mindern; schließlich lassen sich absehbare Kapazitätsleerläufe durch „Stauchen" des Vorganges vermeiden (Verkürzung der eingeplanten Zeitdauer) (vgl. Abbildung 62).

– *Substitution:* Beseitigung des Engpasses dadurch, dass für die Erledigung des Vorganges anstelle der ursprünglich vorgesehenen Mittel Ersatzmittel mit freien Kapazitäten zum Einsatz kommen.

– *Kapazitätserweiterung:* entweder durch Fremdbezug von Leistungen oder durch Aufstockung der eigenen Kapazität.

– *Projektverlängerung:* also eine zeitliche Erstreckung der Gesamtlaufzeit, wenn die Engpässe durch die vorgenannten Möglichkeiten nicht beseitigbar sind.

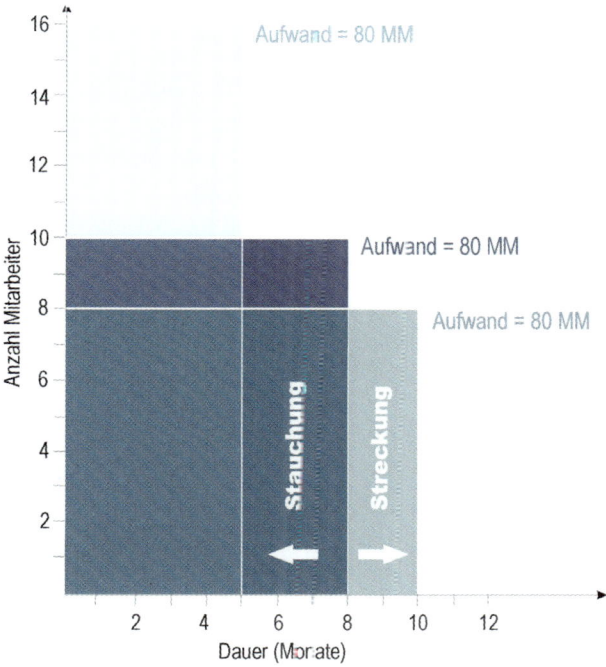

Abbildung 62: Kapazitätsausgleich durch Änderung der Vorgangsdauer
(nach BURGHARDT 2000, 265)

157

16. Kommerzielle Projektplanung

16.1. Kostenplan

Da Geld eine Schlüsselressource darstellt, die letztlich über die Verfügbarkeit der allermeisten übrigen Ressourcen entscheidet, fällt der Planung des Finanzbedarfes eine so zentrale Rolle zu, dass sie üblicherweise als eigener, separater Schritt im Projektmanagement vorgesehen ist.

Die **Kostenplanung** bringt eine kaufmännische Komponente in die Überlegungen ein. Sie **ermittelt** auf Grundlage aller bisherigen Planungsschritte die voraussichtlich für das Projekt anfallenden, **monetär** bewerteten **Aufwendungen** und **ordnet** sie den einzelnen **Vorgängen** bzw. Arbeitspaketen **zu**.

Die Kostenplanung soll

- eine klare Antwort bringen, ob sich ein Projekt lohnt und ob es sich wirtschaftlich auszahlt, das Vorhaben tatsächlich zu verwirklichen;
- Unterlagen liefern, um die finanziellen Erfordernisse abschätzen zu können, damit man darauf aufbauend im Wege der Finanz- und Budgetplanung Vorkehrungen treffen kann, sodass Liquidität genau dann und in dem Maße bereitsteht, wie sie gemäß Projektverlauf gebraucht wird;
- transparent machen
    - die Kosten jeder Schlüsseletappe bzw. jedes Arbeitspaketes,
    - wer für die Kosten verantwortlich ist (Sparpotentiale),
    - eine Cash-flow-Prognose,
    - den erhofften Projektgewinn.

Systematik der (Projekt-)Kosten

Die monetär bewerteten Aufwendungen lassen sich nach verschiedenen Kriterien systematisieren und gruppieren. Nach der **Zurechenbarkeit** ist zu unterscheiden zwischen

- eindeutig dem Projekt und einzelnen Arbeitspaketen bzw. Vorgängen zuordenbaren Kosten (*Direktkosten*) und
- Kosten, die auf das gesamte Projekt umgelegt werden müssen (*Gemeinkosten* [z.B. Administration, Infrastruktur]).

Nach **Kostenarten** ist zu unterscheiden zwischen

- *Personalkosten* (können als direkte oder indirekte Kosten ausgewiesen werden)
    - Löhne und Gehälter
    - Sozialkosten

- Erfolgsprämien
- Schulungskosten

- *Kapitaleinsatzkosten*
    - Abschreibungen (für eingesetzte Maschinen und Geräte)
    - Zinsen (inklusive kalkulatorische Zinsen für das eingesetzte Eigenkapital)
    - Mieten, Pachten
    - Steuern, Versicherungen

- *Sach- und Dienstleistungskosten* (meist direkte Kosten)
    - Reisekosten
    - Telefongebühren
    - Betreuung und Bewirtung
    - Büromaterial
    - Einsatzmaterial
    - Dienstleistungen Fremder
    - Hilfsmaterial etc.

- Für die Kalkulation *zusätzlich* zu berücksichtigende *Komponenten* sind
    - Inflation/Preissteigerungen
    - Sicherheitsrücklage/Eventualfonds (zur Bewältigung unbekannter Herausforderungen und zum Schutz vor schwer vorhersehbaren Ereignissen)

Methoden der Kostenplanung

Zur Ermittlung der Projektkosten lassen sich unterschiedliche Ansätze verfolgen:

- *Globale Kostenschätzverfahren*

    Eher pauschal orientierte Kostenschätzverfahren beabsichtigen eine rasche und einfache Grobschätzung der Projektkosten. Prinzipiell sind zuerst Schätzkriterien (Kennzahlen, Parameter) festzulegen und sodann anhand dieser Kriterien die Projektkosten pauschal zu schätzen (z.B. bei Bauvorhaben zieht man als Basis einer gesamtheitlichen Projektkostenschätzung Richtwerte für die Kosten je m³ umbauten Raumes heran; oder bei Schulungsprojekten kann sich die Kostenschätzung an der Dauer des Trainingsprogramms orientieren, indem ein Faustwert für die Kosten je Ausbildungstag eingesetzt wird). Voraussetzung solcher Verfahren ist, dass bereits ausreichend Erfahrung über adäquate Parameter gesammelt werden konnte. Vorteil: Pauschale Methoden liefern relativ schnell und mit vergleichsweise wenig Aufwand Ergebnisse. Nachteil: Solche Verfahren liefern keine taugliche Grundlage für ein begleitendes Projektkostencontrolling während der späteren Projektdurchführung und das Risiko, dass die Schätzung von den tatsächlichen Kosten abweicht, ist relativ hoch. Ferner besteht Gefahr, dass Projektbeteiligte die grob ermittelten Gesamtkostenwerte als anzustrebende Zielgröße interpretieren und keine Veranlassung zur Sparsamkeit sehen.

- *Schätzklausur*

Eine Schätzklausur verfolgt als Hauptziel, die Gesamtkosten des Vorhabens zu schätzen, wenn der Projektstrukturplan (noch) nicht detailliert vorliegt oder wenn der Aufwand für eine Detailkalkulation unangemessen hoch ausfiele.

Der Ablauf einer Schätzklausur gestaltet sich in mehreren Schritten:

- Das Projektteam tritt unter der Leitung eines kaufmännisch versierten Moderators zusammen.

- Jedes einzelne Arbeitspaket wird vom jeweils verantwortlichen Teammitglied erläutert, damit alle Anwesenden eine klare Vorstellung von den im Arbeitspaket zu bewältigenden Aufgaben vermittelt bekommen.

- Der Moderator fordert alle Beteiligten auf, gleichzeitig auf Karten eine Bedarfsschätzung abzugeben (z.B. wie viele Mitarbeiterwochen mit welchem Qualifikationsniveau zur Abarbeitung benötigt werden).

- Aus den Einzelschätzungen wird der Mittelwert als Gesamtschätzwert errechnet.

- Die Mengenschätzungen werden dann von einem Kaufmann in Kostenwerte umgerechnet.

- Bei weit auseinander liegenden Einzelschätzungen fordert der Moderator denjenigen, der den höchsten und jenen, der den niedrigsten Wert geschätzt hat, auf, die Gründe für ihre Annahmen darzulegen. Nach dieser Diskussion wird die allgemeine Schätzung wiederholt.

- Bleiben große Differenzen in den Schätzungen, sollte man Einzelschätzwerte nicht einfach durch Errechnung eines Durchschnittswertes zusammenfassen, sondern sich an den Vorstellungen der Arbeitspaketverantwortlicher orientieren (außer dieser schätzt extrem hoch und kann dafür keine überzeugende Begründung liefern).

- *Analytische Kostenermittlung*

Die analytische Kostenermittlung verfolgt zweierlei Ziele:

- Sie hat detailliertere Grundlagen für die Kalkulation und Budgetierung des Projektes zu liefern.

- Sie hat als Basis für das Kostencontrolling zu dienen, indem sie die Plankosten festlegt.

Das Procedere der analytischen Kostenermittlung umfasst mehrere Schritte:

– Eine differenziertere Kostenplanung baut auf die systematische und vollständige Aufgabengliederung im Projektstrukturplan auf, wobei eine ausreichend definierte Leistungsspezifikation sicherzustellen ist.

– Sodann folgt eine Feststellung der für das Projekt einzusetzenden Kostenarten mit klarer Zuordnung der Kosten zu den einzelnen Arbeitspaketen (das heißt, für jede einzelne Aufgabe bzw. Tätigkeit ist zu bestimmen, welche Arten von Kosten in welcher Höhe anfallen werden). Die einschlägigen Daten lassen sich in einem Kostentableau übersichtlich zusammenfassen.

Vorgänge	Kostenarten (Kosten für ...)				Summe
	Personal	Material	Betriebsmittel	Sonstiges	
Vorgang 1 Vorgang 2 ... Vorgang n					Σ je Vorgang
	Σ	Σ	Σ	Σ	Gesamt Σ
			je Kostenart		

Abbildung 63: Beispiel für ein vereinfachtes Kostentableau

Die nach Arbeitspaketen bzw. Vorgängen strukturierte Auflistung ist Voraussetzung, um in der Umsetzungsphase des Vorhabens Kostenüberschreitungen möglichst früh erkennen zu können.

– Schließlich ist eine Zusammenfassung aller Kosten durch Zuordnung von Gemeinkosten vorzunehmen.

– Ermittlung der zeitlichen Verteilung des Kostenanfalles für die Projektdauer (als Grundlage für einen projektbezogenen Finanzierungsplan und für das Projektcontrolling).

Praktische Hinweise zur Kostenplanung

▪ Der Genauigkeitsgrad der Kostenplanung sollte mit dem Projektverlauf zunehmen.

▪ Man sollte einen adäquaten Detaillierungsgrad wählen – nach dem Motto: So detailliert wie nötig und so grob wie möglich. Eine zu grobe Kostenplanung erschwert die finanzielle Steuerung, eine zu genaue bläht die Projektadministration auf.

▪ Man sollte sämtliche Kosten berücksichtigen (z.B. auch interne Personalkosten etc.).

- Es empfiehlt sich, auf eine Entsprechung von Kostengliederung und Projektgliederung zu achten (d.h. die Kalkulation und der Strukturplan sollten einander entsprechen).

- Man sollte auf eine Vorgabe der Leistungsgliederung für Subauftragnehmer achten: Erbringer von Fremdleistungen sind anzuhalten, ihr Anbot so zu strukturieren, dass es mit der Projektstruktur zusammenpasst.

- Plankosten und Ist-Kostengliederung sollten übereinstimmen (das impliziert einen Abgleich der Struktur für die Vorauskalkulation mit dem Aufbau einer allenfalls etablierten Kostenrechnung).

16.2. Finanzplan

Der **Finanzplan** ist ein Dokument, welches den geplanten Verlauf der *Gesamtzahlungen* des Projektes *über die Zeit* zeigt. Er hat Auskunft darüber zu geben, zu welchen Zeitpunkten Zahlungsmittel bereit stehen müssen, damit eine ordnungsgemäße Projektabwicklung möglich wird; er kann als Grundlage für Zahlungsvereinbarungen und der Liquiditätssicherung dienen.

Im Unterschied zum Kostenplan, welcher eine rein aufwandsorientierte Betrachtung darstellt, kommt beim Finanzplan auch eine ertragsseitige Komponente ins Spiel. Denn der Finanzplan berücksichtigt neben den zu tätigenden Ausgaben auch, wann welche Einnahmen fließen sollen; er nimmt also auch Zahlungseingänge mit ins Kalkül.

- Vorab gilt es zu klären, inwieweit Kosten und Zahlungen identisch sind.

- Was die *Zahlungswirksamkeit* von Kosten betrifft, lassen sich folgende Fälle unterscheiden:

  - Kosten führen in gleicher Höhe zu Zahlungen (z.B. Personalaufwendungen für angestellte Mitarbeiter)

  - Kosten sind höher als die entsprechenden Zahlungen (z.B. Mitnutzung von bereits im Betrieb vorhandenen Betriebsmitteln)

  - Kosten sind niedriger als die entsprechenden Zahlungen, da sie anders bewertet werden (z.B. Investition anlässlich eines Projektes, die aber über die Projektlaufzeit hinaus im Betrieb genutzt wird)

  - Kosten werden zusätzlich kalkuliert, ohne dass sie zu Zahlungen führen

  - Zahlungen, die nicht zu Kosten führen (z.B. Sicherheitszahlungen für Garantieleistungen, Spenden).

- Aus der Gesamtsumme der während eines bestimmten Zeitraumes anfallenden Auszahlungen ergibt sich der Zahlungsbedarf für die jeweilige Zahlungsperiode. Dieser Bedarf ist der jeweiligen Verfügbarkeit monetärer Mittel gegenüberzustellen.

Ein Finanzplan lässt sich in tabellarischer Form erstellen (vgl. Abbildung 64).

Zahlungsgrund	Zeit-punkt	Einzahlung (in 1.000 €)		Auszahlung (in 1.000 €)		Saldo
		absolut	kumuliert	absolut	kumuliert	Einzahlungen kumuliert & Auszahlungen kumuliert
1. Rate Akontozahlung des Auftraggebers	1.10.	60	60		0	60
Gehälter Projektmitarbeiter	31.10.		60	25	25	35
Anschaffung Spezialgerät	15.11.		60	5	30	30
Gehälter Projektmitarbeiter	30.11.		60	25	55	5
Materialeinkauf	10.12.		60	2	57	3
2. Rate Akontozahlung des Auftraggebers	15.12.	70	130		57	73
⋮	⋮	⋮	⋮	⋮	⋮	⋮

Abbildung 64: Beispiel für das Schema eines Projektfinanzplanes

Der Finanzplan lässt im Vorhinein erkennen, wann im Projekt Liquiditätsengpässe drohen (vgl. auch graphische Darstellung in Abbildung 65), sodass rechtzeitig Gegen-maßnahmen erwogen und ergriffen werden können. Zur Abwehr einer absehbaren Zah-lungsunfähigkeit könnte man entweder mit dem Auftraggeber über Höhe und Zeit-punkt von Akontozahlungen nochmals verhandeln oder mit Lieferanten entsprechende Zahlungsziele vereinbaren respektive sich von anderen Finanziers (etwa Banken, Spon-soren) Kredite bzw. Zuwendungen einräumen lassen.

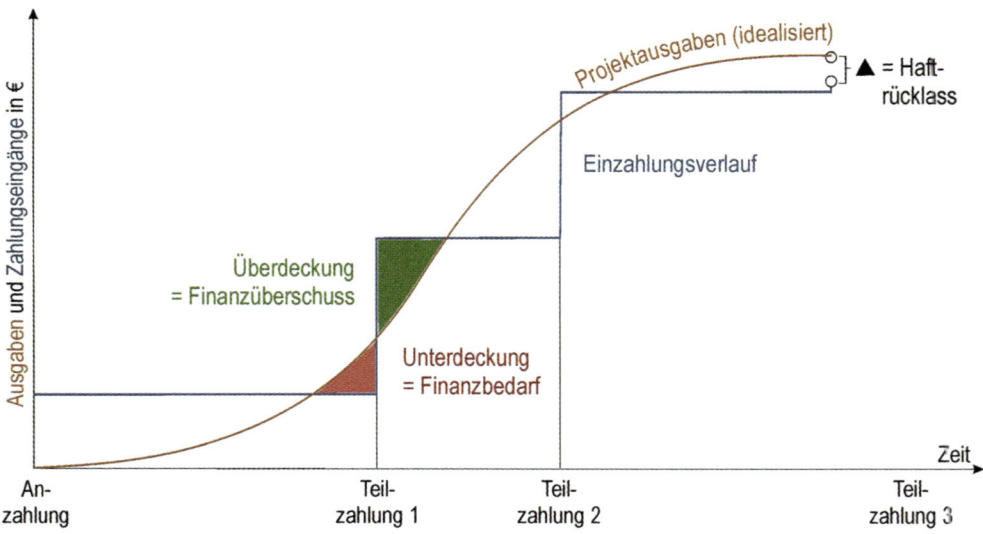

Abbildung 65: Schematische Darstellung eines Finanzplans (PATZAK und RATTAY 1998, 221)

16.3. Budgetplan

> Ein **Projektbudgetplan** ist ein Dokument, welches transparent macht, wem wann wofür wie viele Zahlungsmittel zur Verfügung zu stellen sind, damit alle anfallenden Aufgaben ordnungsgemäß und termintreu erledigt werden können.

Der Budgetplan ist als Übergang von der Planung zur Vorgabe für die Durchführung zu verstehen.

Mit einem Budgetplan werden

- einer organisatorischen Einheit
- für die Erledigung der ihr übertragenen Aufgaben
- bestimmte (Finanz-)Mittel
- für einen bestimmten Zeitraum

in Aussicht gestellt.

Der Budgetplan macht also transparent, wer wann welche Finanzmittel zur Verfügung gestellt bekommen soll, um seine Aufgaben erledigen und seine Beiträge zum Gelingen des Projektes klaglos leisten zu können.

Sowohl beim Finanzplan als auch beim Budgetplan ist darauf zu achten, dass nicht nur summarisch geschaut wird, ob sich das Vorhaben bzw. die einzelnen Arbeiten finanziell ausgehen, sondern dass auch der zeitliche Verlauf, wann Zahlungen fällig werden, entsprechend beachtet wird.

Eine Missachtung der terminlichen Tangente von Zahlungen kann beachtliche Konsequenzen im Sinne von unnötigen Zusatzkosten nach sich ziehen. Dies sei an einem Beispiel erläutert: Ermittelt man im Rahmen der Budgetplanung für einen Projektmitarbeiter, der ein größeres Arbeitspaket mit längerer Bearbeitungszeit zu verantworten hat, rein summarisch einen Gesamtbetrag, könnte man sich genötigt sehen, ihm diesen zur Gänze zu Beginn des Arbeitspakets zuzuweisen. Wenn die Summe nicht aus Eigenmitteln bestritten werden kann, müsste sie als Kredit aufgenommen werden, wofür als zusätzliche Kosten Zinsen zu zahlen sind. Benötigt der Projektmitarbeiter den Gutteil des Geldes aber erst gegen Ende der Bearbeitungszeit des Arbeitspakets, sind über geraume Zeit Fremdkapitalzinsen völlig unnötigerweise zu berappen. Vor allem bei größeren (Aus)Zahlungspositionen ist daher auch dem vermutlichen Fälligkeitszeitpunkt entsprechende Aufmerksamkeit zu widmen.

Verantwortlicher	AP	Tätigkeit	Zahlungs-gegenstand	Zeit	Zahlung
Mitarbeiter X	AP1 (Einladungen)	Layout erstellen	Externer Grafiker	März 2015	500 €
		Einladungen drucken	Druckerei	April 2015	300 €
Mitarbeiter Y	AP2 (Räumlichkeiten organisieren)	Räumlichkeiten suchen	Fahrtkosten	März 2015	100 €
		Räumlichkeiten mieten	Saalmiete	Juni 2015	2.000 €
		Räumlichkeiten säubern	Putzdienst	Juli 2015	200 €
⋮	⋮	⋮	⋮	⋮	⋮

Abbildung 66: Schematisches Beispiels eines Projektbudgetplanes

Die wesentlichen Unterschiede der verschiedenen Arten von kommerziellen Projektplänen im Vergleich zeigt Übersicht 25.

Übersicht 25: Die kommerziellen Pläne im Vergleich

	Kostenplanung	Finanzplanung	Budgetplanung
Ziele	• Ausloten von Sparpotentialen • Basis für Offertlegung • Grundlagen für Rentabilitätsermittlung	• Sicherstellen von Liquidität • Optimierung von Zahlungskonditionen • Identifikation von Kreditnotwendigkeiten	• Interne Mitteldistribution • Festlegung indiviqueller Dispostionsrahmen
expliziter Zeitbezug	nein	ja	ja
expliziter Personenbezug	nein	nein	ja
erfasste Größen	alle Aufwendungen monetär bewertet (unabhängig von deren Zahlungswirksamkeit)	alle Ein- und Auszahlungen	spezielle Zahlungen

17. Projektplanungsoptimierung

Mit jedem neuen Planungsschritt entstehen Ergänzungen und konkretere Vorstellungen, die eine Überarbeitung und Korrektur bereits erstellter Pläne notwendig machen können, um solcherart zusätzlich erkennbaren Restriktionen Rechnung zu tragen. Für die Überarbeitung bieten sich meist mehrere Wege an, sodass sich Alternativplanungen ergeben.

Außerdem hängen vor allem die Terminplanung, die Kapazitäts- und Kostenplanung stark voneinander ab (vgl. Abbildung 67), weil etwa ein vermehrter Ressourceneinsatz zwar beschleunigend wirkt, die Kosten gleichzeitig jedoch steigert.

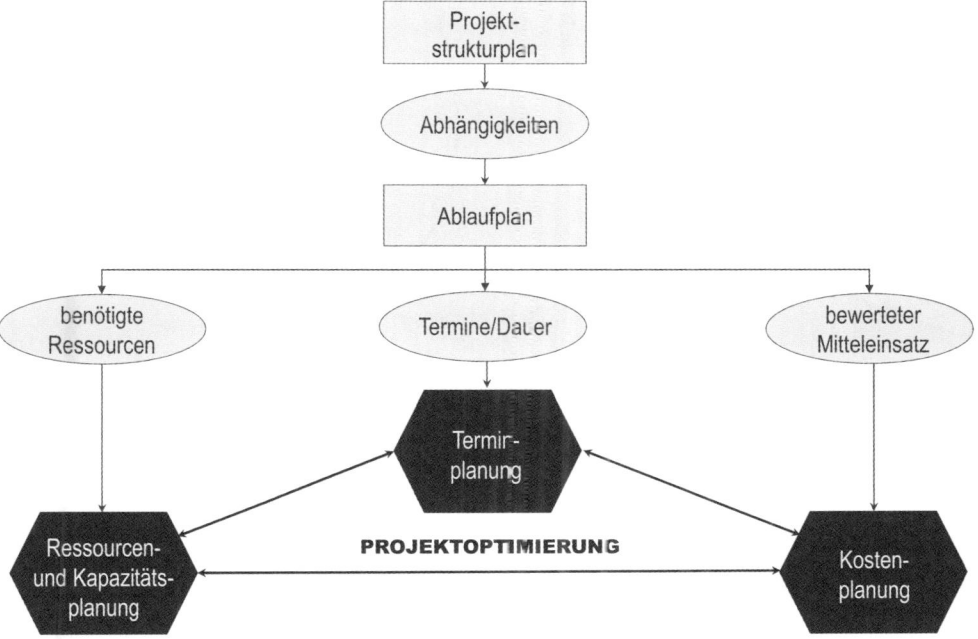

Abbildung 67: Wechselseitige Abhängigkeiten von Projektplänen als Ansatzpunkt für Optimierungen

Hat ein frühes Projektende absolute Priorität, wird man nicht auf die Kosten achten. In diesem Fall können zusätzliche Kapazitäten eingesetzt werden – selbst wenn sie die Kosten nach oben treiben. Spielt dagegen die Zeit keine Rolle, wird man die Kapazitäten so planen können, dass man mit einem Minimum an Kosten auskommt. Grundsätzlich steht man daher vor der Herausforderung, die diversen Pläne so aufeinander abzustimmen, dass sich für die gegebene Situation ein Gesamtoptimum ergibt.

> Unter **Optimierungstechniken** ist die Gesamtheit von Vorgehensweisen und unterstützenden Verfahren zur Ermittlung der jeweils besten Lösungsvariante zu verstehen.

Die Kunst der Planung besteht u.a. darin, von den zahlreichen möglichen Alternativen jene zu finden, die insgesamt das beste Ergebnis verspricht. In diesem Sinne ergibt sich in der Praxis häufig ein zyklisches Vorgehen in der Planung (vgl. Abbildung 66).

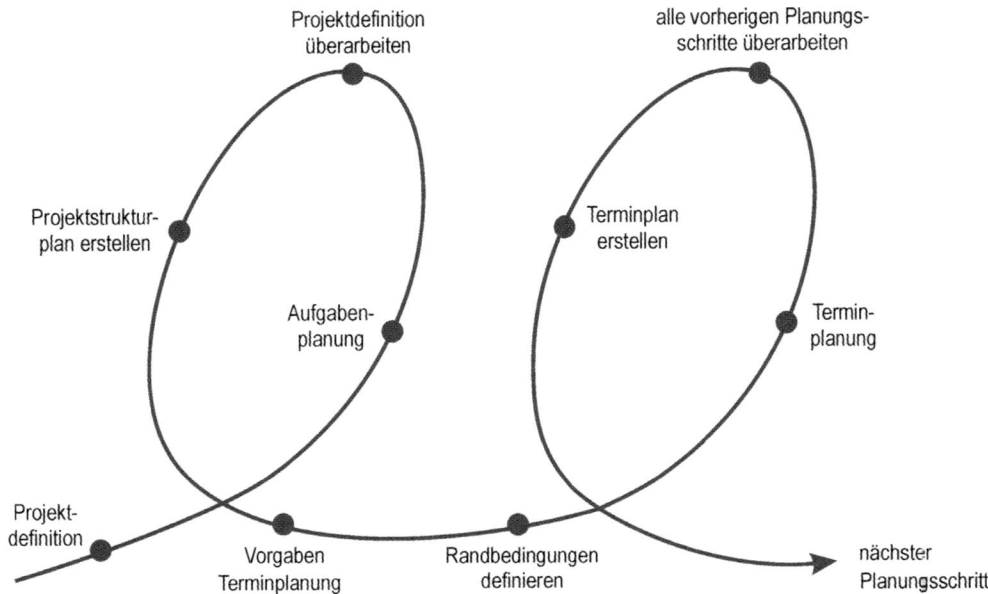

Abbildung 68: Zyklisches Vorgehen in der Planung (PATZAK und RATTAY 1998, 228)

Die Auswahl der insgesamt günstigsten Variante, die dann Vorgabe für die Projektdurchführung sein soll, kann erfolgen nach

- systematischen Optimierungsrechnungen (Simulationsverfahren, Lineare Programmierung etc.),

- heuristischen Faustregeln (nutzt man vor allem bei großen oder/und starken Veränderungen unterworfenen Projekten, bei denen es zu lange dauern würde, alle Optionen zu prüfen, um die beste zu wählen). Solche Regeln geben beispielsweise an, welche ressourcenbeanspruchenden Aktivitäten zuerst zu erledigen sind; sie zeigen etwa betreffend vorrangig zu erledigender Vorgänge:

  - solche, die auf dem kritischen Pfad liegen,

  - solche, die den Vorgängen am kritischen Pfad vorausgehen,

  - die die höchsten Ressourcenanforderungen stellen,

  - die am wenigsten Zeit beanspruchen.

Zu denjenigen Optimierungsherausforderungen, die sich generell im Zuge der Projektplanung stellen, gehört auch die Wahl eines adäquaten Detaillierungsgrades. Grundsätzlich verursacht die Planung Aufwand. Dieser wächst mit steigendem Detaillierungsgrad zum Teil sogar überproportional. Zu genaue Planung verursacht deshalb unter Umständen unnötige Kosten und macht das gesamte Handling des Projektes schwerfällig. Andererseits hat eine zu grobe Planung ebenfalls Folgekosten: Wenn etwa Dinge doppelt und dreifach in Angriff genommen werden müssen, weil die Reihenfolge der Arbeiten zuvor nicht wohl überlegt war, dann ist dafür im wahrsten Sinne des Wortes Lehrgeld zu zahlen. Als heuristisches Motto, an dem sich die Planung orientieren könnte, gilt: So detailliert wie nötig und so grob wie möglich.

Gemäß der sogenannten 80-20-Regel kann man den Detaillierungsgrad innerhalb der Projektpläne auch variabel gestalten. Genauer bearbeitet man nur jene Arbeitspakete bzw. Kostenverursacher, die besondere Bedeutung für den Projekterfolg besitzen. In der Regel handelt es sich dabei um besonders teure, schwer einschätzbare oder besonders risikobehaftete Arbeitspakete respektive Vorgänge. Die übrigen plant man gröber. Erfahrungsgemäß lassen sich bei einer derart differenzierenden Strategie 80 % der Kostensumme mit 20 % jener Kalkulationszeiten bzw. jener Planungsaufwendungen erfassen, die sich ergäben, wenn man das gesamte Vorhaben in einem einheitlichen, relativ höheren Detaillierungsgrad plant.

Zusammenfassung

☑ Bei der Projektplanung sind folgende Gesichtspunkte zu bedenken:

- zunächst inhaltliche (was im Detail zu tun sein wird, welche Abhängigkeiten zwischen den Arbeiten deren Reihenfolge bestimmen),

- sodann zeitliche (wann Aktivitäten zu beginnen bzw. abzuschließen sein werden) und

- schließlich ressourcenmäßige (welches Personal mit welchen Anlagen und Mitteln das Vorhaben realisieren und wie viel das kosten wird).

☑ Eine Übersicht aller Arbeiten gewinnt man im Projektstrukturplan, indem grobe Aufgabenbereiche in Arbeitspakete zerlegt oder Einzeltätigkeiten zu Arbeitspaketen zusammengefasst werden, was jeweils objekt-, funktions-, phasen- oder gemischtorientiert geschehen kann.

☑ Aus einer Schnittstellenanalyse, die offenlegt, bei welchem Arbeitspaket welcher Output anderer Arbeitspakete als Input benötigt wird (wo also technische oder organisatorische Abhängigkeiten bestehen), resultiert eine zweckmäßige Reihenfolge der Arbeiten, welche der Projektablaufplan darstellt.

☑ Start- und Fertigstellungszeitpunkte ergeben sich aus der Abfolge und der geschätzten Dauer der Arbeiten und lassen sich über Terminliste, Balken- oder Netzplan ermitteln.

☑ Der Personal- und Sachmittelbedarf ist aus den Arbeitspaketbeschreibungen abzuleiten und mit den vorhandenen Kapazitäten im Rahmen der Ressourcen- und Kapazitätsplanung so abzugleichen, dass eine entsprechende Auslastung (ohne Über- oder Unterbeanspruchung) gewährleistet ist.

☑ Die Projektkosten errechnen sich als Summe aller monetär bewerteten Personal-, Sachmittel- sowie Kapitalaufwendungen.

Kontrollaufgaben

6.1. Das Wonder-Wheat-Projekt hat den probeweisen Anbau von gentechnisch modifiziertem Weizen zum Inhalt. Nachstehende Tabelle gibt an, welche Arbeitspakete vorgesehen sind, welche Schnittstellen zwischen den Arbeitspaketen bestehen und wie lange die Arbeitspakete jeweils schätzungsweise dauern.

AP Nr.	Arbeitspaket-bezeichnung	Schnittstellen		Dauer (Wochen)
		erhält von AP Nr.	liefert an AP Nr.	
1	Versuchsplanung		Flächenbedarf und Anforderungsprofil an Flächen (AP2); GMO-Saatgutbedarf (AP3); Vergleichssaatgutbedarf (AP4)	12
2	Flächenauswahl	Flächenbedarf und Anforderungsprofil (AP1)	Anbauparzelleneinteilung (AP5)	3
3	GMO-Testsaat-gutbereitstellung	GMO-Saatgutbedarf (AP1)	gebeiztes Testsaatgut (AP6)	7
4	Vergleichssaat-gutbeschaffung	Vergleichssaatgutbedarf (AP1)	gebeiztes Vergleichssaatgut (AP6)	2
5	Saatbettbereitung	Anbauparzelleneinteilung (AP2)	Aussaatbereite Fläche (AP 6)	2
6	Anbau	Pflanzbereite Fläche (AP5); gebeiztes Testsaatgut (AP3); gebeiztes Vergleichssaatgut (AP4)	Pflanzenbestand (AP7); Ausbringungsfläche (AP8); Standort für Messgeräte (AP9)	1
7	Pflanzenbe-standsbeobachtung	Pflanzenbestand (AP6)	Beobachtungsreports (AP14)	24
8	Pflanzenschutz und Düngung	Ausbringungsfläche (AP6)	Erntereifer Bestand (AP10)	20
9	Messstationen betreiben	Standort für Messgeräte (AP6)	Messwertdateien (AP14)	23
10	Weizenernte	Erntereifer Bestand (AP8)	Erntegut (AP11 und AP12)	1
11	Sortieren, Wiegen, Bonitieren	Erntegut (AP10)	Klassifikationsdaten (AP14)	2
12	Stichprobenziehung	Erntegut (AP10)	Analysematerial (AP 13)	1
13	Laboruntersuchungen	Analysematerial (AP12)	Analysedaten (AP14)	19
14	Versuchsauswertung	Beobachtungsreports (AP7); Messwertdateien (AP9); Klassifikationsdaten (AP 11); Analysedaten (AP13)		15

a) Halten Sie die gewählte Skalierung für die Dauer der Arbeitspakete für angemessen? – Bitte begründen Sie Ihre Einschätzung.

b) Welche Pufferzeit errechnet sich für das Arbeitspaket Nr. 4 Vergleichssaatgutbeschaffung und was bedeutet dieser Wert?

c) Wann ist frühestens mit der Fertigstellung des Wonder-Wheat-Projekts zu rechnen?

6.2. Im Dorf tut sich eine Gruppe von Direktvermarktern zusammen, um einen Tag der offenen Hoftüre zu veranstalten. Einer der Landwirte hat folgenden Projektstrukturplan erstellt:

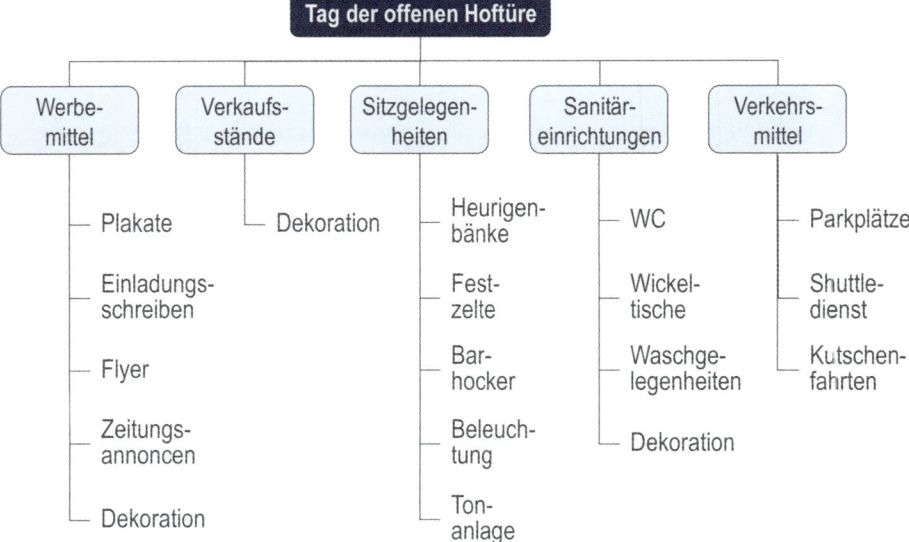

a) Beurteilen Sie bitte die Qualität des vorliegenden Projektstrukturplanes und geben Sie an, nach welchem Gliederungsprinzip dieser erstellt wurde.

b) Erstellen Sie einen Alternativvorschlag für das Projekt „Tag der offenen Hoftüre" in Gestalt eines phasenorientierten, in Listenform gehaltenen Projektstrukturplanes.

6.3. Im Rahmen des Pear-Consulting-Projektes soll eine Beratungsbroschüre für Birnenbauern gedruckt werden. Ihnen liegt folgender Auszug aus der Projektplanung vor:

| AP-Bezeichnung: | Drucklegung | Projekt Nr.: | 08-15 |
| Verantwortlicher : | Sepp Supermann | Projekttitel: | Pear Consulting |

Zeitpunkt	Zahlungsgrund	Betrag (in €)
1. Juli 2015	Anzahlung Graphiker für Layout	4.000,-
1. August 2015	Schlusszahlung Graphiker für Layout	10.000,-
1. September 2015	Vervielfältigung Druckerei	7.000,-
15. September 2015	Buchbinderei	2.500,-
30. September 2015	Paketdienst für Auslieferung	1.200,-

a) Um welchen Teil der kommerziellen Projektplanung handelt es sich bei obigem Beispiel, welche anderen kaufmännischen Projektpläne gibt es außerdem noch?

b) Welche Zielstellung verfolgen die einzelnen kaufmännischen Projektpläne jeweils und wodurch unterscheiden sich die verschiedenen kaufmännischen Pläne voneinander?

c) Wann und für welche Zwecke greift man nach der Projektplanung auf die kaufmännischen Projektpläne zurück?

6.4. Für das Arti-Fruit-Projekt, bei dem es um die Markteinführung artifizieller Fruchtpasten geht, liegt Ihnen folgender Ausschnitt eines Projektplanes vor:

Position	Datum	Ausgaben in 1.000.- €		Einnahmen in 1.000,- €		Saldo kumulierter Ausgaben und Einnahmen
		Absolut	Kumuliert	Absolut	Kumuliert	
Akontozahlung des Auftraggebers	15. 7.			100	100	+ 100
Ankauf spezieller Rühr- und Mahlwerke	20.7.	40	40			+ 60
Beschaffung Probe-verpackungen	25. 7.	15	55			+ 45
Fruchteinkauf	1. 8.	10	65			+ 35
Zucker	2. 8.	1	66			+ 34
Hilfsstoffe	2. 8.	3	69			+ 31
Honorar Marktforschungs-institut für Testfragebogen	2. 8.	20	89			+ 11
Spedition Auslieferung Probeprodukte	4. 8.	20	109			– 9
Honorarzahlungen Werkverträge Testverkäufer	6. 8.	35	144			– 44
Erlöse Testverkäufe	8. 8.			20	120	– 24
Honorar für Auswertung Testfragebögen	1. 9.	40	184			– 64

a) Aus welcher Art von Projektplan stammt dieser Ausschnitt und wozu dient diese Art von Projektplan?

b) Beurteilen Sie den vorliegenden Planausschnitt im Hinblick auf allfällige kritische Punkte, benennen Sie diese und geben Sie Empfehlungen ab, wie man auf diese reagieren könnte.

c) Aus welchen anderen Teilen der Projektplanung sind welche Angaben für den gegenständlichen Projektplan zu entnehmen und welche Daten sind ausschließlich in diesem Plan ersichtlich?

6.5. Im Rahmen des Jubel-Print-Projektes plant der Cracy-Mondial-Konzern eine repräsentative Werbebroschüre zu publizieren. Der fix beim Konzern angestellte Francis Funny ist für das Anfang Mai 2015 startende Arbeitspaket „Drucklegung" verantwortlich. Während der ersten beiden Monate hat er Manuskripte, Tabellen, Graphiken und Fotos zusammenzutragen und druckreif herzurichten. Für seine Arbeit wären Lohnkosten in Höhe von insgesamt 7.800,- € zu kalkulieren. Zu den Aufgaben von Herrn Funny gehört es ferner, einen externen Graphiker zu engagieren, der das endgültige Layout erstellen soll. Bei der Auftragserteilung, welche für Beginn des dritten Monats der Arbeitspaketbearbeitung vorgesehen ist, werden rd. 2.000,- € sowie nach Abschluss der ca. einen Monat dauernden Layoutierungsarbeiten weitere 4.000,- € an den Graphiker zu zahlen sein. Anschließend ist eine Druckerei mit der etwa einen halben Monat beanspruchenden Vervielfältigung zu befassen, wofür etwa 5.000,- € spätestens zwei Wochen nach Lieferung der bedruckten Bögen zu begleichen sein werden. Danach sorgt eine Buchbinderei für die Fertigstellung der Broschüren, wofür diese ebenfalls zwei Wochen und einen sofort nach Lieferung zahlbaren Betrag von 2.500,- € veranschlagt.

173

a) Wodurch unterscheiden sich Kosten-, Finanz- und Budgetplan voneinander?

b) Erstellen Sie gestützt auf die obigen Angaben jenen Ausschnitt eines Budgetplanes, der das Arbeitspaket „Drucklegung" des Jubel-Print-Projektes betrifft.

6.6. Ihnen liegt für das Frigo-Cake-Projekt, bei dem es um die Markteinführung neuer Tiefkühlfruchttorten geht, folgender Ausschnitt eines Projektplanes vor:

Frigo-Cake	
1. Maschinen	**3. Packung**
1.1. Mahlwerk	3.1. Folie
1.2. Rührwerk	3.2. Karton
1.3. Backofen	3.3. Überkarton
1.4. Packanlage	3.4. Schrumpffolie
1.5. Kühlaggregat	
1.6. Füllanlage	
2. Rohstoff	**4. PR-Material**
2.1. Mehl	4.1. Flyer
2.2. Zucker	4.2. Videoclip
2.3. Fett	4.3. Präsentationsstände
2.4. Fruchtpulpe	
2.5. Joghurt	
2.6. Backtriebmittel	

a) Aus welcher Art von Projektplan stammt dieser Ausschnitt und nach welchem Prinzip wurde er erstellt?

b) Welche anderen Prinzipien zur Erstellung eines derartigen Projektplanes sind gebräuchlich und was sind deren jeweilige Vor- bzw. Nachteile?

c) Wofür dient ein derartiger Projektplan und welcher Zusammenhang besteht zwischen diesem Plan und der Definition des Projektauftrages?

6.7. Die Firma Prospero AG möchte vermehrt die Vorzüge des Projektmanagements nutzen. Zur Unterstützung der MitarbeiterInnen soll ein Handbuch mit Checklisten für einzelne Teile der Projektbearbeitung entstehen. Sie sollen als Beitrag für dieses Handbuch eine Checkliste zur Ressourcen- und Kapazitätsplanung erstellen.

6.8. Die PlantoSan AG ist ein in der Entwicklung und Erzeugung von Pflanzenschutz- und Düngemitteln international tätiges Unternehmen, das neben einer Forschungs- und Entwicklungsabteilung auch Abteilungen für Einkauf, Marketing, Finanzen, Controlling, Personal, Technik und Produktion, Kundenberatung sowie Logistik besitzt. Die Firma will ein in der Applikation besonders einfach zu handhabendes, neuartiges Kombinationspräparat aus Spezialdünger und systemischen Wirkstoffen für Gladiolen entwickeln und auf den Markt bringen.

a) Welche zu diesem Vorhaben gehörigen Dokumente sollten bereits zur Verfügung stehen, damit Sie an die Erstellung eines Projektstrukturplanes schreiten können?

b) Entwerfen Sie bitte in groben Zügen für das geschilderte Vorhaben der PlantoSan AG einen funktionsorientierten Projektstrukturplan.

6.9. Entwerfen Sie eine universell einsetzbare Checkliste zur Beurteilung der Güte einer Arbeitspaketbeschreibung.

Leitfragen

- Was ist bei der Realisierung eines durchgeplanten Projektes zu beachten?

- Wie lässt sich das Engagement für das Projekt fördern?

- Was ist zu tun, wenn Spannungen während der Projektarbeit auftreten?

- Woran bzw. wodurch merkt man, wenn in der Projektdurch-führung etwas schief läuft?

- Wann und wie ist auf Fehlentwicklungen im Projekt zu reagieren?

- Warum sind welche Aufzeichnungen über das Projekt zu führen?

Lehr- und Lernziele

- Symptome für kritische Situationen während des Projektverlaufes richtig erkennen können und zu adäquaten Reaktionen fähig sein

- Zehn Kernelemente eines Statusreports kennen, um eigenständig aussagekräftige Fortschrittsberichte sowohl abfassen als auch kritisch prüfen zu können

- Wenigstens je sieben Motivatoren und arbeitsmotivationssteuernde Instrumente für einen situationsadäquaten Einsatz beherrschen

- Aufbau sowie À-jour-Halten einer Projektdokumentation organisieren können

18. Projektdurchführung im Überblick

Noch so gute Pläne nutzen wenig, wenn sie keine oder nur unzureichende Umsetzung erfahren.

> Als **Durchführung** bezeichnet man jene Phase in der Projektarbeit, in der **Zielrealisierung betrieben** wird. In der Durchführungsphase werden die verschiedenen Ressourcen eingesetzt, um die Absichten des Vorhabens zu verwirklichen.

Die verschiedenen Projektpläne liefern den Rahmen und die Vorgaben, nach denen das so genannte „operative Projektmanagement" zu erfolgen hat.

Bei der Durchführung steht die praktische Umsetzung von zuvor gefassten Plänen im Vordergrund. Dabei ist auf unvorhersehbare Ereignisse und eine Fülle kleiner Störungen und Unzulänglichkeiten im Alltag zu reagieren. Vom operativen Projektmanagement wird daher in gleicher Weise

- das Einhalten der Pläne und
- die Kunst der Improvisation gefordert.

Das operative Projektmanagement muss sein Handeln in hohem Maße auf die konkrete Tätigkeit vor Ort beziehen und die ursprünglichen Pläne im Auge behalten, sowie diese nötigenfalls auch revidieren. (Für Planrevisionen gilt, dass nicht jede Kleinigkeit zum Anlass genommen werden sollte, Pläne zu überarbeiten, weil sonst der Überarbeitungsaufwand den Blick fürs Wesentliche verstellt, es empfiehlt sich vielmehr getreu dem Motto: „Lieber ungefähr richtig als genau falsch" vorzugehen). Das operative Projektmanagement sollte Kreativität entwickeln, um bei Störungen und auftretenden Schwierigkeiten phantasievolle Wege zu finden, das vorgegebene Handlungsziel, den Kostenrahmen und Terminvorgaben dennoch so weit als möglich einzuhalten.

Im Rahmen der Projektdurchführung sind wahrzunehmen:

- Anleitungs- und Steuerungsaufgaben
    - Führung und Motivation
    - Kommunikation
    - Konfliktlösung
    - Überwachung des Projektverlaufes
    - Koordination
- Kontrollaufgaben
    - Projekt-Controlling
    - Korrekturen und Verbesserungsmaßnahmen
    - Erfolgsfeststellung
- Projektabschluss und Nachbereitung

Im Rahmen der Projektdurchführung werden mehrfach Phasen der Ausführung, der Kontrolle, der Steuerung und der Planrevision durchlaufen, sodass sich das gesamte Abarbeiten eines Projektes als zyklischer respektive spiralenförmiger Prozess darstellen lässt (vgl. Abbildung 69 und Abbildung 70).

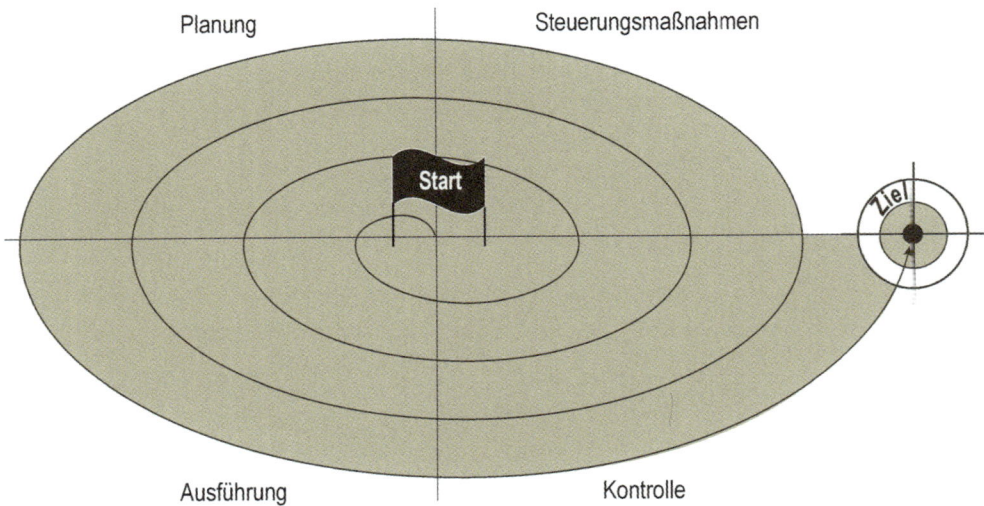

Abbildung 69: Die Projektmanagement-Spirale

Abbildung 70: Der Prozess der Projektsteuerung (nach HOFMANN 2007, 71)

19. Führung und Motivation der Projektmitarbeiter

> **Führung** bedeutet das Leiten einer Organisation, die Einflussnahme auf die Willensbildung von Gruppen sowie das steuernde und richtungsweisende Einwirken auf eigenes und fremdes Handeln, um Ziele zu verwirklichen.

Damit das durchgeplante Vorhaben Realität wird, gilt es, die Überlegungen und Handlungen der Projektmitarbeiter so zu beeinflussen, dass sie im Sinne der Projektziele und -vorgaben tätig werden, wofür

- zahlreiche – in der Literatur auf recht unterschiedliche Weise beschriebene – „Lenkungs"-Möglichkeiten (sogenannte „**Führungsstile**") existieren und

- verschiedene „Antriebskräfte" der Mitarbeiter, sich für ein Anliegen zu engagieren, genutzt werden können (**Motivation**).

19.1. Mitarbeiterführung und Führungsstile

In diesem Zusammenhang bezeichnet man als „Führungsstil" ein zeitlich überdauerndes, für bestimmte Situationen konsistentes Führungsverhalten von Vorgesetzten gegenüber Mitarbeitern. Die diversen denkbaren Verhaltensvarianten decken ein breites Spektrum ab (vgl. Abbildung 71).

Innerhalb dieser Bandbreite manifestieren sich die Unterschiede zwischen den Führungsstilen vor allem durch die Art der Entscheidungsfindung und durch die Freiräume, die den MitarbeiterInnen bei der Gestaltung ihrer Arbeitssituation verbleiben sowie durch die Art, wie Weisungen erteilt werden. Zu beachten ist, dass kein Führungsstil für sich beanspruchen kann, jedenfalls besser als andere zu sein. Die Güte eines Führungsstils wird sich schwerlich absolut, sondern nur relativ zu den jeweiligen Gegebenheiten beurteilen lassen. Gute Führung geht womöglich auf die Persönlichkeit der einzelnen MitarbeiterInnen spezifisch ein und variiert daher ihren Stil unter Umständen in Abhängigkeit von den jeweils zu führenden Personen. Das heißt, sie differenziert sehr genau und begegnet solchen Teammitgliedern, die grundsätzlich besonders auf Autonomie bedacht sind, anders als jenen, die sich primär dann wohl fühlen, wenn sie klare Arbeitsanweisungen erhalten.

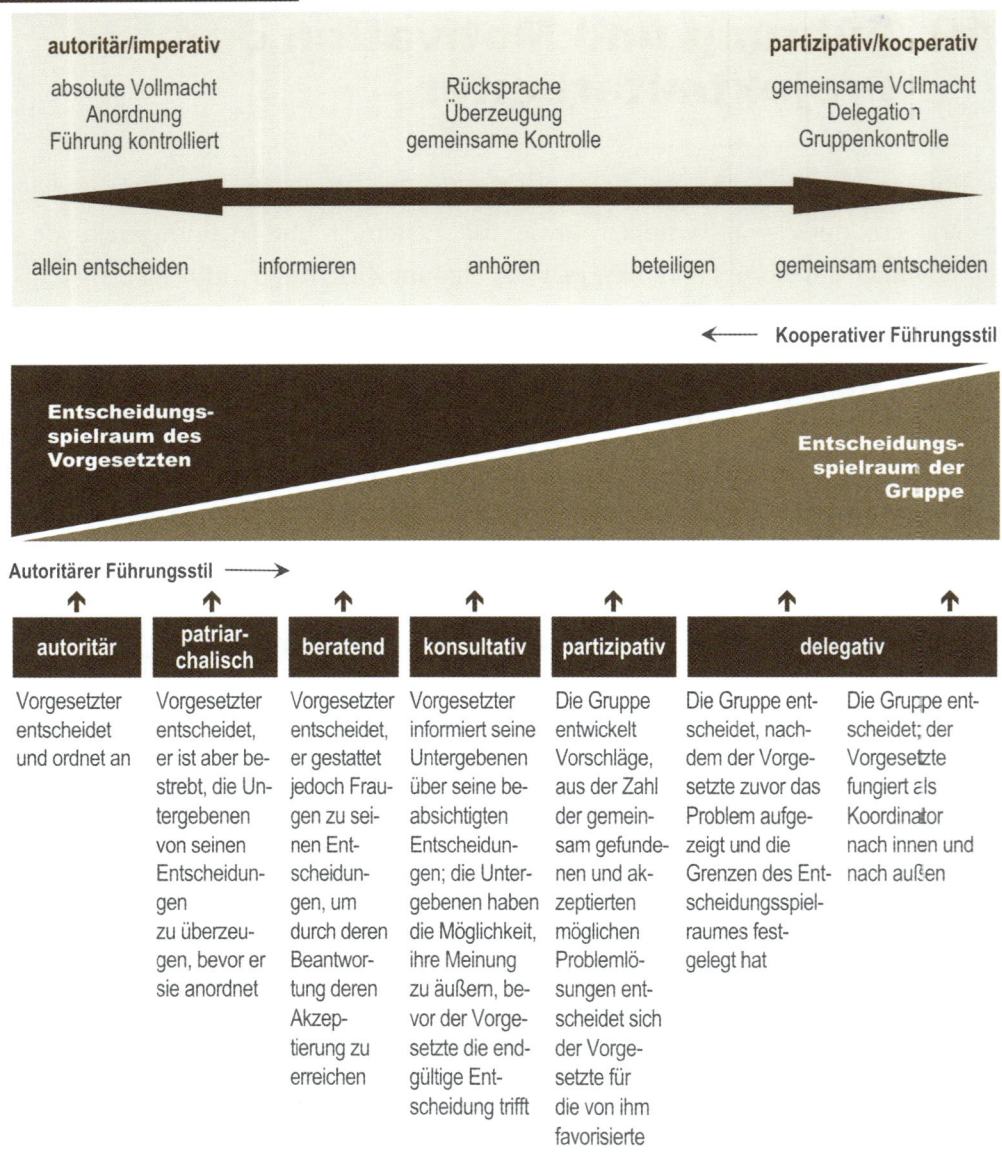

Abbildung 71: Führungsstile (nach Bᴇᴀ 2008, 57, modifiziert)

Es existiert also kein Patentrezept für einen einheitlichen Führungsstil; vielmehr empfiehlt es sich, einen situationsadäquaten Führungsstil zu wählen, vor allem abhängig von:

- Unternehmenskultur
- Art der Aufgabe
- Bedürfnissen der Mitarbeiter

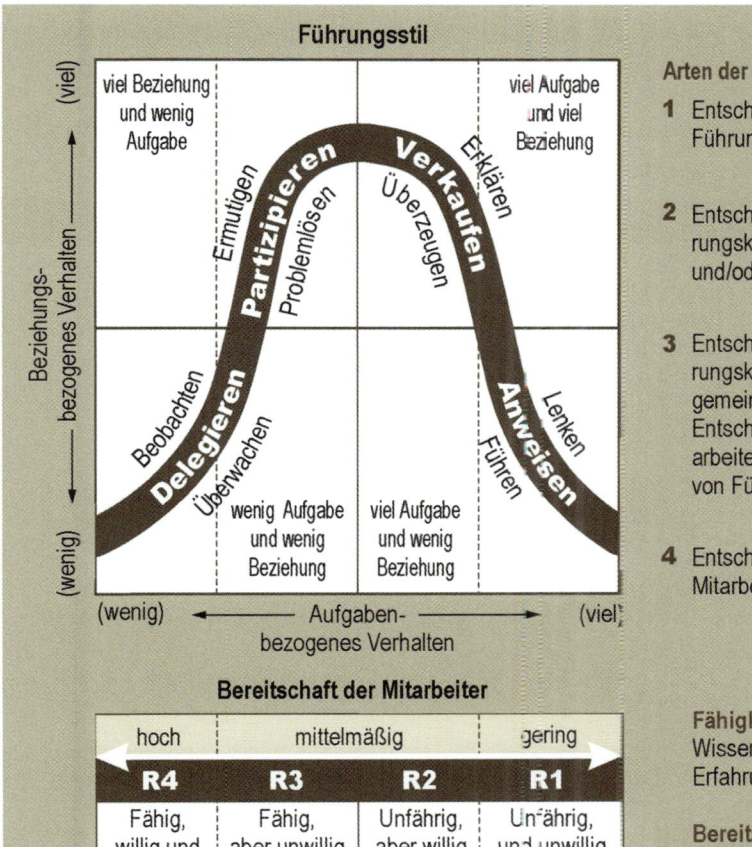

Führungsstil

(Diagramm-Beschriftungen:)

- Beziehungs- bezogenes Verhalten (viel) ↑ (wenig)
- viel Beziehung und wenig Aufgabe
- viel Aufgabe und viel Beziehung
- Ermutigen
- Problemlösen
- Überzeugen
- Erklären
- **Partizipieren**
- **Verkaufen**
- Beobachten
- Überwachen
- Lenken
- Führen
- **Delegieren**
- **Anweisen**
- wenig Aufgabe und wenig Beziehung
- viel Aufgabe und wenig Beziehung
- (wenig) ← Aufgaben- bezogenes Verhalten → (viel)

Arten der Entscheidungsfindung

1 Entscheidung wird von Führungskraft getroffen

2 Entscheidung wird von Führungskraft im Dialog mit Team und/oder Erklärung getroffen

3 Entscheidung wird von Führungskraft und Mitarbeiter gemeinsam getroffen oder Entscheidung wird von Mitarbeiter mit Unterstützung von Führungskraft getroffen

4 Entscheidung wird von Mitarbeiter getroffen

Bereitschaft der Mitarbeiter

hoch		mittelmäßig		gering
R4	**R3**	**R2**	**R1**	
Fähig, willig und überzeugt	Fähig, aber unwillig oder unsicher	Unfähig, aber willig oder überzeugt	Unfähig, und unwillig oder unsicher	

Fähigkeit: besitzt das nötige Wissen und die erforderliche Erfahrung

Bereitschaft: Hat das nötige Vertrauen, fühlt eine Verpflichtung oder hat die erforderliche Motivation

Beziehungsbezogenes Verhalten

Der Grad, mit dem sich eine Führungskraft für die Kommunikation in zwei Richtungen einsetzt, mit dem sie zuhört, bestimmte Verhaltensweisen erleichtert und die Mitarbeiter emotional unterstützt:

- Unterstützung bieten
- Kommunizieren
- Interaktion erleichtern
- Aktives Zuhören

Aufgabenbezogenes Verhalten

Der Grad, mit dem die Führungskraft Rollen definiert, indem sie z.B. vorgibt, was wie wann und wo getan werden muss und, falls mehrere Personen involviert sind, wer welche Rolle bei folgenden Aktivitäten übernimmt:

- Setzen von Zielen
- Organisieren
- Angabe des Zeitrahmens
- Führen
- Steuern

Abbildung 72: Erweitertes situationsbezogenes Modell der Führungstechnik
(nach Hersey 1985)

Dementsprechend ist „Führen" als interaktiver Prozess zu begreifen, wobei die richtige Wahl des Führungsstils auch von der Reife der Teammitglieder und ihren spezifischen Fähigkeiten abhängt.

Übersicht 26: Führungsstile im Überblick

Führungsstil	Charakterisierung	Vor- und Nachteile	Eignung
Autokratisch Diktatorisch (Sonderform: Patriarchalisch)	Hochgradig direktiv; Entscheidungen über Inhalte und Prozesse trifft einer allein; er lässt Kritik nicht zu; genaue Einzelanweisungen und detaillierte Kontrolle	+ ermöglicht rasches Handeln („Feuerwehr") + gewährleistet, dass Mitarbeiter in abgestimmter Weise zum Einsatz kommen – riskant – untergräbt Teamarbeit – Mitdenken, Mitverantwortung und Kreativität kommen zu kurz	wenn Projekt in ernste Krise gerät bei hohem Zeitdruck, wenn keine Zeit für Aus- und Absprachen bleibt
Kooperativ	Gruppenmitglieder sind an Entscheidungen über Inhalt und Prozess beteiligt. Die Rollenträger sind auf Zusammenarbeit aller angewiesen, um die gesetzten Ziele zu erreichen. Delegation von Aufgaben, Befugnissen und Verantwortung; Transparenz bei Entscheidungen und Maßnahmen	+ Betonung der Eigenverantwortlichkeit, wobei kooperatives Gruppenergebnis im Vordergrund steht + gestärkter Zusammenhalt in der Gruppe – hoher Kommunikationsaufwand in der Gruppe	überwiegend anzuwenden, wenn Sachleistungen aus ökonomischen Zwängen höhere Priorität haben müssen als Glücksstreben der Einzelnen
Demokratisch	Gruppenmitglieder treffen gemeinsam Entscheidungen über Inhalte und Prozess; der Leiter schlägt Entscheidungen vor, trifft sie aber nicht selbst; Selbststeuerung der Gruppe	+ hohe Gruppenkohäsion + starke Motivation und Gruppenmoral + fördert Qualität und Originalität der Leistung – zeitraubend – Effizienzmängel	prädestiniert in nicht erwerbswirtschaftlichen Einheiten (ungeeignet, wenn wirtschaftliche Leistung vor Arbeitszufriedenheit steht)
Liberal	Gruppe wird nicht im eigentlichen Sinne „geführt"; Leiter gibt nur auf Verlangen Informationen und Kommentare; Einzelne oder Untergruppen entscheiden über Inhalt oder Prozess	+ lässt maximale Freiräume + ermöglicht Kreativitätsspielräume – labilisiert die Gruppe – geringere Arbeitsleistung	eher in Ausnahmesituationen für den Umgang mit extremen Individualisten

182

19.2. Mitarbeitermotivation

> **Motivation** ist die aktivierte Verhaltens- und Handlungsbereitschaft einer Person im Hinblick auf die Erreichung bestimmter Ziele (MOTZEL 206, 127).

Motivation zielt auf die Erklärung und Antriebskräfte des menschlichen Handelns ab. Nach einer weit verbreiteten Einteilung unterscheidet man:

- primäre Motivation (physiologische [Grund-]Bedürfnisse)
- sekundäre Motivation (über die Existenzsicherung hinausgehende Antriebe [gehobene Bedürfnisse]).

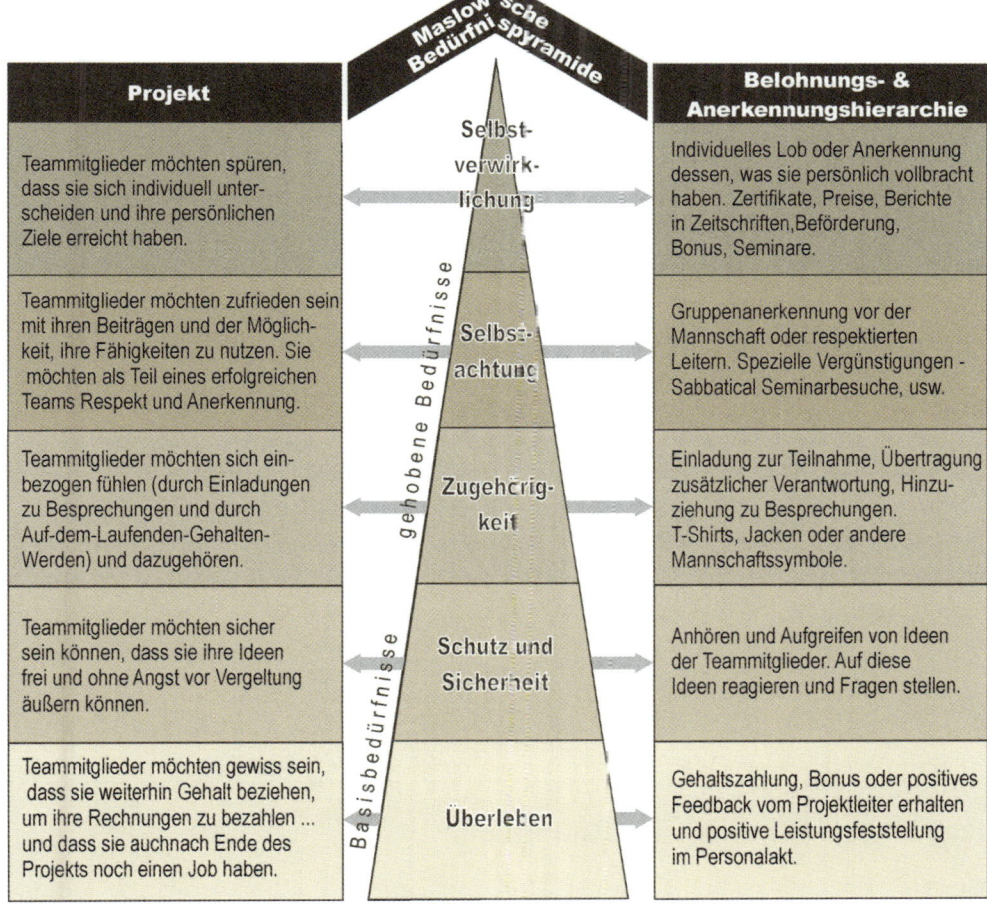

Projekt	Maslow'sche Bedürfnispyramide	Belohnungs- & Anerkennungshierarchie
Teammitglieder möchten spüren, dass sie sich individuell unterscheiden und ihre persönlichen Ziele erreicht haben.	Selbstverwirklichung	Individuelles Lob oder Anerkennung dessen, was sie persönlich vollbracht haben. Zertifikate, Preise, Berichte in Zeitschriften, Beförderung, Bonus, Seminare.
Teammitglieder möchten zufrieden sein mit ihren Beiträgen und der Möglichkeit, ihre Fähigkeiten zu nutzen. Sie möchten als Teil eines erfolgreichen Teams Respekt und Anerkennung.	Selbstachtung	Gruppenanerkennung vor der Mannschaft oder respektierten Leitern. Spezielle Vergünstigungen - Sabbatical Seminarbesuche, usw.
Teammitglieder möchten sich einbezogen fühlen (durch Einladungen zu Besprechungen und durch Auf-dem-Laufenden-Gehalten-Werden) und dazugehören.	Zugehörigkeit	Einladung zur Teilnahme, Übertragung zusätzlicher Verantwortung, Hinzuziehung zu Besprechungen. T-Shirts, Jacken oder andere Mannschaftssymbole.
Teammitglieder möchten sicher sein können, dass sie ihre Ideen frei und ohne Angst vor Vergeltung äußern können.	Schutz und Sicherheit	Anhören und Aufgreifen von Ideen der Teammitglieder. Auf diese Ideen reagieren und Fragen stellen.
Teammitglieder möchten gewiss sein, dass sie weiterhin Gehalt beziehen, um ihre Rechnungen zu bezahlen ... und dass sie auchnach Ende des Projekts noch einen Job haben.	Überleben	Gehaltszahlung, Bonus oder positives Feedback vom Projektleiter erhalten und positive Leistungsfeststellung im Personalakt.

(gehobene Bedürfnisse / Basisbedürfnisse)

Abbildung 73: Bedürfnisse, Motivation und Anerkennung im Projektteam
(nach COBB 2002)

Die Motivation zur Arbeit bestimmt gemeinsam mit den Fähigkeiten und situativen Einflüssen das Arbeitsergebnis. Die Begeisterung und der Einsatz der Projektmitarbeiter sind damit wichtige Erfolgsfaktoren für Projekte.

Wo zentrale Bedürfnisse unbefriedigt bleiben und Demotivation Platz greift, reagieren die Betroffenen entweder aggressiv, oder sie versuchen der misslichen Lage zu entkommen oder sie resignieren (vgl. Abbildung 74).

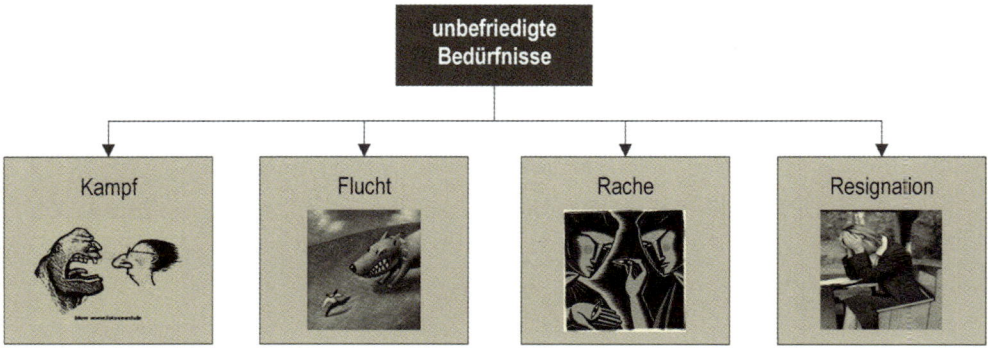

Abbildung 74: Reaktion unbefriedigter Mitarbeiter

Zur Stützung der Mitarbeitermotivation lassen sich zwei große Gruppen von Instrumenten einsetzen, die eine umfasst verschiedene Formen der Anerkennung, die andere solche des Tadels (vgl. Übersicht 27). Der Einsatz dieser Instrumente will wohl überlegt sein. Sofern man zu häufig zu ihnen greift, stumpfen sie ab. Außerdem gilt es, jeweils eine Abfolge zu beachten: erst wenn man schon mehrfach ein Instrument einer niedereren Eskalationsstufe eingesetzt hat, ist zu einer nächsthöheren Stufe zu greifen.

Übersicht 27: Arbeitsmotivationssteuernde Instrumente und ihre Eskalationsstufen

Lob	Kritik
kurzes (eher beiläufiges) Lob	Erinnerung an Regeln, Ziele, Vereinbarungen
ausdrückliche Anerkennung	kurzes Kritikgespräch
schriftliche Anerkennung	offizielles Kritikgespräch
Hinweise „nach oben"	Aufgabenänderung
Zuweisung attraktiverer Aufgaben	Sechs-Augen-Ermahnung
Zuweisung verantwortungsvollerer Aufgaben	Abmahnung
Beförderung	Degradierung oder Kündigung

Motivationsbeeinflussende Faktoren

Grundsätzlich sollten die Mitarbeiter Motivation von sich aus entwickeln; bestimmte Umstände und Maßnahmen sind freilich dazu angetan, die Motivation zu heben oder zu dämpfen, wobei man drei Hauptgruppen unterscheiden kann:

- *Motivatoren* (Einflussgrößen, welche je nach Ausprägung motivieren oder demotivieren können):

- Chance zur Selbstverwirklichung,
- Selbstbestätigung,
- Möglichkeiten zur Mitgestaltung,
- Entscheidungsfreiheiten,
- sinngebende und erfüllende Aufgaben,
- Beförderungen,
- eigene Verantwortungsbereiche,
- Anerkennung,
- Erfolg.

Eine gute Führungskraft hat erfolgreiche Mitarbeiter und lässt den Mitarbeitern auch ihre Erfolge.

- *Motivationssteigerer* (Maßnahmen, die eine Führungskraft setzen kann, um anspornende Effekte zu erzielen):
    - Information: Mitarbeiter wissen, was von ihnen persönlich erwartet wird und wie ihre Leistung beurteilt und bewertet wird.
    - Integration: Mitarbeiter fühlen sich als gleichwertige Team-Mitglieder.
    - Identifikation: Mitarbeiter erkennen, wie wichtig sie sind, stehen hinter den Projektzielen und machen den Projekterfolg zu ihrem persönlichen Anliegen.
    - Initiative: Mitarbeiter merken, dass ihr Engagement gefragt ist und fühlen sich in ihrer Kreativität unterstützt.

- *Motivationstechniken* (Vorgangsweisen, die dazu angetan sind, die Handlungsbereitschaft von Mitarbeitern im Hinblick auf das Erreichen bestimmter Ziele zu wecken – die sogenannten fünf „B"):
    - Belobigen,
    - Belohnen,
    - Bestechen,
    - Bestrafen,
    - Bedrohen.

Eigenmotivation der Projektleitung

Eine besondere Herausforderung stellt sich jenen, die im Projekt die Leitung übernommen haben. Ihnen fällt die Aufgabe zu, andere aufzubauen und zwischen verschiedenen Rollenträgern bzw. Akteuren zu vermitteln, was in vielerlei Hinsicht belastend sein kann. Um ihre verantwortungsvolle Aufgabe erfüllen zu können, müssen sie unter Umständen eine gehörige Portion Eigeninitiative entwickeln. Für dieses Unterfangen bieten sich in der speziellen Führungsrolle einige Anknüpfungspunkte (vgl. Abbildung 75).

185

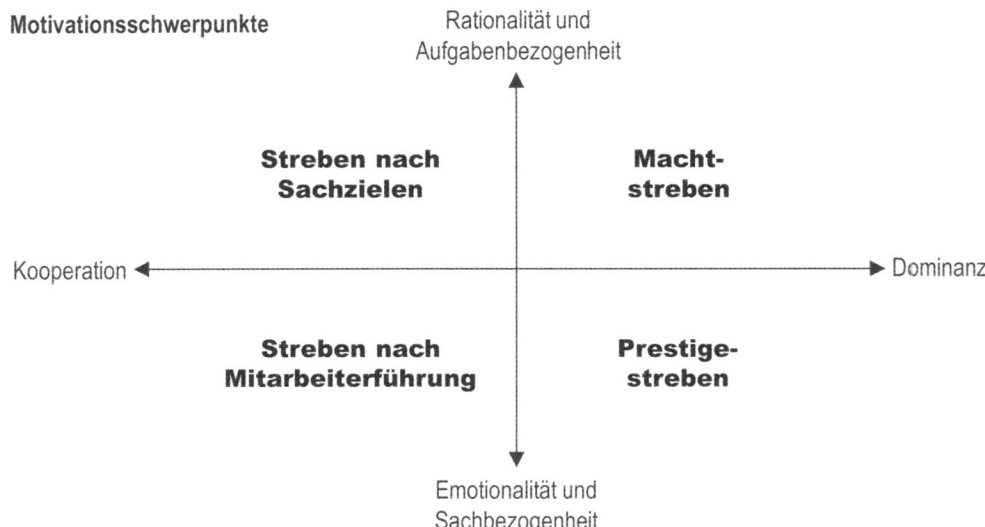

Motivationsschwerpunkte

Abbildung 75: Faktoren der Projektleitereigenmotivation

Regeln für motivierendes Führungsverhalten

Für das Führen eines Teams existiert eine Reihe von Verhaltensweisen, die nicht nur dem Arbeitsklima, sondern vor allem der Mitarbeitermotivation sehr förderlich sind, wenn der Projektleiter sie an den Tag legt; dazu zählen u.a.

- Verständnis für das Menschliche auf der Mitarbeiterseite zeigen
- Dem anderen Vertrauen entgegenbringen
- Hilfsbereitschaft zeigen
- Interesse und Sympathie entgegenbringen
- Vorbildlich wirken bzw. vorausgehen
- Durch Sachlichkeit den Überzeugungsprozess positiv gestalten
- Begeisterung übertragen
- Durch gute Fragen das Mitdenken herausfordern
- Guter Zuhörer sein
- Verdiente Anerkennung gewinnend aussprechen
- Dankbarkeit für gemeinsam Erreichtes bezeugen
- Kritik in Gestalt förderlicher Anregung und Hilfe vermitteln
- Durch Erfüllen eigener Versprechen die gute Beziehung bestätigen
- Freude an der Arbeit vermitteln
- Zur Zielsetzung anleiten
- Geduld und Freundschaftlichkeit zeigen

- Gut und interessant instruieren
- Periodisch Standortbestimmung/Bewertung durchführen
- Optimale Einführung in Aufgabe und Verantwortung gewähren
- Anpassung der Aufgabenstellung an die Fähigkeiten
- Optimierung des Arbeitsplatzes
- Mitsprache ermöglichen
- Mitbestimmung im Rahmen der gegebenen Kompetenz ermöglichen
- Information optimieren
- Förderung und Weiterbildungsmöglichkeiten der Mitarbeiter
- Verdiente Beförderung vornehmen
- Gerecht entlohnen
- Titel vergeben, wo angebracht
- Coaching
- Konfliktmanagement

Führen im Team heißt, andere zum Erfolg kommen lassen!

20. Kommunikation und Konfliktmanagement

20.1. Kommunikation im Projekt

Eine intensive, möglichst verzögerungslose und von allen getragene Kommunikation stellt einen wichtigen Baustein des Projekterfolges dar; sie hilft alle Beteiligten auf den entsprechenden Wissensstand zu bringen.

> Unter **Kommunikation** ist der wechselseitige Austausch von Informationen sowie die wirksame soziale Interaktion zwischen Sender(n) und Empfänger(n) einer Nachricht zu verstehen.

Funktion der Kommunikation

Kommunikation dient dem qualifizierten Informationsaustausch und stellt ein unabdingbares Element des operativen Projektmanagements dar. Kommunikation ist ein ständiges Interagieren zum Zweck, das Engagement der Beteiligten zu gewinnen und sie in die Aufgabe einzubinden, aber auch um dem Projektleiter die benötigte Information zukommen zu lassen. Kommunikation wirkt als „Flaschenhals der Projektarbeit".

Prinzipiell gilt: je besser die Kommunikation, desto reibungsloser der Projektverlauf. Kommunikation sorgt für den Zugang zu den erforderlichen Projektinformationen und setzt gegenseitiges Feedback voraus.

Kommunikationswege

Nach Medium, Periodizität etc. lassen sich verschiedene Informationsinstrumente in den Dienst projektbezogener Kommunikation stellen (vgl. Übersicht 28). Welches Mittel zum Einsatz kommt, hängt in hohem Maße von der jeweiligen Situation ab, aber auch von der Bedeutung und der Komplexität der zu vermittelnden Information.

Übersicht 28: Instrumente projektbezogener Kommunikation

	Informationssystem		
Mündliche Kommunikation	Schriftliche Kommunikation	Berichtswesen	Dokumentation
• informelle Gespräche • Kick-off-Meeting Projektstart-Sitzung • Projektplanungs-Workshops • Koordinationssitzungen • Projektabschlusssitzung • Telefonate	• email • Newsletter • Folder • Briefe • Rundschreiben	• Projektdefinition • Projektfortschrittsberichte • Protokolle • Projektabschlussbericht	• Projekthandbuch • Ablagesystem

Komplexität der Kommunikation

Kommunikation ist ein höchst komplexes Phänomen, das gleichzeitig auf drei Ebenen stattfindet:

- Sachebene
    - bewusste und rationale Aspekte: Thema, Inhalt
    - direkte Sprachmittel: Worte, Schrift, Zahlen, Graphiken etc.
    - relativ eindeutig
- Emotionale Ebene
    - gefühlsmäßige Aspekte: Beziehung zwischen den kommunizierenden Personen
    - indirekte Sprachmittel: alle Ausdrucksformen der Körpersprache, wie Mimik, Gestik, Bewegung, Haltung, Hinwendung, Zuwendung, Tonfall usw.
    - viel Raum für Missverständnisse („Der Ton macht die Musik")
- Strukturelle Ebene
    - Rahmenbedingungen der Kommunikationssituation: Zeit, Ort, soziale Situation, hierarchische Beziehungen, Normen und Werthaltungen, Raum, Sitzordnung, formelle Kompetenzen, Kleidung usw.
    - Klarheit je nach Vertrautheit der Person mit der jeweiligen Struktur

Die Komplexität von Kommunikation führt unter Umständen zu Missverständnissen, denn:

- Gemeint ist nicht gesagt
- Gesagt ist nicht verstanden
- Verstanden ist nicht einverstanden
- Einverstanden ist nicht getan
- Getan ist nicht selbstverständlich!

Ob Kommunikation gelingt, hängt in hohem Maße auch von der Verständlichkeit der Information ab.

Übersicht 29: Charakterisierung der Verständlichkeit von Information

Charakteristika verständlicher Information	Charakteristika unverständlicher Information
• einfach	• kompliziert
• systematisch	• unübersichtlich/ungeordnet
• kurz und prägnant	• weitschweifig
• anregend	• langweilig

Faustregeln für verständliche Kommunikation im Team

- Kein man – kein es – kein wir!
  Den Mitarbeiter namentlich und direkt ansprechen.

- Kein müsste – kein sollte – kein könnte!
  Anweisungen nicht in der Möglichkeitsform geben.

- Kein vielleicht – kein eventuell – kein eigentlich!
  Anweisungen müssen konkrete Wirkung erzielen.

- Jeder Mensch hat von seinem Standpunkt aus recht!
  Standpunkte klären und verstehen, statt streiten.

- Absolute Loyalität erkennen lassen!
  Hinter Aussage und Handlung stehen.

- Konkrete Fragen stellen!
  Unklare Fragen ergeben ungenaue Antworten.

- Nie mehrere Fragen auf einmal stellen!
  Sie verwirren und kosten Zeit.

- Keine Fragen mit warum – weshalb – wieso beginnen!
  Aussagen machen, statt Rechtfertigung fordern.

- Keine eigenen Fragen selber beantworten!
  Der Standpunkt der anderen wird nicht bekannt.

- Ja, aber ... Antworten vermeiden!
  Aussagen anderer ergänzen, statt verneinen.

- Aktiv zuhören!
  Erst zuhören, dann nachdenken, dann antworten.

- Termine konkret vereinbaren!
  Missverständnissen durch Prioritäten vorbeugen.

20.2. Koordination

Während der Durchführung des Projektes ist jedes Teammitglied mit der Bearbeitung seiner zugewiesenen Aufgaben beschäftigt. Damit sich die Resultate der Einzelaufgaben zu einem harmonischen Gesamtergebnis zusammenfügen, ist eine Reihe von Koordinationsaufgaben wahrzunehmen.

> **Koordination** meint in diesem Zusammenhang das Abstimmen verschiedener Aktivitäten aufeinander bzw. das Verbessern des Zusammenspiels der Beteiligten.

Koordinationsnotwendigkeiten bestehen u.a. im Hinblick auf:

- *Zielorientierung*, damit alle eine gemeinsame Sicht dessen entwickeln und behalten, was zu erreichen ist und damit die strategische Ausrichtung aller passt.

- *Schnittstellen*, damit die verschiedenen Arbeitsergebnisse zueinander passen und damit das eine Arbeitspaket Dinge problemlos als Input verwenden kann, die ein anderes Arbeitspaket als Output geliefert hat.

- *Kommunikation*, damit der Informationsaustausch funktioniert.

- *Termine*, damit alle an Besprechungen teilnehmen können und damit der Zeitfahrplan akkordiert bleibt.

- *Dokumentation*, damit die zur Projektarbeit gehörigen Aufzeichnungen einer einheitlichen Linie folgen und systematisch auswert- bzw. vergleichbar bleiben.

20.3. Konfliktmanagement in der Projektarbeit

Wo Menschen sich untereinander austauschen, wo sie miteinander arbeiten und leben, kommt es zu Meinungsverschiedenheiten, Auseinandersetzungen, Interessengegensätzen, Angriffen etc. – also zu Konflikten.

> **Konflikte** stellen Spannungssituationen dar, die beim Aufeinandertreffen unterschiedlicher Erwartungen, Interessen oder Ansichten entstehen.

Generell bezeichnet man als „Konflikte" einen Kampf gegensätzlicher oder gleichartiger aber konkurrierender Handlungstendenzen. Konflikte und Widerstände im Team oder Projektumfeld treten immer wieder auf; sie sind in der tagtäglichen Interaktion von Menschen nichts Ungewöhnliches.

Übersicht 30: Vor- und Nachteile von Konflikten in der Projektarbeit

Vorteile/Chancen von Konflikten	Nachteile/Gefahren von Konflikten
+ in Konflikten schlummern konstruktive Kräfte	– Konflikte führen zu Instabilitäten im Projekt und können den Projekterfolg gefährden
+ Konflikte bewirken, dass ein Problem offen zu Tage tritt und dadurch einer Lösung zugänglich wird	– wecken negative Emotionen, verursachen Stress und rauben damit Motivation sowie Leistungsbereitschaft
+ Konflikte stimulieren neue Ideen	
+ ermöglichen organisatorischen Wandel	– Konflikte beeinträchtigen das Arbeitsklima und steigern die Unzufriedenheit im Team
+ wecken kreative Potentiale	
+ regen dazu an, über neue Arbeitsweisen nachzudenken	– können die Kommunikation zwischen einzelnen Personen oder Gruppen stören
+ spornen zu besseren Leistungen an und heben die Moral	– Ressourcen binden
+ wenn sie nach außen gerichtet sind, schweißen sie zusammen und steigern die Loyalität innerhalb des Teams („geschlossen gegen einen gemeinsamen Feind')	– Führungskräfte zu autoritärem Verhalten veranlassen

Konfliktursachen und -arten

Um unnötige Konflikte zu vermeiden bzw. zu minimieren, sollten möglichst früh klare „Spielregeln" vereinbart und festgeschrieben werden (z.B. Regeln über Entscheidungsfindung, Verantwortlichkeiten, Kommunikation und Information etc.). Dass trotz aller Vermeidungsbemühungen Konflikte auftreten, hat eine Reihe von Ursachen (vgl. Abbildung 76).

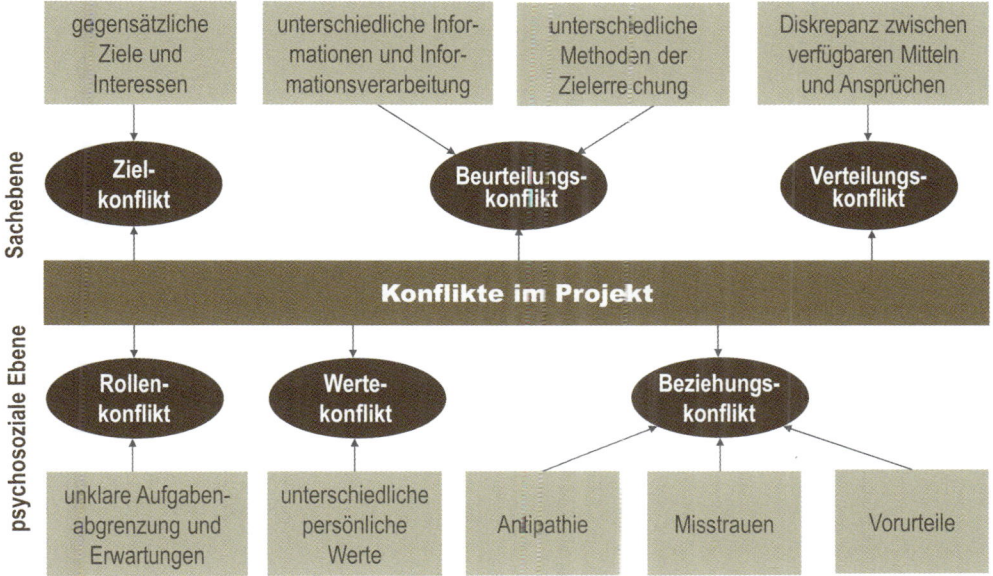

Abbildung 76: Konfliktarten und deren Hauptursachen *(nach* HORSCH *2003, 194)*

Jede Art von Konflikt kann in allen Phasen des Projektes auftreten; in der Regel haben aber die einzelnen Konfliktarten je nach Projektstadium ein unterschiedliches Gewicht.

In der Durchführungsphase dominieren häufig Konflikte über

- Differenzen zwischen Plan und tatsächlichem Fortschritt,
- technische Probleme und deren Lösung,
- Prioritäten für Personal- und Ressourceneinsatz.

In der Schlussphase stehen Auseinandersetzungen im Vordergrund über

- Zuweisung von Ressourcen zur Fertigstellung,
- Rückführung der Teammitglieder,
- Übergabe/Präsentation der Projektergebnisse.

Damit Konflikte bearbeitet und womöglich ins Konstruktive gewendet werden können, muss man ihr Auftreten erkennen. Das ist oft leichter gesagt als getan. Denn vor allem die allerersten Symptome für Konflikte sind sehr unspezifisch und leicht zu übersehen.

Vor allem, wenn jemand mit Rückzug und Resignation reagiert, passiert es leicht, dass man die Schweigsamkeit eines Mitarbeiters als Introvertiertheit oder dessen Abwesenheit bei Sitzungen als Ausdruck von Arbeitsüberlastung missdeutet.

Vom Vorliegen von Konflikten wird wohl auch auszugehen sein, wenn

- die Leute häufig über Probleme klagen, aber nicht an Lösungen arbeiten;
- die Stimmung gereizt ist;
- bereits Kleinigkeiten zu größeren Streitereien führen;
- einzelne MitarbeiterInnen gezielt ausgegrenzt werden.

Jedenfalls dürfte die Regel gelten: Je später man den Konflikt wahrnimmt und je weniger man sich diesem stellt, desto schwieriger wird er zu lösen sein bzw. desto härter wird an ihm zu arbeiten sein.

Verhaltensoptionen

Sobald Konflikte auftreten, haben die an ihnen Beteiligten unterschiedliche Möglichkeiten, damit umzugehen:

- *reaktives Verhalten:* auf die Angriffe des anderen reagiert man mit gleicher Heftigkeit; der Konflikt eskaliert; beide verlieren
- *aggressives Verhalten:* der andere wird bezwungen, man selbst gewinnt – Gewinner-Verlierer-Konstellation
- *passives Verhalten:* zielt darauf ab, die eigenen Verluste zu minimieren, der andere siegt; Verlierer-Gewinner-Resultat
- *positives Verhalten:* der andere wird nicht dominiert, beide sind kompromissbereit – Gewinner-Gewinner-Situation; Die Gewinner-Gewinner-Situation („win-win") führt dazu, dass durch eine Zusammenarbeit ein größerer Gewinn für beide Parteien erreicht werden kann, als es im Alleingang möglich gewesen wäre (vgl. Übersicht 31).

Die Akzeptanz und das Management von Konflikten führen unter Umständen zu

- gesteigertem Vertrauen und Risikobereitschaft sowie
- Gewinn-Gewinn-Situationen.

Das Ignorieren oder die Unterdrückung von Konflikten führt zu

- wenig Vertrauen und Verschlossenheit,
- Frustration und
- Verlust-Gewinn-, Gewinn-Verlust- oder Verlust-Verlust-Situationen.

Übersicht 31: Verhaltensoptionen bei Konflikten und mögliche Ergebniskonstellationen

		Personen / Gruppe B	
		Gewinner	Verlierer
Personen / Gruppe A	Gewinner	Gewinner-Gewinner	Gewinner-Verlierer
	Verlierer	Verlierer-Gewinner	Verlierer-Verlierer

Im Grunde besitzen alle Varianten der Konfliktbehandlung jeweils spezifische Vor- und Nachteile (vgl. Übersicht 32), die es im konkreten Einzelfall jeweils sorgfältig abzuwägen gilt.

Übersicht 32: Konfliktbehandlungsmöglichkeiten

Lösungsversuch		Vorteil	Nachteil
Vermeidung/ Umgehung	Projektleiter umschifft Konfrontationen geflissentlich bzw. steckt bei persönlichen Zielen zugunsten der Zusammenarbeit zurück	+ Verschiebung auf günstigeren Zeitpunkt + Vermeidung von Abbrüchen	– keine Lösung – persönliche Ziele kommen zu kurz – Unbehagen baut sich auf
Angriff	Projektleiter schiebt Schuld auf Personen oder Gründe außerhalb des Projektes, ohne die Konfliktursachen zu ergründen	+ unkompliziert + (geistig) anspruchslos	– Scheinlösung – beeinträchtigt Außenbeziehungen
Leugnen/ Flucht	Vogel-Strauß-Politik; die Existenz des Konflikts wird negiert in der Hoffnung, das Problem löse sich von selbst	+ einfach + kurz und schmerzlos + kein Verlierer	– Scheinlösung – Aufschieben der Konflikte – Weiterentwicklung unterbleibt
Bagatellisieren/ Relativieren	Konflikt wird im Ansatz, aber nicht im eigentlichen Ausmaß wahrgenommen bzw. durch Verweise auf positive Entwicklung überdeckt	+ Zeitgewinn + Vertagung auf günstigeren Zeitpunkt (Aufschieben) + Vermeidung von Abbrüchen	– Scheinlösung – ungutes Gefühl – Selbsttäuschung – Weiterschwelen der Divergenzen
Kampf	Konflikt wird durch Unterwerfung, persönliche Herabsetzung oder/ und Erzwingen des totalen Nachgebens bewältigt	+ sichert das eigene Überleben + schnell + Abschreckung	– Scheinlösung – inhuman – Verhärtung, Rachegefühl – Demotivierung
Delegation	Konflikt wird jemandem anderen zur Lösung übergeben	+ Lösung mit Sachlichkeit und Kompetenz + Risikovermeidung + unparteiisch	– weniger Identifikation mit dem Ergebnis – Beteiligte werden inkompetent
Kompromiss	Konflikt wird durch Teilzugeständnisse bereinigt	+ Verhandlung + Interessen aller werden berücksichtigt + Teilverantwortung der Betroffenen	– nur Teilzufriedenheit – hoher Zeitaufwand – Gefahr der Manipulation
Konsens	Über den Konflikt wird solange verhandelt, bis eine alle zufriedenstellende Regelung gefunden ist	+ hohe Qualität der Lösung + Zufriedenheit + Stimulationseffekte	– hohe Anforderungen an Beteiligte – umständlich – zeitaufwendig

Übersicht 33: Konfliktbearbeitung nach traditioneller und alternativer Methode

Umgang mit Konflikten	
traditionell	alternativ
Der Konflikt taucht auf und	
• Streit wird vermieden • die Beteiligten sind „höflich" und rücksichtsvoll • der Konflikt wird heruntergespielt, aber nicht gelöst	• wird erkannt und aufgegriffen • wird bewusst gemacht und akzeptiert • Schritte zu seiner Lösung werden eingeleitet
Der Konflikt bleibt unterschwellig bestehen und	**Der Konflikt wird akzeptiert und analysiert und**
• man geht sich aus dem Weg • Vorurteile werden aufgebaut und verhärtet • Kontakte werden auf ein Minimum reduziert • anhaltende Spannungen entstehen	• die Konfliktursachen identifiziert • die Konfliktparteien festgestellt • die Interessen und Bedürfnisse der Konfliktparteien formuliert • die Konfliktinhalte klar begrenzt
Der Konflikt bleibt unbearbeitet und verursacht	**Der Konflikt wird offen bearbeitet mit Hilfe geeigneter Techniken, wie z.B.**
• persönliche Unzufriedenheit • schlechtes Arbeitsklima • mangelnde Kommunikation • wenig gegenseitige Information • weniger Verständnis • weniger Zusammenarbeit	• aktives Zuhören • Spielregeln themenzentrierter Interaktion • Neutralisierung von Killerphrasen • Einwandbehandlung
Der unbearbeitete Konflikt breitet sich aus und sorgt für	**Der Konflikt ist konstruktiv gelöst und**
• die Verstärkung bestehender Konflikte • die Entstehung neuer Konflikte	• das dem Konflikt zugrundeliegende Problem gelöst • die Beziehung der Konfliktparteien im positiven Sinn neu gestärkt • die Beteiligten sind mit der Kosten-Nutzen-Relation zufrieden

Die Wahl der Art einer bestimmten Methode des Konfliktmanagements hängt ab von

- den Umständen,
- dem Kontext und
- den Präferenzen.

Konfliktlösungskaskade

Ist eine rasche, einvernehmliche Lösung eines Konfliktes nicht möglich, kann man in nachstehender Reihenfolge Konfliktlösungsmittel probieren:

- *Gruppen- oder Einzelgespräche mit den Konfliktbeteiligten:* Sie bringen den Konflikt offen und emotionslos zur Sprache und trachten gemeinsam mit den Betroffenen eine Konfliktlösungsstrategie zu erarbeiten.

- *Einbindung eines neutralen „Schiedsrichters":* schaltet einen neutralen Spezialisten in die Konfliktlösung ein. Er soll sich in Ruhe die Sachlage anhören, vielleicht einen Problemlösungsworkshop veranstalten.

- *Rote Karte für den Konfliktverursacher:* Manchmal hilft es nur, personelle Änderungen im Projektteam vorzunehmen.

- *Projektabbruch:* Bei gravierenden Konflikten z.B. zwischen Projektteam und Auftraggeber des Projektes sollte man eine vorzeitige Beendigung des Projektes ins Auge fassen.

Praktische Hinweise zum Umgang mit Konfliktsituationen

- Vermittelnd eingreifen, aber nicht verharmlosen.

- Schuldzuweisungen vermeiden.

- In der Sache klar argumentieren, zur Person hin aber wertschätzend agieren – Sachverhalt und Person trennen.

- Klären der verschiedenen Standpunkte, z.B. durch Feedback-Runden, Versuch, in die Rolle des anderen zu schlüpfen. Meinung des Kontrahenten in eigenen Worten darzustellen.

- Verdeutlichen der unterschiedlichen Positionen durch Festhalten auf Flip-Chart, Moderationstafel etc.

- Mögliche Ursachen des Konflikts herausarbeiten – häufig sind Konflikte strukturell und nicht persönlich bedingt.

- Bei stark emotional vorgebrachter Kritik: Von der Sachebene weggehen, Beweggrund und Wirkung besprechen.

- Unzufriedenheit oder Wut über Projektatmosphäre, Inhalte oder Gruppen wird häufig an einzelnen Gruppenmitgliedern („Sündenböcken") ausgelassen. Auf diesen Umstand hinweisen und versuchen, die Funktion dieses Verhaltens auf die aktuelle Situation herauszuarbeiten (Was ist das Gute an dem aktuellen Konflikt? Was wird daran deutlich?)

- In erster Linie in Lösungen denken und nicht in Problemen.

- Projektteams müssen sich nicht lieben! Wichtig ist, dass sie so weit Konsens haben, dass sie an einer gemeinsamen Sache arbeiten können.

21. Projektüberwachung und Kontrolle

Die Arbeiten am Projekt erfordern eine beständige Überwachung, damit die Pläne korrekt umgesetzt werden und die Anstrengungen die erwarteten Ergebnisse liefern. Um das Vorhaben während der Realisierung auf Erfolgskurs zu halten, sind also regelmäßige Standortbestimmungen nötig, weil nur auf deren Basis rechtzeitig allenfalls notwendige steuernde Eingriffe erfolgen können.

21.1. Kontrollmechanismus

Die Fortschrittskontrolle hält also zu einem bestimmten Zeitpunkt Nachschau, welche Ergebnisse laut Plan vorliegen sollten und wie weit die Arbeit bis dahin tatsächlich gediehen ist. Dabei interessiert in der Regel weniger die Leistungskontrolle einzelner Mitarbeiter als vielmehr das Vorankommen der Projektarbeit (vgl. LITKE 2004, 250).

Das prinzipielle schrittweise Vorgehen im Rahmen der Projektkontrolle zeigt Abbildung 77. Aus ihr wird auch deutlich, dass der Gestaltung des Berichtswesens und insbesondere den Fortschrittsberichten eine zentrale Bedeutung für die Projektüberwachung und -steuerung zukommt.

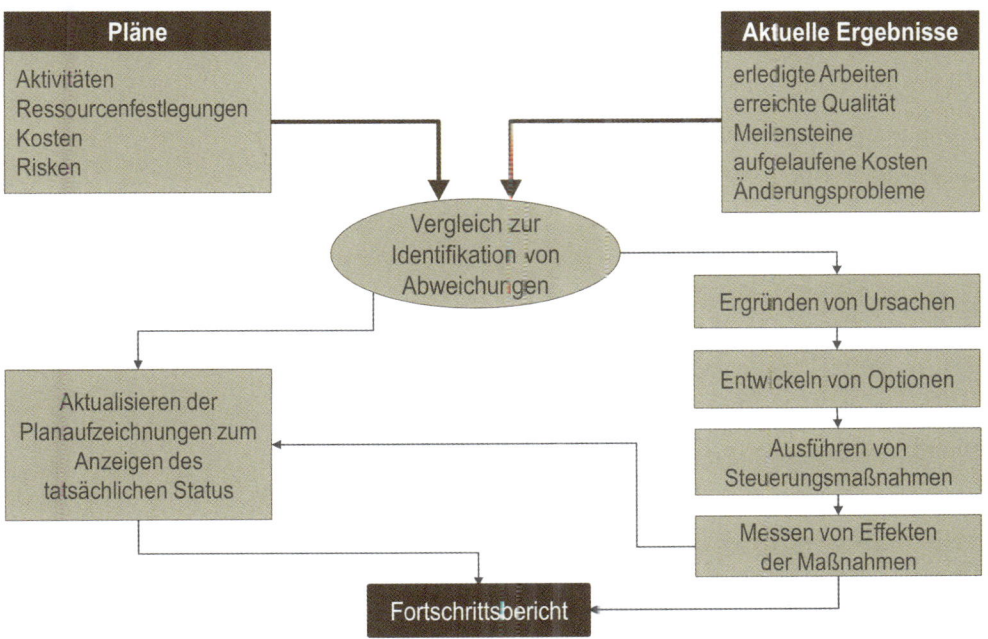

Abbildung 77: Prinzipieller Ablauf der Projektkontrolle (in Anlehnung an YOUNG 2006, 131)

21.2. Projektfortschrittsberichte

Ein **Projektfortschrittsbericht** ist eine Darlegung über den Status einer Aufgabe (z.B. Vorgang, Arbeitspaket, Projekt) zu einem Stichtag, gemessen an den vorgegebenen Zielgrößen und am in der Planung fixierten Ablauf.

Aussagekräftige Fortschrittsberichte geben folglich an:

- was die Pläne vorsahen, dass passieren hätte sollen,
- was tatsächlich geschah und
- welche Abweichungen zwischen Soll und Ist auftraten.

Da Projekte an ihren inhaltlichen Vorgaben und an den Zeit- sowie Kosten-Zielen gemessen werden, macht es Sinn, sowohl bei der Projektüberwachung als auch im Berichtswesen das Augenmerk hauptsächlich auf diese drei Aspekte (qualitativ, terminlich, monetär) zu legen.

Noch in einer weiteren Hinsicht empfiehlt sich eine Dreistufigkeit der Berichte:

- der gegenwartsbezogene Statusbericht beschreibt die Lage, wo das Projekt im Moment steht;
- der vergangenheitsbezogene Fortschrittsbericht im engeren Sinne schildert, was erreicht bzw. fertiggestellt wurde und
- die zukunftsbezogene Vorschau gibt an, wie der weitere Projektverlauf einzuschätzen ist.

Die Berichte können sich richten an:

- alle Projektteammitglieder (mit dem Zweck, das Verständnis der gebotenen Daten durch alle Beteiligten prüfen zu lassen, genauso wie mit der Absicht, alle zu informieren, wie der übrige Projektfortgang aussieht);
- Auftraggeber, Kunden oder andere Stakeholder (zu Dokumentationszwecken).

Praktische Handhabung der Projektberichterstattung

- Jedes Mitglied des Projektteams sollte dem Projektleiter schriftlich berichten, entweder periodisch oder anlassbezogen im Falle außergewöhnlicher Ereignisse.
- Der Projektleiter sammelt die Angaben der individuellen Berichte von den Einzelmitgliedern und fasst sie zu einem Bericht des ganzen Teams zusammen.
- Die schriftlichen Berichte sollten weder zu ausführlich noch zu zeitaufwendig zu erstellen sein, nur relevante Dinge abfragen und sich vor allem auf akute oder sich ankündigende Probleme konzentrieren.

- Die Berichte sollten die Stakeholder in geeigneter Weise informiert halten, wobei für jede Zielgruppe zu entscheiden ist, welche Informationen sie braucht, um ihrer Rolle gerecht werden zu können.

- Man sollte das Instrument von Sonderberichten nutzen, die nur fällig werden, wenn signifikante Planabweichungen auftreten. Es besteht wenig Bedarf, über Dinge zu berichten, die im Plan liegen.

- Es empfiehlt sich, Schwellwerte für Problemberichte festzulegen (d.h. man setzt fest, ab welchem Ausmaß einer Planabweichung eine Problemmeldung verpflichtend ist).

- Man sollte eine geeignete Form für die Berichte finden, etwa als Tabelle, Gantt-Chart oder als Graphik; letztere Variante macht Berichte besonders übersichtlich (vgl. Abbildung 78, Abbildung 79 und Abbildung 80).

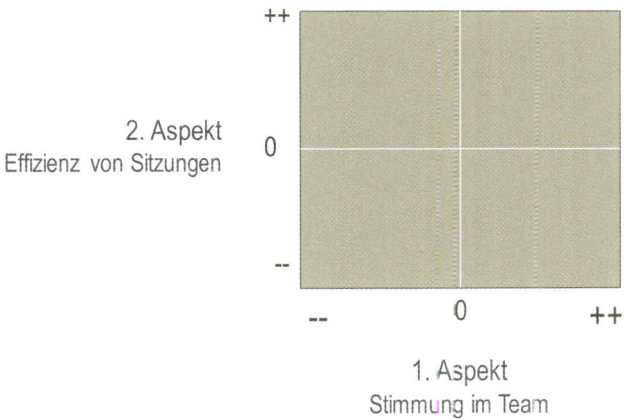

Abbildung 78: Evaluationsquadrat

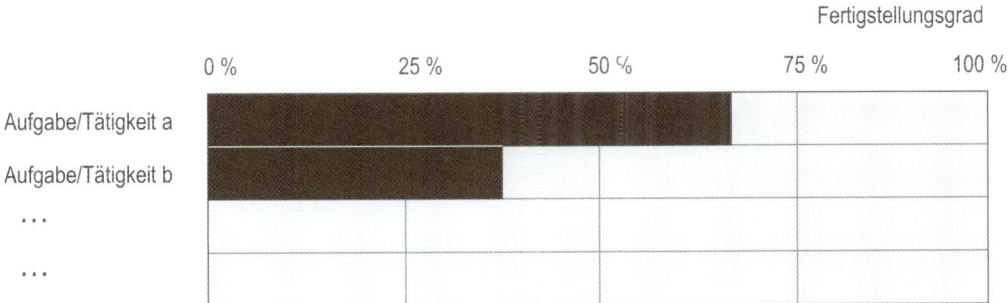

Abbildung 79: Diagrammdarstellung des Fertigstellungsgrades (Percent complete chart)

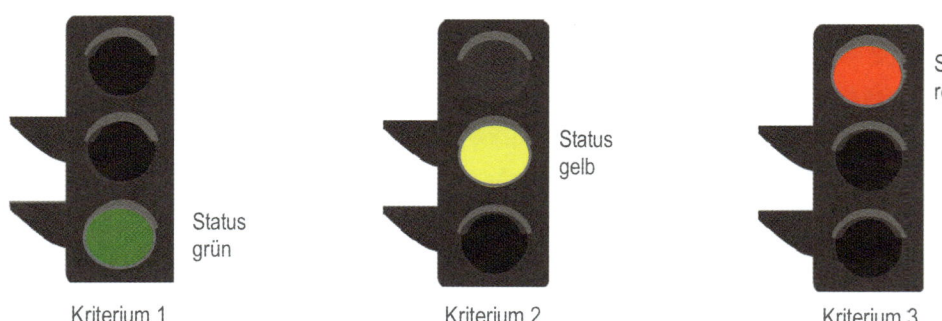

Kriterium 1　　　　　　　　Kriterium 2　　　　　　　　Kriterium 3

Abbildung 80: Ampeln zur Kennzeichnung des Projektstatus

Übersicht 34: Beispiel eines Formulars für einen Projektfortschrittsbericht

Projekttitel:	Projekt Nr.
Name des Verantwortlichen:	Datum:
Berichtszeitraum (Woche):	

Im Berichtszeitraum begonnene Aufgaben/Tätigkeiten:
Für den Berichtszeitraum geplante, aber nicht begonnene Aufgaben/Tätigkeiten: Gründe für den Zeitverzug des ursprünglich geplanten Tätigkeitsbeginns:
Im Berichtszeitraum abgeschlossene Aufgaben/Tätigkeiten:
Nicht fertiggestellte Aufgaben/Tätigkeiten, deren Abschluss geplant war: Gründe für die Verzögerung des ursprünglich geplanten Tätigkeitsabschlusses:
Pläne für die nächste Berichtsperiode:
Aufgaben, deren Erfüllung Änderungen im Zeit- oder Kostenaufwand erwarten lassen:
Anhängige oder absehbare Probleme:

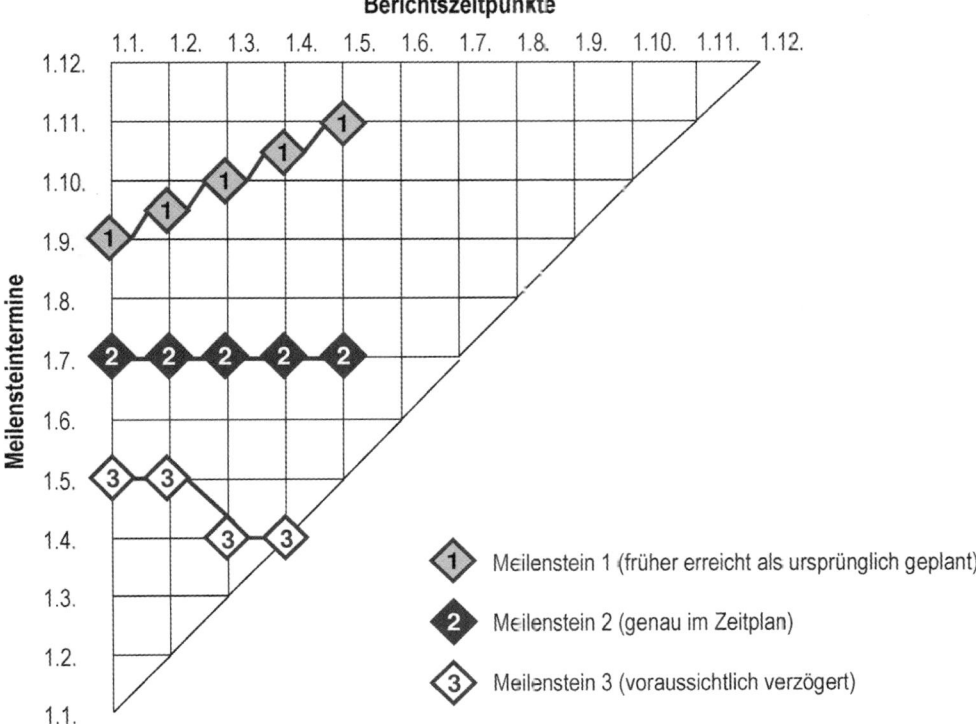

Berichtszeitpunkte

Abbildung 81: Meilenstein-Trend-Darstellung zur Veranschaulichung der Termin-situation im Projekt (nach RUF 2010, 76)

Einzelne Angaben aus den Fortschrittsberichten, die von einzelnen MitarbeiterInnen vorgelegt werden, lassen sich auch zusammenfassend darstellen. Zur Verfolgung des zeitlichen Projektfortschritts eignet sich u.a. ein als „Meilenstein-Trend-Darstellung" bezeichnetes Diagramm (vgl. Abbildung 81). In selbigem wird jeder Meilenstein des Projektes mit seiner voraussichtlichen Terminlage zu verschiedenen Berichtszeitpunkten verzeichnet. Mit anderen Worten: In diese Graphik sind immer wieder Eintragungen vorzunehmen, und zwar wird zu jedem Berichts- bzw. Kontrollzeitpunkt abgeschätzt, an welchem Termin die von der Projektleitung vorgesehenen Meilensteine aus aktueller Sicht erreicht werden dürften. Verbindet man die verschiedenen für ein und denselben Meilenstein erstellten Terminschätzungen, so ergibt sich entweder ein waagrechter, ein aufwärts oder abwärts weisender Linienverlauf. Die Horizontale signalisiert einen exakt im Zeitplan liegenden Fortschritt, ein abwärts gerichteter Linienzug zeigt einen Vorsprung gegenüber ursprünglichen Terminplänen, während ein aufwärts strebender Linienzug Terminverzögerungen ankündigt. Vor allem dort, wo die Meilenstein-Trend-Darstellung gravierende Abweichungen augenfällig werden lässt, sollten die dafür verantwortlichen Ursachen analysiert werden, damit erforderlichenfalls passende steuernde Maßnahmen ergriffen werden können. Das gleiche Darstellungsprinzip eignet sich im Übrigen auch dazu, Kosten-Trends zu visualisieren.

203

Für die regelmäßige Überprüfung der Kosten eignet sich auch eine tabellarische Gegenüberstellung (vgl. Übersicht 35) von geplanten Kosten mit den Erwartungskosten.
Letztere setzen sich zusammen aus den bisher schon tatsächlich angefallenen und den
noch zu erwartenden Restkosten

Übersicht 35: Tabellarisches Schema zur Erfassung der Kostenentwicklung im Projekt

Arbeitspaket		Plan- kosten	Ist- Kosten	Noch zu erwartende Restkosten	Erwartungs- kosten	Kosten- abweichung
Nr.	Bezeichnung					

Die periodisch zu legenden Fortschrittsberichte sind nicht Selbstzeck, sondern einerseits Grundlage, um die Pläne zu pflegen und wo nötig diese Pläne den geänderten Bedingungen anzupassen und nachzuführen. Andererseits veranlassen die Meldungen auch
Steuerungsmaßnahmen, damit das Projekt, das seinen Plan verlassen hat, wieder „auf
Schiene" gebracht wird.

Die regelmäßige Überprüfung der Einhaltung der Projektpläne zusammen mit deren
Aktualisierung sowie gemeinsam mit dem Ergreifen von Maßnahmen gilt auch als
zentrale Aufgabe des Projektcontrollings; es erstreckt sich auf das

- Controlling der Ziele
- Controlling des Leistungsfortschritts
- Controlling der Termine
- Controlling der Kosten
- Controlling der Projektumwelt etc.

22. Projektdokumentation

> Die **Projektdokumentation** ist eine Zusammenstellung wichtiger Unterlagen und wesentlicher Daten über Konfiguration, Organisation, Lösungswege sowie den Mitteleinsatz respektive Ablauf und über erreichte Ziele des Projektes (vgl. SÜß 2001, 29).

Da die Projektdokumentation alle Schriftstücke enthält, die während des Projektverlaufes entstehen, gilt es, das Material in eine allgemein verständliche Ablagestruktur zu bringen. Als Orientierungshilfe mag für diesen Zweck der Projektstrukturplan dienen, aber genauso sind andere Gliederungen, etwa in ergebnisbezogene (z.B. Analysen, Zwischenresultate) und in ablaufbezogene Dokumente (z.B. Projektauftrag, Pläne, Berichte) möglich.

Die Dokumentation sollte keinen zusätzlichen Aufwand verursachen, sondern lediglich eine strukturierte Sammlung und Zusammenstellung vorhandener Informationen darstellen. Ihre Zugänglichkeit fällt allen Beteiligten leicht, wenn sie elektronisch geführt wird. Computergestützt lassen sich auch Zugriffsrechte relativ einfach regeln und verwalten.

22.1. Sinn und Zweck der Projektdokumentation

Die Dokumentation ist gewissermaßen das „Gedächtnis des Projektes".

- Sie fungiert als umfassendes „Nachschlagewerk" während der gesamten Projektlaufzeit und danach.
- Alle relevanten Eckdaten, Projektplanungsunterlagen, Projektergebnisse, Absprachen und Entscheidungsgrundlagen sind hier nachvollziehbar zu erfassen.
- Die Dokumentation ist Informationsgrundlage für alle Projektmitarbeiter, (auch für jene, die eventuell erst später in das Projekt einbezogen werden) bzw. ermöglicht sie unter Umständen sogar – falls nötig – einen reibungslosen Projektleiterwechsel.

22.2. Schlüsseldokument — „Projekthandbuch"

Das „Projekthandbuch" legt unter anderem fest

- Welche Informationen zu dokumentieren sind (Gesprächsprotokolle, e-mails etc.)
- Ablageform (alles in Papierform in Ordner; oder nur zentrale Dokumente als hard copy, der Rest elektronisch oder womöglich alles in einer eigenen Projektdatenbank)
- Ort der Aufbewahrung
- Zugriffsberechtigungen auf die Projektdokumentation
- Systematik der Ablage der Dokumente (verbindliches Inhaltsverzeichnis für die Projektablage)

Übersicht 36: Musteraufbau eines Projekthandbuches

- Grundsätzliches
  - Organisation Projektteam
  - Adressen von Projektbeteiligten
  - Adressen von Ansprechpartnern
  - Richtlinien für die Projektarbeit
  - Richtlinien für die Projektdokumentation

- Vertragliche (und sonstige zentrale) Grundlagen
  - Projektauftrag
  - Vertragliche Absprachen
  - Spezifische Projektdefinition und Projektziele

- Projektpläne
  - Projektstrukturplan
  - Ablaufplan
  - Terminplan
  - Kapazitätsplan
  - Kostenplan
  - Qualitätsplan

- Risikomanagement
  - Dokumentation der Risiken
  - Maßnahmenkatalog
  - Maßnahmenverfolgung

- Projektsteuerung
  - Projektstatusberichte
  - Arbeitsaufträge
  - Protokolle von Projektsitzungen und Besprechungen
  - Problemmeldungen
  - Liste offener Punkte

- Allgemeiner Schriftverkehr und Gesprächsnotizen

- Dokumentation der Projektergebnisse
  - Konzepte
  - Berichte
  - Gutachten
  - Projektergebnisbeschreibungen

- Projektabschluss
  - Abnahmeprotokoll
  - Projektabschlussbericht
  - Projektnachkalkulation

- Anhang
  - Checklisten, Formulare, Muster, Bilder etc.

23. Korrekturen und Maßnahmen

Um das Projekt auf Kurs zu halten, ist bei Abweichungen des tatsächlichen vom geplanten Verlauf bzw. bei Änderungen im Umfeld adäquat zu reagieren. Im Prinzip besteht ein sehr breites Spektrum an Möglichkeiten, wie man Friktionen begegnen kann (vgl. Übersicht 37).

Übersicht 37: Überblick über Reaktionsmöglichkeiten auf Probleme bei der Projektdurchführung (vgl. PROBST und HAJNERDINGER 2001, 93)

Problem-bereich	Ursache	Lösungs-ansatz	Maßnahmen	Bemerkung
Kosten-über-schreitung	Planungsfehler	Überarbeitung der Projekt-planung	Projektstop und Projektsanierung einleiten	Ursachen für die mangelnde Projektplanung analysieren. Aus Fehlern lernen.
	Zusätzliche Anforderungen durch den Auftraggeber „Change request"	Leistungs-umfang mit dem Auftrag-geber neu definieren	Zusatzaufwand des Änderungswunsches kalkulieren	Gravierenden Änderungswunsch des Auftraggebers wie ein eigenständiges Projekt planen und kalkulieren.
			Zusätzliches Projekt-budget für die Änderung genehmigen lassen	Keine zusätzlichen Anforderungen annehmen, wenn das Projektbudget nicht erhöht wird.
Drohen-der Termin-verzug	Zu geringe Mitarbeiter-anzahl	Motivation der Mitarbeiter erhöhen	Motivationsanreize schaffen	„Wenn die Projektphase noch rechtzeitig abgeschlossen wird, finanziert das Unternehmen für alle Projektmitarbeiter ein Wochenende in einem Sporthotel."
Termin-verzug	Zu wenig Mitarbeiter-ressourcen	Kapazität erhöhen	Mehr Projektmitarbeiter	Vorsicht: Neue Projektmitarbeiter müssen erst in das Projekt eingearbeitet werden. Mehr Mitarbeiter bedeuten nicht automatisch eine höhere Projektleistung. Zuerst geht die Projektleistung zurück (die bisherigen Projektmitarbeiter arbeiten die neuen Mitarbeiter ein).
			Anordnung von Überstunden	Vorsicht: Auf die Motivation der Mitarbeiter achten!
	Mangelnde Planung	Ablaufplanung optimieren	Projektablaufplan neu erarbeiten	Planungstechniken einsetzen: Netzplan, Balkendiagramm, Planung von Meilensteinen etc.
Qualitäts-mängel der Projekt-ergeb-nisse	Unzureichende Durchführung der Leistung	Bessere Qualifizierung der Projekt-mitarbeiter	Schulungsmaßnahmen für Projektmitarbeiter	Termine für Nachbesserungen in den Projektplan aufnehmen.
			Hinzuziehen eines Experten als Hilfestellung für die Projektmitarbeiter	
Projekt-ziel kann nicht erreicht werden	Unrealistische Projektplanung	Überdenken des Projektes	Projektstop	Kann das Projektziel nicht erreicht werden, ist ein Projektstop ratsam. Lieber frühzeitig das Projekt stoppen und überdenken, als eine Menge Zeit und Ressourcen für ein nicht erreichbares Ziel zu verschwenden.
			Kompletter Neuansatz für das Projekt	
			Verwerfung der Projektidee	

Damit steuernde Gegenmaßnahmen in entsprechender Weise ergriffen werden können, ist es wichtig, sich über die Ursachen eingetretener Fehlentwicklungen klar zu werden. Abbildung 82 zeigt am Beispiel von Verzögerungen, wie vielfältige Gründe dafür ausschlaggebend sein können.

Abhängig von der jeweiligen Ursache ist dann aus der Palette an Maßnahmen jene zu ergreifen, die das Übel am ehesten an der Wurzel packt. Zu beachten ist freilich, dass ähnlich wie bei Medikamenten der Einsatz bisweilen auf Hindernisse stößt und Nebenwirkungen auslösen kann (vgl. Übersicht 38).

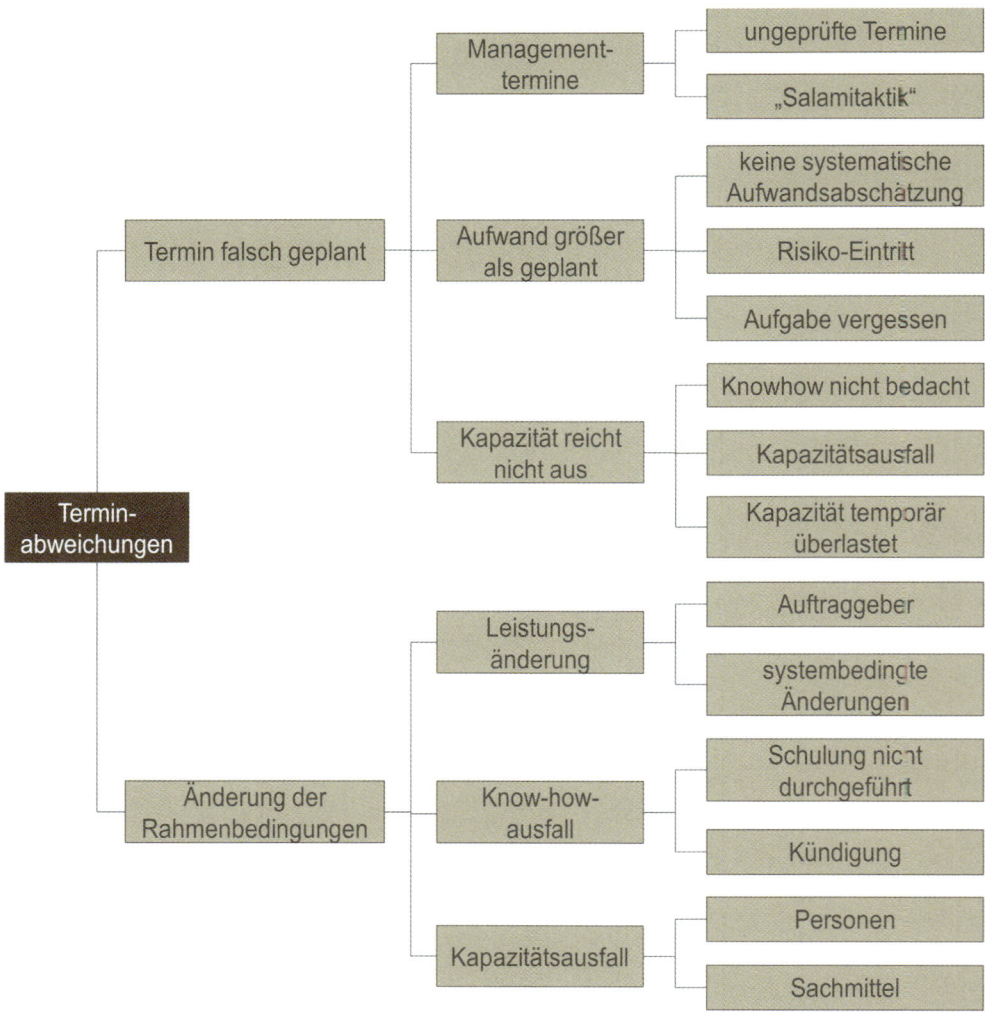

Abbildung 82:   Ursachen für Terminabweichungen (nach SCHELLE 1999, 185)

Übersicht 38: Maßnahmen zur Kosten- und Terminsteuerung mit ihren Hindernissen und Nebeneffekten (SCHELLE 1999, 186 ff.)

Leistungsumfangreduzierend		Aufwandsreduzierend	
Maßnahme	eventuelle Hindernisse und Nebeneffekte	Maßnahme	eventuelle Hindernisse und Nebeneffekte
• Leistungsreduzierung	• Auftraggeber stimmt nicht zu, Konkurrenzdruck verbietet diese Maßnahme	• Suche nach technischen Alternativen	• Kurzfristiger Mehraufwand mit unsicherem Ergebnis
• Versionsbildung mit vorläufiger Leistungsreduzierung	• Versteckte Terminverschiebung; Gesamtaufwand erhöht sich	• Lizenzen und Know-how kaufen	• Abhängigkeit; Übertragbarkeit fraglich
• Einschränkung der geforderten Qualität	• Erhöhung des Gesamtaufwands über die Produktlebenszeit; versteckte Terminverschiebung	• Zukauf von Teilprodukten	• Geeigneter Lieferant muss gesucht werden; Aufwand für Definition und Abnahme
• Prioritätenänderung der Leistungsmerkmale	• Versteckte Terminverschiebung; Einsatznotwendigkeiten stehen möglicherweise dagegen	• Alternative Lieferanten	• Aufwand, Zeit für Auswahl und Auftrag; Lieferrisiko
		• Änderung des Abwicklungsprozesses	• Umstellungsaufwand mit unsicherem Ergebnis
		• Einsatz von anderen Werkzeugen	• Einarbeitungsaufwand; Investitionskosten
• Ablehnung von Änderungswünschen	• Akzeptanz des Projektergebnisses geht zurück; Umsatz und Gewinn reduzieren sich	• Nicht zwingend notwendige Arbeitspakete streichen	• Erhöhtes Risiko; Qualitätsreduzierung
		• Parallelarbeit	• Erhöhtes technisches Risiko, Mehrkapazität pro Zeiteinheit
Kapazitätserhöhend		Produktivitätserhöhend	
• Einstellung zusätzlicher Mitarbeiter	• Personalbudget ist festgelegt	• Ausbildung der Mitarbeiter	• Kein kurzfristiger Effekt; Aufwand
• Umverteilung des Personals im Projekt	• Engpass verschiebt sich	• Austausch einzelner Mitarbeiter	• Keine Alternativen; Einarbeitungszeit
• Einsatz zusätzlicher Abteilungen	• Koordinationsaufwand steigt; Einarbeitung ist erforderlich	• Einstellung besonders qualifizierter Mitarbeiter	• Spezialisten oft nicht zu finden; Kosten
• Zukauf von externer Kapazität	• Know-how muss gefunden werden	• Information und Kommunikation erhöhen	• Zeitaufwand; kein kurzfristiger Effekt
• Zusätzliche Betriebsmittel bereitstellen	• Investitionen sind erforderlich	• Motivation erhöhen durch	• kein kurzfristiger Effekt
• Lieferantenwechsel	• Lieferrisiko; Qualitätsrisiko	– persönliche Anerkennung	
		– Teamgeist	
• Fremdvergabe von Arbeitspaketen	• Koordinationsaufwand; Aufwand für Suche nach geeigneten Bearbeitern; Qualitätsrisiko	– Personifizierte Verantwortung – Prämien und Anreize – Abbau von Konflikten etc.	
• Anordnung von Überstunden	• Betriebsrat muss zustimmen; nur kurzzeitig einsetzbar	• Neuorganisation des Projekts	• Reibungsverluste, Widerstände
• Mehrschicht-Arbeit einführen	• Organisationsprobleme	• Abschirmung der Mitarbeiter von administrativen Tätigkeiten etc.	
• Abbau anderer Belastungen des Projektpersonals (z.B. Entlastung von administrativen Aufgaben)	• Mängel an anderen Stellen	• Verbesserte Infrastruktur des Projekts	

Zusammenfassung

☑ Während der Realisierungsphase eines Projektes ist sicherzustellen, dass alle

- die benötigten Arbeitsmittel zur Verfügung haben;

- wissen, was zu tun ist und

- kosten- sowie termintreu ihre Leistungen in vereinbarter Qualität liefern,

weshalb Motivation, Kommunikation, Koordination, Konfliktlösung, Kontrolle und Korrekturmaßnahmen samt Dokumentation und Erfolgsfeststellung zu gewährleisten sind.

☑ Den Einsatz für das Projekt stimulieren ein situationsadäquater Führungsstil sowie ein entsprechender Umgang mit Motivatoren und Motivationstechniken.

☑ Auftretende Konflikte wären zu analysieren und womöglich nach einer Konfliktlösungskaskade so zu bearbeiten, dass sie sich ins Produktive wenden.

☑ Eine regelmäßige Kontrolle des Projektfortschritts vergleicht bislang erreichte Ist-Stände mit Soll-Ständen aus den Plänen und signalisiert bei gravierenden Abweichungen Handlungs- bzw. Korrekturbedarf.

☑ Sobald schwerwiegendere Probleme auftreten, sind unverzüglich deren Gründe zu suchen und ursachenadäquate Maßnahmen zu setzen, wie etwa eine Planrevision, wenn Planungsfehler ausschlaggebend waren, oder beispielsweise Kapazitätsaufstockungen, wenn Ressourcenmangel verantwortlich waren.

☑ Eine laufend aktualisierte Projektdokumentation enthält alle wichtigen Unterlagen (Pläne, Protokolle, Berichte etc.) und dient als Nachschlagewerk bzw. wichtige Informationsgrundlage für die Mitarbeiter, im Streitfall der Beweissicherung sowie letztendlich dem Erfolgsnachweis.

Kontrollaufgaben

7.1. Im Rahmen des Vino-Cook-Projektes möchte eine Gruppe von Winzern eine eigene Linie von Weinen, welche speziell zum Verkochen gedacht sind, in Supermärkten platzieren. Die beteiligten Weinhauer haben zu Beginn auf Aufgabenabgrenzungen verzichtet und sind sich nun uneins, wer die Verhandlungen mit den Einkäufern der Lebensmittelhandelsketten führen soll. Außerdem begegnen die Bauern einander mit Misstrauen, weil manche sich erstmalig an Geschäften mit Handelsketten beteiligen und daher nicht über das nötige Wissen im Umgang mit Großeinkäufern verfügen, während andere schon alte Profis in dieser Vermarktungsschiene sind. Überdies reichen die gemeinschaftlich aufgebrachten Mittel nicht für sämtliche zur Markteinführung geplanten Aktivitäten, was ebenfalls interne Unruhe stiftet.

   a) Wie beurteilen Sie die geschilderten Konstellationen (bitte benennen Sie diese eindeutig) und wie sollte der Leiter des Vino-Cook-Projektes auf diese Lage reagieren?

   b) Wie sind Konflikte aus Sicht des Projektmanagements grundsätzlich zu beurteilen?

7.2. Beim schon vor einem Jahr gestarteten Kochbrand-Projekt möchte eine Gruppe von Obstbauern eine eigene Linie von Schnäpsen, welche speziell zum Verkochen gedacht sind, in Supermärkten platzieren. Bei diesem Vorhaben geht kaum etwas weiter. Die Landwirte verstehen sich zwar untereinander, ihr Engagement lässt aber zu wünschen übrig und eine gewisse Lustlosigkeit macht sich unter den Projektbeteiligten breit. Zu vereinbarten Treffen kommen manche gar nicht, manchen, die doch noch erscheinen ist anscheinend alles recht bzw. sind sie eher teilnahmslos und einzelne äußern sich bestenfalls sarkastisch.

   a) Für welche Krisensituation in der Projektdurchführung ist das geschilderte Verhalten der Teammitglieder symptomatisch und auf welche generelle Ursache dürfte dieses Verhalten vermutlich zurückzuführen sein?

   b) Geben Sie einen Überblick, welche Instrumente zur Verfügung stünden, um auf die skizzierte Situation adäquat zu reagieren. Erläutern Sie ferner in welcher Reihenfolge und mit welcher Häufigkeit diese Instrumente jeweils eingesetzt werden sollten.

7.3. Sie arbeiten beim Hortivit-Projekt mit, bei dem es um die Markteinführung eines neuartigen, biologischen, in Hobbygärten einzusetzenden Pflanzenvitalisierungsmittels geht. Der Projektleiter vergisst, Ihnen über Vorkommnisse im Projekt zu berichten, die für die Erfüllung der Ihnen zugedachten Aufgaben wichtig wären. Außerdem fällt er immer wieder anstehende Entscheidungen nicht und überdies weist er Ihnen nur einen Teil jener Ressourcen zu, die Sie zur Erfüllung Ihrer Aufgaben brauchen.

   a) Mit welchen mittel- und langfristigen Folgen wird bei diesem Verhalten des Projektleiters für das Projektteam zu rechnen sein?

   b) Wie könnten Sie als Mitglied des Hortivit-Projektteams professionell auf diese Situation reagieren und was sollte der Projektleiter tun?

7.4. Da er selbst keine Ahnung von Projektmanagement hat, bittet Sie ein Bekannter um Hilfe. Dieser soll im Auftrag seines Vorgesetzten ein großes, länger dauerndes firmeninternes Projekt kontrollieren, welches sich eben mitten in der Durchführungsphase befindet.

   a) Was hat im Zuge der Überwachung des Projektverlaufes grundsätzlich zu geschehen und auf welche drei Kerngesichtspunkte sollte sich die Projektkontrolle konzentrieren?

    b) Welche schriftlichen Unterlagen sollte sich Ihr Bekannter jedenfalls beschaffen, um die ihm übertragenen Kontrollaufgaben wahrnehmen zu können?

    c) Was sollte Ihr Bekannter veranlassen, wenn sich im Zuge der Kontrolle herausstellt, dass es bei der bisherigen Projektdurchführung bereits zu massiven Kostenüberschreitungen gekommen ist?

7.5. Sie sind für das Projekt Laborerneuerung in der Firma Geno-Tech verantwortlich. Von einem Mitglied Ihres Projektteams bekommen Sie auf einem Zettel folgenden ersten Fortschrittsbericht:

       ✓ Ca. 50 Telefonate mit einer Gesamtdauer von 20 Stunden geführt
       ✓ An rund 20 Meetings und Sitzungen mit Gesamtzeitaufwand von 47 Stunden teilgenommen
       ✓ Diverse Recherchetätigkeiten im Umfang von rund 31 Stunden ausgeführt
       ✓ 3 Dienstreisen mit Gesamtdauer von rund 50 Stunden absolviert
       ✓ Unterschrift (unleserlich)

    a) Entwerfen Sie zunächst eine universell einsetzbare Checkliste für die Überprüfung der Güte von Projektfortschrittsberichten.

    b) Begutachten Sie den obigen Fortschrittsbericht und geben Sie eine Rückmeldung an das Bericht erstattende Projektteammitglied; spezifizieren Sie dabei vor allem allfällige Mängel und erläutern Sie falls nötig, welche Informationen zu ergänzen wären.

7.6. Sie sollen eine Nachbesprechung eines unter vielen Mühen und Spannungen abgeschlossenen Vorhabens vorbereiten und dabei ganz spezielles Augenmerk auf die Güte des Konfliktmanagements während der Projektbearbeitung richten. Entwerfen Sie eine Checkliste zur Überprüfung der Güte des Konfliktmanagements.

PROJEKTABSCHLUSS

Leitfragen

- Was bleibt nach Erreichung der ursprünglichen Projektziele noch zu tun?

- Wie gestalten sich eine erfolgreiche Abschlusspräsentation und eine ordnungsgemäße Ergebnisabnahme des Projektes?

- Was passiert bei der Ergebnisevaluation bzw. Projektreview?

- Welche Instrumente und Techniken helfen dabei, das Projektgeschehen im Nachhinein systematisch aufzuarbeiten?

- Was steht in einem Projektabschlussbericht?

- Worauf ist bei der Auflösung der Projektorganisation zu achten?

Lehr- und Lernziele

- Imstande sein, wenigstens drei verschiedene Methoden zur nachträglichen Aufarbeitung des Projektes praktisch anzuwenden.

- Eine Projektendabnahme ordnungsgemäß abzuwickeln vermögen.

- Programm und Verlauf eines Projektabschlussmeetings praktisch gestalten können.

- Entwürfe für einen Projektabschlussbericht erstellen können.

24. Projektfinalisierung und -nachbereitung

Das Erreichen der gesteckten Ziele markiert zwar einen Wendepunkt, weil damit die Durchführungsarbeiten auslaufen, es stellt jedoch noch nicht das Projektende dar. Bis zu selbigem fehlt noch der Projektabschluss.

Ein Zweck des Projektabschlusses besteht darin, zu verifizieren, dass tatsächlich alle Arbeiten erledigt wurden. Außerdem ist sicherzustellen, dass alle Zahlungen erfolgt sind, dass die Schlussberichte vorliegen und alle Nacharbeiten ausgeführt wurden.

> Der **Projektabschluss** ist die letzte Phase eines einmaligen Vorhabens, die nach dem Erreichen der gesteckten Ziele einsetzt und während derer die Präsentation sowie formelle Abnahme der Ergebnisse, die Bewertung des Projektverlaufes, die Erfahrungssicherung und am Ende die Auflösung der Projektorganisation stattfinden.

Im Detail gehören zum ordnungsgemäßen Projektabschluss:

- Abschlusspräsentation der Projektergebnisse (mit dem Auftraggeber),
- Endabnahme der Projektergebnisse entsprechend dem Projektauftrag,
- eventuelle Komplettierungen sowie Behebungen von Restmängeln,
- Abschlussmeeting (Nachbesprechungen) mit dem Projektteam,
- Evaluation des Projektverlaufes und der Projektergebnisse (Projektreview),
- Erstellen eines Projektabschlussberichtes samt Endabrechnung (Abschlussdokumentation oder Projektbilanz),
- Personal- und Sachmittelüberstellungen,
- Abschlussfeier.

In der Praxis wird oft nicht mehr viel Mühe in den Projektabschluss investiert. Das ist schade, weil bei Vernachlässigung der Abschlussphase Chancen für die Zukunft ungenutzt bleiben. Die Analyse abgeschlossener Projekte liefert Hinweise für Folgevorhaben. So mag etwa die retrospektive Überprüfung ursprünglicher Aufwandsschätzungen zu Anpassungen bisheriger Prognoseverfahren veranlassen und damit für die Zukunft bessere Ansätze von Planwerken liefern. Aber auch die Dokumentation von Höhen und Tiefen in der Zusammenarbeit kann Lerneffekte bei allen Beteiligten auslösen.

Dass es immer wieder zum ungeordneten „Ausfransen" oder allmählichen Einschlafen von Projekten kommt, ist gleichwohl psychologisch verständlich. Oftmals vertreten nämlich Projektbeteiligte die Ansicht, mit dem Erbringen der vom Auftraggeber gewünschten Leistung sei auch das Vorhaben beendet. Ab diesem Zeitpunkt wenden sie sich dann vom Projekt ab und neuen Herausforderungen zu. Solch einem vorschnellen Ausstieg gilt es entgegenzuarbeiten, einmal weil sonst den MitarbeiterInnen im Projektteam das positive Gefühl entgeht, an etwas Erfolgreichem mitgewirkt zu haben, zum anderen weil sonst wertvolle Erfahrungen verloren gehen und ungenutzt bleiben. Deshalb sollte man die Beendigung eines Projektes klar und deutlich kommunizieren und bewusst aktiv gestalten. Zumal – wie gesagt – gerade eine Abschlussphase insofern eine besondere Herausforderung darstellt, weil sich die Mitarbeiter schon geistig zu verabschieden beginnen und weil bei vielen Beteiligten die Motivation für das Projekt schwindet. Außerdem spielt eine ordnungsgemäße Abwicklung des Projektabschlusses auch eine wichtige Rolle im Hinblick auf rechtliche Implikationen (Vertragserfüllung, formelle Entlastungen etc.) (vgl. Abbildung 83).

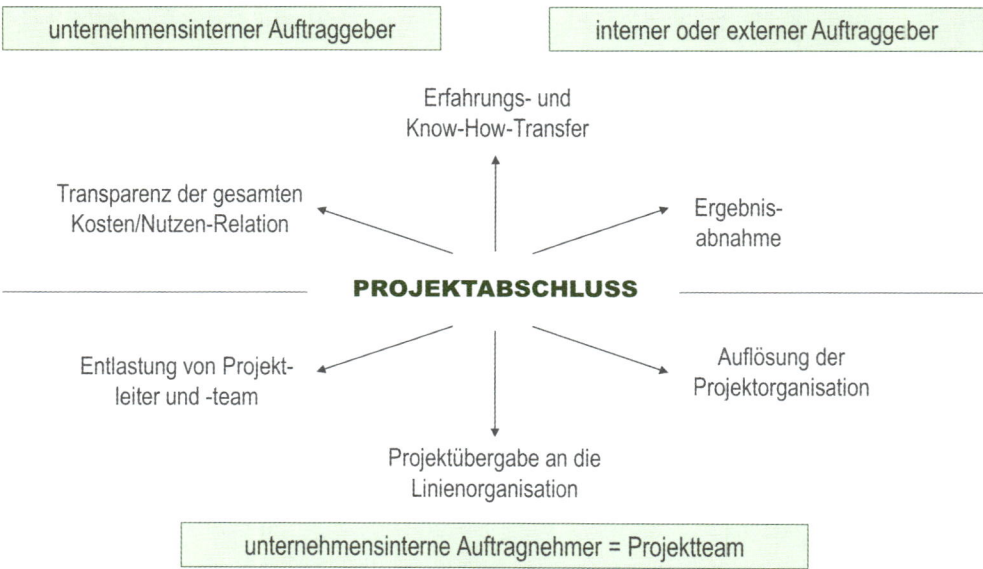

Abbildung 83: Die Rolle des Projektabschlusses (nach BELLUT 2003, 435)

24.1. Projektabschlusspräsentation und Endabnahme

Die Abschlusspräsentation dient dazu, die erbrachte Leistung vorzustellen bzw. vorzuführen, was meist in Form einer separaten Veranstaltung geschieht und wozu man alle Beteiligten rechtzeitig einlädt. Die Abschlusspräsentation gibt nicht nur Gelegenheit, zu zeigen, was man erreicht hat, sondern ermöglicht auch wesentliche Arbeitspakete oder Meilensteine in Erinnerung zu rufen. Sie sollte sowohl inhaltlich als auch technisch gut vorbereitet sein, wozu auch die Bereitstellung der adäquaten technischen Ausrüstung (Beamer, Laptop, Flipchart und Moderationsmaterial etc.) gehört. Als weiteres, die Präsentation unterstützendes Material kommen Poster und Folder in Frage.

Die Projektabnahme ist ein formeller Akt, im Zuge dessen der Auftraggeber die Projektergebnisse in Empfang nimmt und den Projektoutput, sofern er keine gravierenden Abweichungen feststellt, billigt. Er begutachtet die Resultate durch Vergleich mit den im Projektauftrag seinerzeit vereinbarten Anforderungen bzw. mit den damals vereinbarten Bedingungen für den Projekterfolg. Die Projektabnahme bildet jeweils den letzten und wichtigsten Meilenstein eines Vorhabens. Sie findet üblicherweise dann statt, wenn die Projektziele erreicht sind.

Verschiedene Branchen pflegen unterschiedliche Abnahmerituale (so ist bei Bauprojekten die gemeinsame Begehung des Objektes üblich, bei technischen Geräten oder Softwareentwicklungen werden Probeläufe durchgeführt etc.).

Am Ende der Abnahme ist es üblich, ein Abnahmeprotokoll zu erstellen, welches der Auftraggeber unterschreibt. Dieses Schriftstück enthält eine Beschreibung der Ergebnisse sowie einen Prüfbericht durch den Auftraggeber. Darin wären allfällige Mängel und das vereinbarte Vorgehen für deren Behebung festzuhalten.

Mit der Abnahme sind zumeist die letzten Zahlungen fällig und zugleich beginnt auch die Gewährleistungsfrist.

24.2. Abschlussmeeting und Projektreview

Als formaler Abschluss eines Projektes für das Projektteam ist eine Projektabschlusssitzung vorzusehen. Folgende Fragen sind bei dieser Gelegenheit gemeinsam zu beantworten:

- Wurden die gesetzten Ziele (Termine, Kosten, Output) erreicht? – Wenn nein, aus welchen Gründen nicht?
- Ist der Auftraggeber zufrieden? – Wenn nein, was gab Anlass zu Unzufriedenheit?
- Was lief gut und was schlecht im Projekt? Wie war das Klima im Team?
- Welche Konsequenzen werden aus den gewonnenen Erfahrungen für künftige Projekte zu ziehen sein?
- Welche Nacharbeiten sind bis wann noch zu erledigen?
- Sind die Voraussetzungen zur Entlastung des Projektteams und des Projektleiters gegeben?

Die Projektabschlusssitzung bietet die Gelegenheit, das Projektteam in die Evaluation (= Nachbereitung) des Projektes einzubeziehen. Gemeinsam kann man beitragen zur

- Ergründung von Erfolgs-/Misserfolgsfaktoren und
- systematischen Auswertung und Festhalten der gewonnenen Erfahrungen.

Um ein Projekt retrospektiv zu beurteilen und um zu sehen, was sich bei künftigen Vorhaben besser machen ließe, bietet sich der Einsatz verschiedener Werkzeuge an; in Betracht kommen:

- *Befragungen* (von Kunden oder/und Teammitgliedern) entweder mündlich in Form eines Interviews oder schriftlich mittels (allenfalls anonymisierten) Fragebogen. Das informelle Gespräch verursacht den geringsten Aufwand, vor allem beim Kontakt zum Kunden ist bei dieser Form die Gefahr am geringsten, dass er sich unnötig belastet fühlt.

- *Abhaltung einer „Lessons learned"-Besprechung bzw. einer Feedbackrunde,* während derer das gesamte Team verschiedene Aspekte des eben fertiggestellten Projektes beleuchtet und Manöverkritik übt.

  Im Zuge einer solchen gemeinschaftlichen Nachbetrachtung lässt sich als relativ populäre Methode etwa auf einem Flip-Chart eine Tabelle erstellen, die schlagwortartig für einzelne Kriterien der Projektarbeit angibt, was „gut", „mäßig" bzw. „schlecht" war (vgl. Übersicht 39).

Übersicht 39: Beispiel für einen Tabellenraster zur gemeinschaftlichen Projektnachbetrachtung im Team

Kriterium	gut	mäßig	schlecht
Teamsitzungen	klare Tagesordnungen	Räumlichkeit	fehlende Zeitdisziplin
interne Koordination	Wahrnehmung des Abstimmungsbedarfes	Abstimmungsgeschwindigkeit	fragmentarische Gesprächsprotokolle
⋮	⋮	⋮	⋮

- *Benchmarking* umfasst einen Vergleich zwischen dem Geschehen im eben abgeschlossenen Projekt und dem in anderen Projekten, um Verbesserungsvorschläge zu generieren und um die Möglichkeit zu bieten, für eine Art „Leistungsmessung". Als Vergleichsprojekte können – so vorhanden – entweder solche aus der eigenen Organisation herangezogen werden oder aber auch Vorhaben ähnlicher Natur, die von anderen ausgeführt wurden.

- *Diagramming* (graphisch gestützte Projektbeurteilungen)
    - *Ursache-Wirkungs-Diagramm*
      Die Graphik hat als Ausgangspunkt eine Ellipse, in der das Kernproblem benannt wird und die auf der rechten Seite des Blattes eingezeichnet wird. Dann zeichnet man einen waagrechten Pfeil, der auf die Ellipse zeigt. Hierauf zeichnet man weitere 5 vertikale Pfeile, die auf diesen Hauptpfeil zeigen. So entsteht eine Art Fischgrätmuster, weswegen diese Graphik auch manchmal als Fishbonediagramm bezeichnet wird. Jeder dieser Seitenpfeile repräsentiert eine Gruppe möglicher Gründe, die das Problem verursachen könnten, wobei man im Rahmen von Managementproblemen standardisierte Ursachengruppenbezeichnungen (die 5 Ms: Material, Methode, Mensch, Mitwelt, Maschine) verwenden kann.

Die Arbeit mit der 5 M-Technik zur Erstellung eines Ursache-Wir-kungs-(oder auch Fishbone-)Diagramms umfasst folgende Schritte:

o   klare Definition des Hauptproblems;

o   Identifikation sämtlicher möglichen Problemursachen (z.B. in einem Brainstorming), wobei selbst unwahrscheinliche Grün-de zu erfassen sind;

o   Gruppierung der Ursachen zu inhaltlich verwandten Blöcken;

o   Verdichten der Ursachenbeschreibungen (falls nötig);

o   sichtbare Verbindung zwischen den Ursachen und dem Problem feststellen;

o   Bewertung des Diagramms und Entscheidung, welche Ursachen die wichtigsten darstellen.

Abbildung 84 zeigt ein Beispiel für ein derartiges Fishbone-Diagramm.

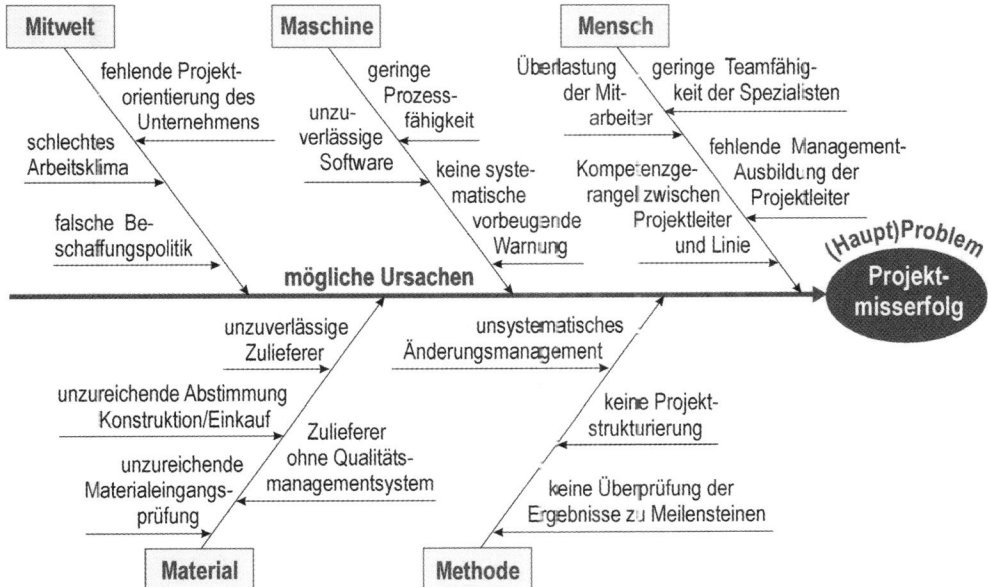

Abbildung 84: Ursache-Wirkungs-Diagramm zur Analyse von Projektfehlschlägen nach der 5M-Methode (nach SCHELLE 1999, 163)

–   *Spider-Chart*
    Zur Durchführung einer graphisch gestützten Projektnachbereitung kann man sich auch eines sogenannten Spinnennetzdiagramms bedie-nen. Dafür zeichnet man konzentrische Kreise, die jeweils einen be-stimmten Punktewert repräsentieren. Vom Mittelpunkt der Kreise lässt man sternförmige Achsen ausgehen. Die Achsen beschriftet man mit

Kriterien, die einem für die Projektbeurteilung wichtig erscheinen. Dann kann jeder in einem solchen Graph die persönlichen Bewertungen eintragen. Zwar sind die Punktevergaben subjektiv, aus der Summe mehrerer Meinungen offenbart sich aber, wo hauptsächlich die Probleme im Projektverlauf aufgetreten sind (vgl. Abbildung 85).

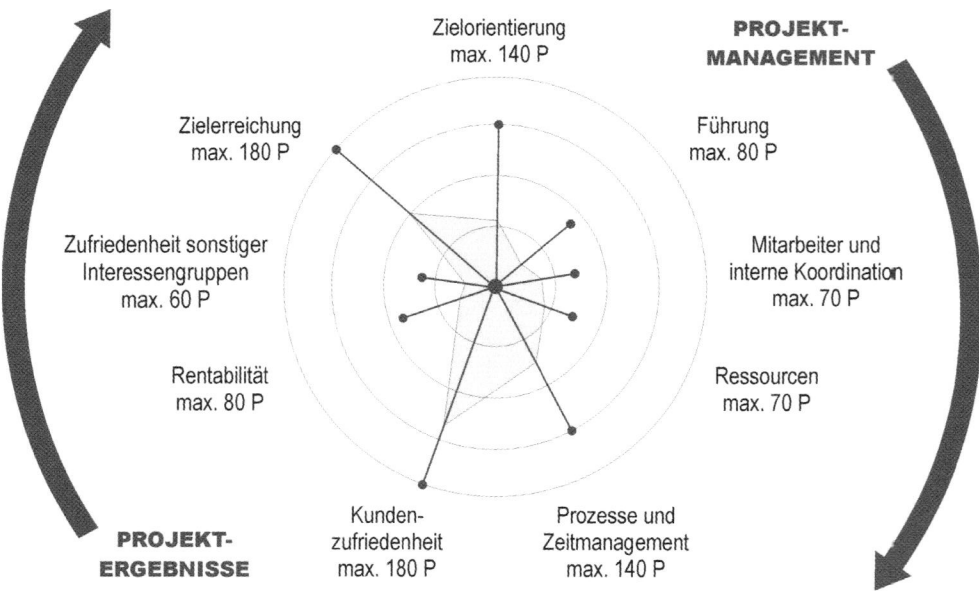

Abbildung 85: Profil- oder Spinnennetzdiagramm zur abschließenden Projektbewertung

Die Projektevaluation sollte sich nicht nur auf das Einholen von Feedback am Schluss stützen. Vielmehr sollte die nachträgliche Projektbewertung auch auf die während der Projektbearbeitung laufend geführte Projektdokumentation zurückgreifen. Je sorgfältiger regelmäßige Aufzeichnungen (z.B. Projekttagebuch) geführt werden, desto ergiebiger kann dann die ex post-Analyse sein und desto schneller wird sie vonstatten gehen.

Ferner können Checklisten den Projektreview erheblich vereinfachen und außerdem den Vorgang der Retrospektive reproduzierbar machen. Beurteilt man mehrere Projekte nach einem einheitlichen Schema, begünstigt das Vergleiche zwischen unterschiedlichen Projekten.

Im Zuge einer rückblickenden Aufarbeitung des Projektgeschehens lassen sich nicht nur die eben geschilderten, überwiegend qualitativen Verfahren anwenden, sondern auch quantitative Beurteilungen mittels Projektkennzahlen vornehmen.

Generell sind Projektkennzahlen „Maßgrößen (Verhältniszahlen oder Absolutwerte), die Sachverhalte in, über oder aus Projekten zahlenmäßig erfassen und komprimiert darstellen.

Übersicht 40: Ausgewählte Projektkennzahlen, ihre Berechnung und Interpretation

Kennzahl		Interpretation	Einsatz
Bezeichnung	Berechnungsformel		
Planaktualisierungs-intervalle [in Tagen] =	bisherige Projektlaufzeit [in Tagen] / Anzahl Planaktualisierungen	Da sich Umfeld und Projektarbeit unvorhergesehen entwickeln können, sind die Projektpläne regelmäßig nachzuführen und zu aktualisieren. Zu lange Zeitabstände gefährden die Projektsteuerung. Zu kurze Zeitabstände treiben den Planungsaufwand unnötig in die Höhe. Idealwerte projektgrößenabhängig (etwa 10 bis 20 Tage).	Erlaubt Rückschlüsse über Angemessenheit der Prozesse
Planungs-beteiligung =	Anzahl der an der Planung Mitwirkenden / Anzahl der Arbeitspaket-verantwortlichen	Die Partizipation bei der Projektplanung sollte vor allem die Arbeitspaketverantwortlichen einbeziehen, weil so deren Expertise einfließen und ihr Commitment für das Projekt gesteigert werden kann. Der Wert sollte möglichst größer 1 sein (da Projektleiter und externe Planungsexperten ja auch zu den Planungsmitwirkenden zählen).	Liefert Hinweise auf Empowerment und Identifikation der Beteiligten mit dem Projekt
Verflech-tungszahl (V) =	Anzahl der Abhängigkeiten (Ziele eines Netzplanes) / Anzahl der Vorgänge (Knoten eines Netzplanes)	Ein hoher Wert für V signalisiert hochgradige Vernetztheit, was sowohl auf hohe Komplexität des Projektes als auch auf ein höheres Risiko des Scheiterns hinweist.	Gibt Aufschluss über komplexitätsbedingte Projektrisiken
Anteil zeit-kritischer Vorgänge =	Anzahl der Vorgänge auf dem kritischen Pfad / Gesamtzahl der Vorgänge im Projekt	Hohe Werte verweisen auf geringe zeitliche Spielräume im Projekt sowie auf eine besondere Notwendigkeit der Terminüberwachung.	Frühindikator für das Gefährdungspotential durch Terminverzug
Zeit-differenz =	Plan-Dauer − Ist-Dauer	Informiert über den terminlichen Projektverlauf. Negative Werte signalisieren Verzögerungen, positive Werte zeigen einen zeitlichen Vorsprung gegenüber der geplanten Dauer an.	Anhaltspunkt für Maßnahmen zum Aufholen von Terminrückständen
Kostenab-weichung =	Ist-Kosten − Plankosten	Positive Kostenabweichungen zum Kontrollzeitpunkt zeigen an, dass mehr Kosten als ursprünglich geplant angefallen sind. Negative Kostenabweichungen beschreiben eine günstigere Kostensituation zum Kontrollzeitpunkt als geplant. Fehlinterpretationen können auftreten, weil positive Kostenabweichungen auch auf einen schnelleren oder negative auf einen langsameren Projektverlauf zurückzuführen sein könnten.	Grobe Orientierung über Kostensituation

221

Übersicht 37 (Fortsetzung): **Ausgewählte Projektkennzahlen, ihre Berechnung und Interpretation**

Kennzahl		Interpretation	Einsatz
Bezeichnung	Berechnungsformel		
Einsatz-mittelaus-lastungs-grad [in %] =	$\dfrac{\text{Leistungsbedarf des Einsatzmittels}}{\text{Einsatzmittel-leistungsvermögen}} \times 100$	Zeigt bezogen auf ein bestimmtes für die Erledigung von Projektaufgaben benötigtes Mittel (= Ressource), dessen projektspezifische Beanspruchung. In der Regel strebt man nach Werten nahe 100!	Informiert über Über- bzw. Unter-auslastung
Arbeits-produk-tivität =	$\dfrac{\text{Arbeitsleistung (Ergebnismenge)}}{\text{Arbeitseinsatz(menge)}}$	Kann für das gesamte Projekt, für Arbeitspakete sowie für einzelne Teammitglieder oder Teams errechnet werden; liefert ein Leistungsmaß, das bei der Arbeitsplanung berücksichtigt werden kann.	Macht Effizienz-unterschiede sichtbar
Fluktuations-rate =	$\dfrac{\text{Anzahl der Abgänge aus dem Projektteam}}{\text{durchschnittlicher Bestand an Projektmitarbeitern}}$	Wird für eine Zeitperiode berechnet. Hohe Werte deuten auf wenig stabile Projektorganisation (was den Kommunikations-, Schulungs- und Einarbeitungsaufwand in die Höhe treibt) oder/und ein schlechtes Klima im Team hin.	Frühindikator für allfällige Probleme im Projektteam
Fertig-stellungs-grad (percentage complete) [in %] =	$\dfrac{\text{Ausmaß der zu einem Stichtag erbrachten Leistung}}{\text{zu erbringende Gesamt-leistung eines Vorganges}} \times 100$	Niedrige Werte signalisieren zu einem Stichtag noch unerledigte Aufgaben. Ein Wert von 100 % bringt zum Ausdruck, dass bei der Bearbeitung einer bestimmten Aufgabe tatsächlich alle geplanten Ergebnisse erreicht wurden.	Spiegelt den inhalt-lichen Projektfort-schritt wider
Mitarbeiter-verfügbar-keit im Projekt =	$\dfrac{\text{durchschnittl. Wochen-arbeitszeit im Projekt}}{\text{durchschnittl. wöchentl. Arbeitszeit}}$	Werte unter 0,5 deuten auf hohe Belastungen durch Tätigkeiten außerhalb des Projektes, was den Koordinationsaufwand überproportional wachsen und ineffiziente Arbeitsweise entstehen lässt.	Indikator für das Projektcommitment und für allfällige Terminprobleme

Wesentliche Merkmale von Kennzahlen sind:

- Informationsbezug, d.h., dass ein direkter Bezug zum Sachverhalt hergestellt werden kann,

- Quantifizierbarkeit, d.h., dass der Sachverhalt numerisch erfasst werden kann und

- Entscheidungscharakter, d.h., dass die Komplexität des Sachverhalts in konzentrierter Form dargestellt werden kann" (MOTZEL 2006, 98).

Weil Kennzahlen als Grundlage für Entscheidungen dienen, sind sie nicht nur für eine nachträgliche Überprüfung und Bewertung bereits abgeschlossener Vorhaben zu brauchen. Vielmehr lassen sich manche Kennzahlen schon mitten während der Projektarbeit ermitteln und bereits während der Durchführungsphase als Grundlage für die Projektsteuerung bzw. als Basis für ein allfälliges Ergreifen von Korrekturmaßnahmen nutzen.

Beispiele für Projektkennzahlen sind: Projektgröße in Euro, Projektdauer in Personenjahren, durchschnittliche Anzahl der Projektmitarbeiter.

Übersicht 40 präsentiert die Berechnungsformeln einiger gebräuchlicher Projektkennzahlen und gibt Hinweise zur Interpretation von konkreten Kennzahlenwerten.

Die Befunde zum abgelaufenen Projekt sind schließlich zu Lessons learned zu verdichten. Diese Lessons learned beruhen auf dem systematischen Sammeln, Bewerten und Verdichten von Erfahrungen und Fehlern, besonders gelungenen Lösungen etc. Sie halten schriftlich Hinweise fest, die zu beachten sich unter Umständen für künftige Projekte als nützlich erweisen könnte. Sie können entweder als alleinstehendes Dokument erstellt werden oder als Teil des Projektabschlussberichtes in diesen integriert sein.

24.3. Projektabschlussbericht

Ein Projektabschlussbericht stellt ein komplettes Resümee des gesamten Vorhabens dar. Er berücksichtigt alle Analysen und Erkenntnisse. Sein Umfang passt sich der jewieligen Projektgröße an. Dieses Schriftstück richtet sich an interne Auftraggeber und ausgewählte Vertreter der das Projekt ausführenden Institution als Adressaten, es ist also ein (unternehmens)interner Bericht.

Der Projektabschlussbericht hält zusammenfassend schriftlich fest, was die retrospektive Evaluation des Projektverlaufes ergeben hat.

- Anhand der ursprünglichen inhaltlich-sachlichen Ziele bzw. allfälliger zwischenzeitlicher Zieländerungen sind Zielabweichungen und die Zielerreichung zu bewerten.
- Anhand der Terminpläne und der Zeitaufzeichnungen sind Termintreue wie auch die Zeitdisziplin zu beurteilen.
- Anhand der kaufmännischen Planungen sowie der Projektbuchhaltung ist das kommerzielle Abschneiden (die Wirtschaftlichkeit) des Vorhabens zu resümieren. Auf Basis der Nachkalkulation können Kennwerte für künftige Projekte gewonnen werden; d.h. sie liefert Grundlagen für weitere Offerte.
- Anhand des Feedbacks durch den Auftraggeber und andere Nutzer bzw. Stakeholder ist deren Zufriedenheit und insbesondere die Kundenzufriedenheit einzuschätzen.
- Ferner sind die Abläufe und Arbeitsprozesse genauso zu bewerten, wie die interne Zusammenarbeit im Team sowie die Kooperation mit externen Partnern zu beurteilen ist.
- Schließlich sind die Erfahrungen als Lessons learned, Empfehlungen und Hinweise zur Weiterverfolgung bzw. Optimierung auf den Punkt zu bringen.

Der Projektabschlussbericht kann – im Sinne der Mitarbeiterförderung – auch dazu genutzt werden, herausragende Leistungen hervorzuheben.

Um die Lehre aus dem Projekt nicht nur bei den unmittelbar involvierten MitarbeiterInnen präsent zu haben, sind die Lessons learned wenigstens innerhalb der Organisation auch Leuten, die nicht mit dem Projekt zu tun hatten, zugänglich zu machen (etwa über ein Intranet oder in einer Firmenzeitung etc.) (vgl. Abbildung 86).

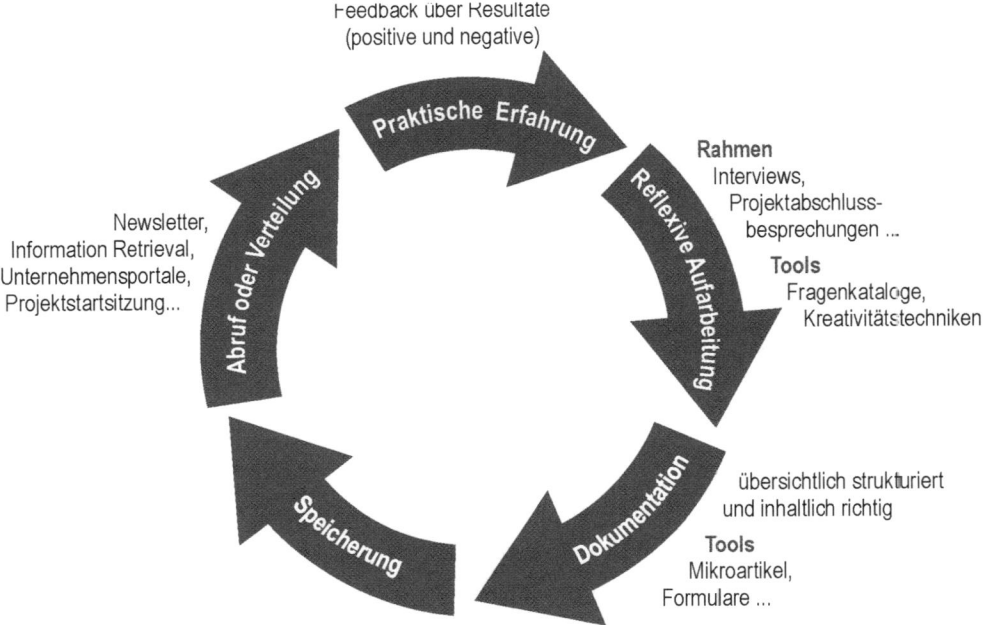

Abbildung 86: Prozess zur Aufarbeitung der Lessons learned und ihrer späteren Auswertung (nach KILIAN et al. 2008, 154)

24.4. Auflösung der Projektorganisation

Im Rahmen der Auflösung der Projektorganisation muss das Personal neuen Aufgaben zugewiesen werden. Genauso sind die bislang im Projekt gebundenen Ressourcen einer anderen Verwendung zuzuführen.

Der Projektabschluss entfaltet für die Mitarbeiter ganz persönliche Aspekte. „Abschluss bedeutet einerseits das Abschiednehmen von etwas Vertrautem, zu dem man eine persönliche Bindung aufgebaut hat, andererseits auch Neubeginn. Dieser ist manchmal mit attraktiven Perspektiven, zumeist jedoch auch mit gewissen Unsicherheiten behaftet" (PATZAK und RATTAY 1998, 398). Vor allem wenn sich eine ausgeprägte Teamidentität herausgebildet hat, wollen die MitarbeiterInnen die damit verbundene Sicherheit genauso wenig gerne aufgeben, wie das der Fall ist, wenn sich für die Teammitglieder noch keine neuen herausfordernden Aufgaben abzeichnen. Dann besteht eine gewisse Tendenz, den Auflösungsprozess hinauszuzögern: das Team erfindet neue Aufgaben, Verbesserungen etc. Solchem Perfektionismusdrang lässt sich dadurch begegnen, dass die ProjektmitarbeiterInnen rechtzeitig erfahren, welche Betätigungsfelder nach Beendigung des Vorhabens auf sie warten.

Freilich gilt es, nicht nur für das Personal einen Übergang in die Zeit nach dem Projekt zu schaffen, sondern auch bei anderen Ressourcen (Maschinen, Anlagen etc.) für eine geordnete Überführung zur Verwendung für neue Zwecke zu sorgen.

Spätestens mit Fertigstellung der Abschlussdokumentation ist der Zeitpunkt gekommen, an dem das Projektteam und der Projektleiter von ihrer Verantwortung offiziell zu entlasten sind, was meist in einem formellen Akt geschieht. Mit dieser Entlastung wird die Projektorganisation aufgelöst. Je nach Gepflogenheiten der Organisation kann der formale Vorgang der Entlastung mit monetärer Zuwendung (Erfolgsprämie) oder/und nichtmonetärer Anerkennung verbunden sein, sofern das Projekt erfolgreich war.

Die Erfolgswahrscheinlichkeit wiederum wächst mit der Professionalität des Projektmanagements, wozu das Durcharbeiten dieses Buches hoffentlich einen Beitrag leisten möge!

24.5. Abschlussfeier

Neben der formellen Abschlussveranstaltung sollte auch ein emotionaler Schlusspunkt gesetzt werden („Feier"). So empfiehlt sich vielleicht anschließend an das Projektabschlussmeeting ein gemeinsamer Restaurant- oder Heurigenbesuch.

Ein kleines Fest in entspannter Atmosphäre rundet nicht nur die Sache ab, sondern kann auch den Stellenwert des Projektes für die Organisation hervorheben, wenn etwa hochrangige Vertreter einladen oder/und teilnehmen und der Sache dadurch einen offiziellen Anstrich verleihen (vgl. LITKE et al. 2009, 128).

Das Feiern erleichtert das „Loslassen vom Projekt", es fungiert als klarer Schlussstrich (PROBST und HAUNERDINGER 2001, 108) und ist Ausdruck der Freude über das gemeinsam Geleistete.

Zusammenfassung

☑ Sind die vereinbarten Bedingungen für den Projekterfolg erreicht, verbleibt noch
  - die Resultate zu präsentieren,
  - die Projektabnahme durchzuführen,
  - den Verlauf des Projektes zu evaluieren,
  - die Lessons learned in einem Abschlussbericht zu dokumentieren sowie
  - die Projektorganisation aufzulösen.

☑ Während die Abschlusspräsentation die Resultate des Projektes dem Auftraggeber kurz vorstellt, umfasst die Abnahme die Übergabe des Projektoutputs an ihn, allfällige Mängelrügen durch ihn, Nachbesserungsvereinbarungen und die Abfassung eines formellen Protokolles darüber.

☑ Die Projektevaluation prüft retrospektiv
  - auf inhaltlicher Ebene, wieweit die verfolgten Ziele erreicht wurden;
  - auf kaufmännischer Ebene, wie wirtschaftlich das Unterfangen war;
  - auf terminlicher Ebene, wie das Zeitmanagement verlief;
  - auf Kundenebene die Kundenzufriedenheit;
  - auf teaminterner Ebene Arbeitsabläufe und -klima.

☑ Als Evaluationsinstrumente bieten sich ein Abschlussmeeting, Befragungen, Benchmarking sowie Spidercharts bzw. Ursache-Wirkungsdiagramme an.

☑ Ein Projektabschlussbericht hält neben Eckdaten (Ziele, Resultate) des Projektes die kompakt zusammengefassten Evaluationsergebnisse ebenso schriftlich fest wie Schlussfolgerungen für die Zukunft (Lessons learned).

☑ Nach Vorlage des Abschlussberichtes sind Projektleiter und Projektteam zu entlasten und die Projektorganisation geordnet aufzulösen; dazu gehören
  - die ordnungsgemäße Überstellung bzw. Verabschiedung der MitarbeiterInnen ,
  - die Abwicklung von Schlusszahlungen und
  - die Rückführung von projektbezogener Infrastruktur.

Kontrollaufgaben

8.1. Das Flower-Power-Projekt, in dessen Rahmen ein neuartiger Bio-Blumendünger entwickelt wurde, ist nach einigen Mühen und Schwierigkeiten zum Abschluss gekommen. Insbesondere sind immer wieder massive Motivationsprobleme bei den ProjektmitarbeiterInnen aufgetreten, ohne dass Sie sich diese recht erklären können. Als Projektverantwortliche(r) bereiten Sie nun einen Abschlussworkshop vor. Mit welchem Instrument können Sie prinzipiell Ursachen von aufgetretenen Problemen systematisch auf den Grund gehen, und skizzieren Sie, wie das Ergebnis des Einsatzes dieses Instrumentes im konkreten Fall aussehen könnte.

8.2. Zur Vorbereitung eines Projektabschlussworkshops mit gründlicher Nachbesprechung des eben abgeschlossenen Vorhabens sollen Sie die Güte der ursprünglichen Finanzplanung unter die Lupe nehmen.

    a) Welche Ausgangsinformationen benötigen Sie, um die Güte der Finanzplanung beurteilen zu können und woher sollten Sie diese bekommen können?

    b) Entwerfen Sie bitte eine Checkliste zur Überprüfung der Güte der seinerzeitigen Finanzplanung.

8.3. Entwerfen Sie bitte eine am Lebenszyklus eines Projektes orientierte Checkliste für eine abschließende Projektbewertung, sodass diese Liste als Basis zur gründlichen Vorbereitung einer Projektnachbesprechung dienen kann.

Übergreifende und vermischte Kontrollaufgaben

9.1. Eine Studienkollegin erzählt von einem Fallstudienprojekt, das sie im Rahmen einer Lehrveranstaltung gemeinsam mit 12 KollegInnen zu bearbeiten hat. Sie berichtet: „Anfänglich herrschte in der Gruppe super Stimmung. Jetzt kommen wir aber gar nicht voran. Ein paar sitzen bei Besprechungen nur stumm herum. Die Treffen dauern ewig lange. Einzelne haben begonnen, sich unter irgendwelchen Vorwänden immer wieder abzuseilen. Keiner gibt die Linie vor. Keiner weiß so recht, was er zu tun hat. Auch sonst sind wir uns unsicher, was wir überhaupt genau machen sollen." Ihre Kollegin fürchtet, dass die Gruppe bis Ende des Semesters die Arbeit nicht abschließen kann und fragt Sie um Rat.

  a) Wie ist die geschilderte Situation aus der Sicht des Projektmanagements zu beurteilen bzw. welche prinzipiellen Probleme liegen in der geschilderten Situation vor?

  b) Was empfehlen Sie der Kollegin, das sie versuchen sollte, um die Projektarbeit doch noch zu einem erfolgreichen Abschluss zu bringen?

9.2. Im Rahmen des PHYTO-WELL Projektes soll eine Beratungsbroschüre für neue Strategien im Pflanzenschutz anläßlich eines Feldtages der Öffentlichkeit präsentiert werden. Wegen der zugesagten Teilnahme hochrangiger Persönlichkeiten wäre der Termin nur mit großem Imageschaden für die Firma zu verschieben. 10 Wochen vor dem Feldtag stellen Sie fest, dass Sie wegen säumiger Photographen, Autoren und wegen Erkrankung des Setzers, der das Layout machen sollte, gegenüber dem ursprünglichen Terminplan arg in Verzug geraten sind. Außerdem sind die wenigen eingelangten Manuskripte fehlerhaft und so nicht publikationsfähig.

  a) Welche Möglichkeiten haben Sie, auf diese Situation zu reagieren?

  b) Wovon wird es abhängen, wie Sie auf die geschilderte Situation tatsächlich reagieren?

9.3. Bekannte von Ihnen sind organisatorisch etwas unerfahren. Da Ihre Freunde gehört haben, dass Sie Projektmanagementqualifikationen erworben haben, wenden sie sich an Sie mit der Bitte um Tipps.

  Bekannter A will in seiner Funktion als Auslandsstudentenreferent ein einmaliges Highlight seiner Tätigkeit realisieren und während der Sommerferien des kommenden Jahres ein internationales Studentencamp organisieren.

  Bekannter B ist Laborleiter in einer pharmazeutischen Firma. Er muss nach einem Unfall, der sich erst gestern ereignet hat und der das zur Bekämpfung einer akut grassierenden Pandemie dringendst benötigte Labor zerstört hat, eine behelfsmäßige Reparatur und die Aufnahme eines Notbetriebes bewerkstelligen.

  Beide wollen von Ihnen wissen, wie sie ihre Vorhaben organisatorisch anpacken sollten. Welches Vorgehen werden Sie den beiden vorschlagen?

9.4. Sie sind als AbteilungsleiterIn in einem Konzern für die Beauftragung von Forschungs- und Entwicklungsprojekten verantwortlich. Nun sollen Sie die Leitung eines Projektes, das für den Markterfolg und die Reputation des Unternehmens als äußerst wichtig gilt, einer geeigneten Persönlichkeit übertragen. In der Firma kommen dafür insbesondere drei Persönlichkeiten näher in Frage.

  Auf welche Grundlagen können Sie – abgesehen von allfälliger persönlicher Bekanntschaft und von Auswahlgesprächen – Ihre Entscheidung stützen, wen Sie mit der heiklen Aufgabe betrauen?

9.5. Wie hängen die Projektdeliverables mit der Projektstrukturplanung zusammen und in welcher Form können die vorgesehenen Deliverables in die Terminplanung eines Projektes Eingang finden?

25. Projektmanagementliteratur

25.1. Einzelschriften

Nachstehendes Verzeichnis enthält sowohl die im Buch zitierten Quellen als auch darüber hinausgehend Hinweise auf vertiefende Literatur.

AICHELE, C. (2006): Intelligentes Projektmanagement. W. Kohlhammer Stuttgart. ISBN 3-17-019094-6. 299 Seiten.

ALMS, I. und GRUBER, W. (2007): Qualitätsmanagement im Projekt. WEKA MEDIA Kissing. ISBN 978-3-8276-7503-3. 124 Seiten.

Arbeitsheft (2006): Selbstlernkurs Projektmanagement. Hilfen zur Verbesserung der Methodenkompetenz. Gabal Verlag Offenbach/Main. ISBN 3-89749-645-3. 81 Seiten.

ASQUIN, A., FALCOZ, C., PICQ, T. (2003): Ce que manager par projet veut dire. Comprendre – Comment faire – Prendre du recul. Éditions d'Organisations. ISBN 2-7081-3261-X. 302 pages.

BAGULEY, P. (1999): Optimales Projektmanagement. Falken Verlag Niedernhausen. ISBN 3-8068-7388-7. 223 Seiten.

BAGULEY, P. (1999): Project Management. Teach Yourself Books. Hodder & Stoughton London. 165 pages.

BEA, F.X., SCHEURER, S., HESSELMANN, S. (2008): Projektmanagement. Lucius & Lucius Stuttgart. ISBN 978-3-8282-0234-4. 732 Seiten.

BELLENGER, L. (2004): Piloter une équipe projet. Des outils pour anticiper l'action et le futur. ESF éditeur. ISBN 2-7101-1632-4. 206 pages.

BERGER, C. und SCHUBERT, K. (2002): Projektmanagement. Mit System zum Erfolg. Manz Verlag Wien. ISBN 3-7068-1105-7. 280 Seiten.

BERNECKER, M. und ECKRICH, K. (Hg.) (2003): Handbuch Projektmanagement. R. Oldenbourg Verlag München Wien. ISBN 3-486-27444-9. 520 Seiten.

BIRKER; K. (1995): Projektmanagement. Cornelsen Girardet, Berlin (ISBN: 3-464-49007-6) Sehr profundes 172-seitiges Lehrbuch, das sich auch als Nachschlagwerk gut eignet und didaktisch gut aufgebaut ist.

BOHINC, T. (2006): Projektmanagement. Soft Skills für Projektleiter. Gabal Verlag Offenbach. ISBN 978-3-89749-629-3. 206 Seiten.

BOUTINET, J.-P. (1993): Psychologie des conduites à projet. Presses Universitaires de France. ISBN 2-13-054317-0. 126 pages.

BOY, J., DUDEK, C., KUSCHEL, S. (1994): Projektmanagement. Grundlagen, Methoden und Techniken, Zusammenhänge. 11. Auflage. Gabal Verlag Offenbach. ISBN 3-930799-01-4. 136 Seiten.

BRUCE, A. and LANGDON, K. (2000): Projektmanagement . Dorling Kindersley London. ISBN 3-831,-0112-X. 72 Seiten.

BURGHARDT, M. (2000): Projektmanagement – Leitfaden für die Planung, Überwachung und Steuerung von Entwicklungsprojekten. 2. wesentlich überarbeitete und erweiterte Auflage. Publicis MCD Verlag, Erlangen und München (ISBN: 3-89578-120-7). 628 Seiten umfassende Darstellung, die speziell aus dem Know-how der Firma Siemens schöpft. Als Nachschlagwerk gut geeignet; um von dem Buch voll profitieren zu können, sind Basiskenntnisse des Projektmanagements günstig.

BURKE, R. (2004): Projektmanagement. Planungs- und Kontrolltechniken. mitp-Verlag Bonn. ISBN 3-8266-1443-0. 475 Seiten.

BURKE, R. (2008): Project Management. Planning and Control Techniques. 4th edition. John Wiley & Sons. New Jersey. ISBN 978-0470-85124-1. 373 pages.

BURKE, R. and BARRON, S. (2007): Project Management Leadership. Building creative teams. Burke Publishing. ISBN 978-0-9582-7335-0. 377 pages.

CIOFFI, D.F. (2002): Managing Project Integration. Management Concepts, Vienna VA. ISBN 1-56726-134-5. 74 pages.

COBB, N.B. (2003): Project Management Workbook. Field-Proven Strategies for Managing Your Greatest Asset. McGraw-Hill New York. ISBN 0-07-140840-1. 170 pages.

COOKE, H.S. and TATE, K. (2005): The McGraw-Hill 36-Hour Project Management Course. McGraw-Hill, New York. ISBN 0-07-143897-1. 331 pages.

CORSTEN, H.; CORSTEN, H.; GÖSSINGER, R. (2008): Projektmanagement. Einführung. Oldenbourg München, ISBN 978-3-486-58606-01. 335 Seiten.

CRONENBROECK, W. (2008): Projektmanagement. Cornelsen Verlag Berlin. ISBN 978-3-589-23944-3. 197 Seiten.

DICK, R.v. und WEST, M. (2005). Teamwork, Teamdiagnose, Teamentwicklung: Hogrefe.

DORAU, U. (2004): Projektmanagement. Übungen, Lösungen, Tipps, Tools. Rudolf Haufe Verlag Freiburg i.Br. ISBN 3-448-06040-2. 185 Seiten.

DREWS, G. und HILLEBRAND, N. (2007): Lexikon der Projektmanagement-Methoden. Rudolf Haufe Verlag GmbH & Co KG. München. ISBN 978-3-448-08052-0.286 Seiten.

EDMÜLLER, A. und WILHELM, T. (2000): Moderation. STS Verlag Planegg. ISBN 3-86027-244-6. 126 Seiten.

ESPICH, G.W. (2004): Krisenmanagement in Projekten. Wie Sie Krisen erkennen, bewältigen und in Zukunft vermeiden. WEKA MEDIA Kissing. 98 Seiten.

EZRATTY, V. et MINY, M. (2006): Manager par projets. Principes et méthodes pour réussir. AFNOR La Plaine Saint-Denis. ISBN 2-12-475515-3. 158 pages.

FERNANDEZ, A. (2005): Le chef de projet efficace. 2. edition. Éditions d'Organisation Paris. 167 pages.

FREY, C. (2000): 30 Minuten für wirkungsvolle Konfliktlösungen. Gabal Verlag Offenbach. ISBN 3-89749-038-2. 80 Seiten.

FRÖHLICH, A.W. (2002): Mythos Projekt. Projekte gehören abgeschafft. Ein Plädoyer. Galileo Press Bonn. ISBN 3-89842-153-8. 249 Seiten.

FUCHS-BRÜNINGHOFF, E. und GRÖNER, H. (1999): Zusammenarbeit erfolgreich gestalten. Eine Anleitung mit Praxisbeispielen. Verlag C.H. Beck, München. ISBN 3-406-45277-9. 195 Seiten.

FÜTING, U.C. (2003): Troubleshooting im Projektmanagement. Wirtschaftsverlag Carl Ueberreuter, Frankfurt/Wien. ISBN 3-8323-1038-X. 296 Seiten.

GAREIS, R. (2003): Happy Projects! Projekt- und Programmmanagement, Projektportfolio-Management, Management der projektorientierten Organisation, Management in der projektorientierten Gesellschaft. Manz Verlag Wien. 688 Seiten.

GAREL, G. (2003): Le management de projet. Éditions La Découverte. ISBN 2-7071-4075-9. 123 pages.

GASSMANN, O. (2005): Praxiswissen Projektmanagement. Bausteine – Instrumente – Checklisten. Carl Hanser Verlag München Wien. ISBN 3-446-22809-8. 216 Seiten.

GÄTJENS-REUTER, M. (2003): Praxishandbuch Projektmanagement: Strukturpläne einfach erstellen, Abläufe professionell steuern, Projekte erfolgreich zum Abschluss bringen. Gabler Wiesbaden. ISBN 3-409-11620-6. 220 Seiten.

GENTLE, M. (2002): The CRM Project Management Handbook. Building Realistic Expectations and Managing Risk. Kogan Page, London and Sterling, VA. ISBN 0-7494-3898-3. 227 pages.

GOLDRATT, E. (2002): Die kritische Kette. Das neue Konzept im Projektmanagement. Campus Verlag Frankfurt/New York. ISBN 3-593-37091-3. 256 Seiten.

GRUBER, W. (2003): Die wichtigsten Kennzahlen für die Projektarbeit. WEKA MEDIA Kissing. 72 Seiten.

HAESKE, U. (2002): Team- und Konfliktmanagement. Teams erfolgreich leiten, Konflikte konstruktiv lösen. Cornelsen Verlag Berlin. ISBN 3-589-21911-4. 128 Seiten.

HAMMELMANN , I. (2006): Projektmanagement. perfekt planen und erfolgreich durchführen. Büro-Spicker. compact-Verlag München. ISBN 3-8174-7513-6. 192 Seiten.

HANSEL, J. und LOMNITZ, G. (2000): Projektleiter-Praxis – Erfolgreiche Projektabwicklung durch verbesserte Kommunikation und Kooperation. 3. neu bearbeitete Auflage, Springer, Berlin, Heidelberg, New York (ISBN 3-540-64257-9). Das 160-seitige Werk gibt einen Einblick in die psychosoziale Dimension der Projektarbeit und führt kompetent in das Projektmanagement speziell aus der Sicht eines Projektleiters ein.

HÄRTL, J. (2007): Arbeitsbuch Projektmanagement. Grundkurs mit Fallbeispielen und Übungen. Cornelsen Verlag Scriptor. Berlin. ISBN 978-3-589-23780-7. 158 Seiten.

HAUG, C.V. (1998): Erfolgreich im Team. Praxisnahe Anregungen und Hilfestellungen für effiziente Zusammenarbeit. 2. Auflage. C.H. Beck Verlag München. ISBN 3-406-44403-2. 178 Seiten.

HAYNES, M.E. (1989): Projektmanagement. Von der Idee bis zur Umsetzung. Wirtschaftsverlag Carl Ueberreuter Wien/Frankfurt. ISBN 3-7064-0203-3. 91 Seiten.

HEIDBRINK, M. (2009): Projektteam. Auswahl, Führung und Zusammenarbeit. Haufe Mediengruppe Freiburg-Berlin-München. ISBN 978-3-448-09349-0. 186 Seiten.

HEIMBOLD, R. (2005): Endlich im grünen Bereich! Projektmanagement für jedermann. mitp-Verlag Bonn. ISBN 3-8266-1547-6. 291 Seiten.

HEINTEL, P. und KRAINZ, E.E. (2000): Projektmanagement. Eine Antwort auf die Hierarchiekrise? 4. Auflage, Betriebswirtschaftlicher Verlag Dr. Th. Gabler Wiesbaden. ISBN 3-409-43201-9. 251 Seiten.

HEMMRICH, A. und HARRANT, H. (2002): Projektmanagement. In 7 Schritten zum Erfolg. Carl Hanser Verlag München Wien. ISBN 3-446-22154-9. 118 Seiten.

HERZOG, D. und REINKE, H. (2002): Jedes Projekt gelingt! Vom MindMapping zur reibungslosen Projektdurchführung. Carl Hanser Verlag München Wien. ISBN 3-446-21994-3. 229 Seiten.

HILL, G.M. (2008): The Complete Project Management Office Handbook, 2nd edition, Auerbach Publications, ISBN 978-1-4200-4680-9. 714 pages.

HINDLE, T. (1998): Managing Meetings. Dorling Kindersley London,. New York, Sydney, Moscow. ISBN 0-7513-0529-4. 72 pages.

HOFFMANN, H.-E., SCHOPER, Y.-G., FITZSIMONS, C.J. (2004): Internationales Projektmanagement. Interkulturelle Zusammenarbeit in der Praxis. dtv München. ISBN 3-423-50883-3. 350 Seiten.

HOFMANN, Y.E. (2007): 30 Minuten für ein erfolgreiches Projektmanagement. GABAL Offenbach, ISBN 978-3-89749-717-7. 79 Seiten.

HÖLZLE, P. (2007): Projektmanagement. Kompetent führen, Erfolge präsentieren. Haufe Verlag Freiburg i.Br. ISBN 978-3-448-07502-1. 191 Seiten.

HORSCH, J. (2003): Innovations- und Projektmanagement. Von der strategischen Konzeption bis zur operativen Umsetzung. Gabler Verlag Wiesbaden. ISBN 3-409-12378-4. 330 Seiten.

HOUGRON, T. (2003): La Conduite de projets. Dunod Paris. ISBN 2-10-007392-3. 399 Seiten.

HUGO-BECKER, A. und BECKER, H. (2000): Psychologisches Konfliktmanagement. Menschenkenntnis – Konfliktfähigkeit – Kooperation. 3. Auflage. dtv München. ISBN 3-406-46095-X. 400 Seiten.

JENNY, B. (2003): Projektmanagement. Das Wissen für eine erfolgreiche Karriere. vdf Hochschulverlag ETH Zürich. ISBN 3-7281-2852-X. 292 Seiten.

JOLIVET, F. (2003): Manager l'entreprise par projets. Les métarégles du management par projet. éditions ems Colombelles. ISBN 2-84769-001-8. 300 pages.

JOSSÉ, G. (2001): Projektmanagement. Aber locker. 2. Auflage. CC-Verlag Hamburg. ISBN 3-923930-25-9. 231 Seiten.

KASPER, H. und MAYRHOFER, W. (Hrsg.) (2002): Personalmanagement, Führung, Organisation. 3. Auflage. Linde Verlag Wien. ISBN 3-7073-0430-2. 648 Seiten.

KELLNER, H. (2000): Ganz nach oben durch Projektmanagement. Carl Hanser Verlag, München, Wien (ISBN: 3-446-21393-7). Auf 235 Seiten gibt das Buch einen Überblick über das Projektmanagement, wobei speziell der Einsatz von Sozialtechniken, Techniken der Teamführung und des Konfliktmanagements im Vordergrund der Erörterungen stehen.

KELLNER, H. (2000): Konferenzen, Sitzungen, Workshops effizient gestalten. Carl Hanser Verlag München Wien. ISBN 3-446-21493-3. 251 Seiten.

KELLNER, H. (2000): Projekte konfliktfrei führen. Wie Sie ein erfolgreiches Team aufbauen. Carl Hanser Verlag München Wien. ISBN 3-446-21491-7. 258 Seiten.

KELLNER, H. (2002): Kreativität im Projekt. Projektmanagement kompakt. Carl Hanser Verlag München Wien. ISBN-3-446-21910-2. 192 Seiten.

KELLNER, H. (2003): Projekte präsentieren. Projektmanagement kompakt. Carl Hanser Verlag München Wien. ISBN 3-446-22093-3. 178 Seiten.

KELLNER, H. (2003): Zeitmanagement im Projekt. Projektmanagement kompakt. Carl Hanser Verlag München Wien. ISBN-3-446-22094-1. 202 Seiten.

KERTH, N.L. (2003): Post Mortem. IT-Projekte erfolgreich auswerten. mitp-Verlag Bonn. ISBN 3-8266-1348-1. 352 Seiten.

KERZNER, H. (2003): Projektmanagement. Ein systemorientierter Ansatz zur Planung und Steuerung. mitp-Verlag Bonn. ISBN 3-8266-0983-2. 785 Seiten.

KESSLER, H. und WINKELHOFER, G. (2002): Projektmanagement. Leitfaden zur Steuerung und Führung von Projekten. 3. Auflage. Springer-Verlag Berlin Heidelberg. ISBN 3-5401-41392-8. 288 Seiten.

KILLIAN, D.; MIRSKI, P.; HAUSER, M.; WEIGL, M. (2008): Projektmanagement. Praxis, Theorie, Werkzeuge. Linde Verlag Wien. ISBN 978-3-7093-0194-4. 264 Seiten.

KINSEY GOMAN, C. (1989): Kreativität im Geschäftsleben. Eine praktische Anleitung für Kreatives Denken. Crisp Publications Inc. ISBN 3-8000-3414-X. 89 Seiten.

KLASTORIN, T. (2004): Project Management. Tools and Trade-Offs. John Wily & Sons. New Jersey. ISBN 0-471-41384-4. 242 pages.

KLOSE, B. (2002): Projektabwicklung: Arbeitshilfen, Fallbeispiele, Checklisten im Projektmanagement. 4. Auflage. Wirtschaftsverlag Carl Ueberreuter Frankfurt/Wien. ISBN 3-8323-0912-8. 224 Seiten.

KÖRNER, M. (2008): Geschäftsprojekte zum Erfolg führen. Das neue Projektmanagement für Innovation und Veränderung im Unternehmen. Springer Berlin, Heidelberg. ISBN 978-3-540-72050-8. 329 Seiten.

LEWIS, J.P. (2001): Projekt planning, Scheduling and Control. A Hand-on Guide to Bringing Projects in On Time and On Budget. The McGraw-Hill Companies Inc., New York. ISBN 0-07-136050-6. 550 pages.

LEWIS, J.P. (2002): Working Together. Twelve Principles for Achieving Excellence in Managing Projects, Teams, and Organizations. The McGraw-Hill Companies Inc.. New York. ISBN 0-07-137951-7. 191 pages.

LEWIS, J.P. (2003): The Project Manager's Pocket Survival Guide. The McGraw-Hill Companies Inc., New York. ISBN 0-07-141621-8. 148 pages.

LIENTZ, B.P. and REA, K.P. (2003): International Project Management. Academic Press San Diego. ISBN 0-12-449985-6. 277 pages.

LITKE, H.-D. (2002): Projektmanagement. Gräfe und Unzer Verlag München. ISBN 3-7742-4920-2. 128 Seiten.

LITKE, H.-D. (2004): Projektmanagement. Methoden, Techniken, Verhaltensweisen. Evolutionäres Projektmanagement. 4. Auflage. Carl Hanser Verlag München Wien. ISBN 3-446-22699-0. 366 Seiten.

LITKE, H.D. und KUNOW, I. (2002): Projektmanagement. Haufe Verlag Planegg. ISBN 3-448-04868-2. 126 Seiten.

LITKE, H.D.; KUNOW, I.; SCHULZ-WIMMER, H. (2009): Projektmanagement. Haufe Verlag Planegg. ISBN 978-3-448-09949-2. 250 Seiten.

LOCK, D. (1996): Projektmanagement. Projektplanung, Projektfinanzierung, Projektcontrolling, Computersysteme, Netzplantechnik, Notfallmodifizierung, Verträge, Fallstudien. Wirtschaftsverlag Carl Ueberreuter Wien. ISBN 3-7064-0280-7. 510 Seiten.

LÜSCHOW, F. und ZITZKE, E. (2004): Projektleitung. Alle Rollen souverän meistern. Steuermann, Antreiber, Seelentröster und mehr. Carl Hanser Verlag München Wien. ISBN 3-446-22823-3. 289 Seiten.

MADAUSS, B.J. (1990): Handbuch Projektmanagement. Mit Handlungsanleitungen für Industriebetriebe, Unternehmensberater und Behörden. 3. Auflage. C.E. Poeschel Verlag Stuttgart. ISBN 3-7910-0406-9. 454 Seiten.

MALORNY, C. und LANGNER, M.A. (2002): Moderationstechniken. Werkzeuge für die Teamarbeit. 2. Auflage. Carl Hanser Verlag München Wien. ISBN 3-446-21868-8.114 Seiten.

MANGOLD, P. (2002): IT-Projektmanagement kompakt. Spektrum Verlag. Heidelberg, Berlin. ISBN 3-8274-1338-9. 104 Seiten.

MAYRSHOFEN, D. und KRÖGER, H.A. (2001): Prozeßkompetenz in der Projektarbeit. Ein Handbuch für Projektleiter, Prozeßbegleiter und Berater. Mit vielen Praxisbeispielen. Moderation in der Praxis Band 4. 2. Auflage. Windmühle Hamburg. ISBN 3-922789-87-0. 253 Seiten.

MEHRMANN, E. (1994): Schnell zum Ziel. Kreativitäts- und Problemlösungtechniken. ECON Taschenbuch Verlag Düsseldorf und Wien. ISBN 3-612-21213-3. 139 Seiten.

MEIER, M. (2003): Projektmanagement. Schäffer-Poeschel Verlag Stuttgart. ISBN 3-7910-2077-3. 227 Seiten.

MEIER, M. (2007): Projektmanagement. Schäffer-Poeschel Verlag Stuttgart. ISBN 978-3-79120-2715-9. 256 Seiten.

MEREDITH, J.R. and MANTEL, S.J. jr. (2003): Project Management. A managerial approach. 5th edition. John Wiley & Sons. ISBN 0-471-07323-7. 690 pages.

MICHEL, R.M. (1993): Taschenbuch Projektcontrolling. Know-how der Just-in-time-Steuerung. I.H. Sauer-Verlag Heidelberg. ISBN 3-7938-7075-8. 188 Seiten.

MINGUS, N. (2002): Alpha Teach Yourself Project Management in 24 hours. John A. Woods CWL Publishing. ISBN 0-02-864889-6. 409 pages.

MOCHAL, T. and MOCHAL, J. (2003): Lessons in Project Management. Springer Verlag Heidelberg. 197 pages.

MÖLLER, T. und DÖRRENBERG, F. (2003): Projektmanagement. Wirtschafts- und Sozialwissenschaftliches Repetitorium. Oldenbourg Wissenschaftsverlag München. SBN 3-486-27332-9. 178 Seiten.

MOTZEL, E. (2006): Projektmanagement. Lexikon. Wiley Verlag Weinheim. ISBN 978-3-527-50220-2. 271 Seiten.

MÜLLER-JENTSCH, W. (2003): Organisationssoziologie – Eine Einführung. Campus, Frankfurt am Main.

NAUSNER, P. (2006): Projektmanagement. Facultas Wien. ISBN 3-8252-2851-4. 208 Seiten.

NICHOLAS, J.M. (2004): Project Management for Business and Engineering. Principles and Practice. 2nd edition. Elsevier Inc. Burlington. ISBN 0-7506-7824-0. 602 Seiten.

NOÉ, M. (2006): Projektbegleitendes Qualitätsmanagement. Der Weg zu besserem Projekterfolg. Publicis Corporate Publishing Erlangen. ISBN 3-89578-270-X. 318 Seiten.

NÖLLKE, M. (2002): Kreativitätstechniken. 3. Auflage. Rudolf Haufe Verlag Planegg. ISBN 3-448-04987-5. 126 Seiten.

NOVOTNY, R. und WIEGELS, I. (2003): DayBook. Eine innovative Methode für Projektmanager. WEKA MEDIA Kissing. 45 Seiten.

OLFERT, K. und STEINBUCH, P.A. (2002): Kompakt-Training Projektmanagement. 3. Auflage. Friedrich Kiehl Verlag Ludwigshafen (Rhein). ISBN 3-470-485933-. 262 Seiten

OLSON, D.L. (2001): Introduction to Information systems Project Management. The McGraw-Hill Companies Inc., New York. ISBN 0-07-229498-1. 279 Seiten.

OLTMAN, I. (1999): Projektmanagement. Zielorientiert denken, erfolgreich zusammenarbeiten. Rowohlt Taschenbuch Verlag Reinbek bei Hamburg. ISBN 3-499-60763-8. 240 Seiten.

OTTMANN, R. und SCHELLE, H. (o.D.): Projektmanagement. Die besten Projekte, die erfolgreichsten Methoden. Beck kompakt. ISBN 978-3-406-57175-6. 128 Seiten.

PANLOGOS (Hrsg.) (2003): DayBook Projektmanagement. Der Begleiter für ihre täglichen Notizen.WEKA MEDIA Wiedenzhausen. ISBN 3-8276-7535-9.

PATZAK, G. und RATTAY, G. (1998): Projektmanagement. Leitfaden zum Management von Projekten, Projektportfolios und projektorientierten Unternehmen. 3. Auflage. Linde Verlag Wien. ISBN 3-85122-757-3. 586 Seiten.

PEIPE, S. (2003): Crashkurs Projektmanagement. Rudolf Haufe Verlag Freiburg i.Br. ISBN 3-448-05540-9. 158 Seiten.

PMBOK® Guide (2000): A Guide to the Project Management Body of Knowledge. Project Management Institute Newtown. ISBN 1-880410-22-2. 216 pages.

PORTNY, S.E. (2001): Projektmanagement für Dummies. mitp-Verlag Bonn. ISBN 3-8266-2954-X. 357 Seiten.

POSNER, K. and APPLEGARTH, M. (2004): Project Management Pocketbook. Management Pocketbooks Ltd. Alresford UK. ISBN 1-870471-63-3. 108 Seiten.

PREISER, S. und BUCHHOLZ, N. (1997): Kreativitätstraining. Das 7-Stufen-Programm für Alltag, Studium und Beruf. Weltbild Verlag Augsburg. ISBN 3-8043-3062-2. 214 Seiten.

PREIßNER, A. (2003): Projekte budgetieren und planen. Projektmanagement kompakt. Carl Hanser Verlag München Wien. ISBN-3-446-22296-0. 183 Seiten.

PROBST, H.J. und HAUNERDINGER, M. (2001): Projektmanagement leicht gemacht. Wie behält man die Nerven, wenn alles schief geht? Wirtschaftsverlag Carl Ueberreuter, Frankfurt/Wien. ISBN 3-7064-0820-1. 247 Seiten.

RANDOLPH, W.A. and POSNER, B.Z. (2002): Checkered Flag Projects. 10 Rules for Creating and Managing Projects that Win! 2nd Edition. Pearson Education Inc. New Jersey. ISBN: 0-13-009399-8. 146 pages.

RATTAY, G. (2003): Führung von Projektorganisationen. Ein Leitfaden für Projektleiter, Projektportfolio-Manager und Führungskräfte projektorientierter Unternehmen. Linde Verlag Wien. ISBN 3-7073-0433-7. 317 Seiten.

REICHERT, T. (2009): Projektmanagement. Die häufigsten Fehler, die wichtigsten Erfolgsfaktoren. Haufe Verlag Freiburg i.Br.. ISBN 978-3-448-C9350-6. 200 Seiten.

REHN-GÖSTENMEIER, G. (2008): Das Einsteigerseminar Projektmanagement mit Microsoft Project 2007. bhv Heidelberg. ISBN 978-3-8266-7450-1. 352 Seiten.

REITER, W. (2003): Die nackte Wahrheit über Projektmanagement. Orel Füssli Verlag Zürich. ISBN 3-280-05018-9. 208 Seiten.

RICHMAN, L. (2002): Project Management Step-By-Step. Amacom New York, Atlanta, Brussels, Buenos Aires, Chicagon, London, Mexico City, San Francisco, Shanghai, Tokyo, Toronto, Washington D.C. ISBN 0-8144-0727-7. 292 pages.

RINZA, P. (1998): Projektmanagement. Planung, Überwachung und Steuerung von technischen und nichttechnischen Vorhaben. 4. Auflage. Springer Verlag Berlin Heidelberg. ISBN 3-540-64021-5. 182 Seiten

ROHRSCHNEIDER, U. (2006): Risikomanagement in Projekten. Die häufigsten Fallen und Gefahren – die besten Sofortmaßnahmen. Rudolf Haufe Verlag München. ISBN 3-448-06819-5. 207 Seiten.

RUF, T. (2010): Projektmanagement Grundlagen. Cornelsen Verlag Berlin. ISBN 978-3-589-23775-3. 102 Seiten.

SCHELLE, H. (1999): Projekte zum Erfolg führen. Projektmanagement systematisch und kompakt. 2. Auflage. dtv München. ISBN 3-406-45575-1. 276 Seiten.

SCHELLE, H., RESCHKE, H., SCHNOPP, R., SCHUB, A. (Hrsg.) (aktueller Stand 2008): Projekte erfolgreich managen. Praxiswissen Projektmanagement. GPM Deutsche Gesellschaft für Projektmanagement e.V. TÜV Media GmbH. Köln. ISBN 978-3-8249-0829-5.

SCHEURER, B.M. (2002): Intelligentes Projektmanagement. Planen, Wagen, Gewinnen. Deutsche Verlags-Anstalt Stuttgart München. ISBN 3-421-05592-0. 295 Seiten.

SCHLICKSUPP, H. (1999): 30 Minuten für mehr Kreativität. Gabal Verlag Offenbach. ISBN 3-89749-033-1. 79 Seiten.

SCHMALTZ, D.A. (2003): The Blind Men and the Elephant. Mastering Project Work. How to Transform Fuzzy Responsibilities into Meaningful Results. Berrett-Koehler Publishers, Inc. San Francisco. ISBN 1-57675-253-4. 143 pages.

SCHMID, P. (2002): Turbo Projektmanagement: Mit einfachen Mitteln schneller zum Projekterfolg. Metropolitan-Verlag Düsseldorf. ISBN 3-89623-292-4. 199 Seiten.

SCHRECKENEDER, B.C. (2002): Projekte managen. Tcp-Tools für starke Teams. Financial Times Prentice Hall München. ISBN 3-8272-7065-0. 96 Seiten.

SCHRECKENEDER, B.C. (2004): Projektcontrolling. Projekte überwachen, steuern und präsentieren. Rudolf Haufe Verlag Planegg/München. ISBN 3-448-05349-X. 278 Seiten.

SCHUBERT, K. und BERGER, C. (2002): Projektmanagement – Mit System zum Erfolg. 2002, Manz Verlag, Wien (ISBN: 3-7068-1105-7). Ein 280-seitiges für den Schulgebrauch konzipiertes Handbuch mit CD-Rom, welche zahlreiche Checklisten, Fragebögen und Übersichten enthält.

SCHULZ-WIMMER, H. (2002): Projekte managen. Haufe Verlag Planegg/München. ISBN 3-448-04786-4. 288 Seiten.

SCHULZ-WIMMER, H. (2003): Projektmanagement Trainer. Rudolf Haufe Verlag GmbH Planegg bei München. ISBN 3-448-05638-3. 126 Seiten.

SCHWAB, J. (2001): MS Project 2000. Projektplanungen realisieren. Ein praktischer Leitfaden. Carl Hanser Verlag München Wien. ISBN 3-446-21536-0. 397 Seiten.

SICKEL, C. (2002): Projekte erfolgreich verkaufen. Signum Wirtschaftsverlag Wien. ISBN 3-85436-329-X. 79 Seiten.

SKAMBRAKS, J. und LÖRCHER, M. (2002): Projekt-Marketing. Wie ich mich und mein Projekt erfolgreich mache. GABAL Verlag Offenbach. ISBN 3-897-251-2. 143 Seiten.

STÖGER, R. (2004): Wirksames Projektmanagement. Mit Projekten zu Ergebnissen. Schäffer-Poeschel Verlag Stuttgart. ISBN 3-7910-2253-9. 178 Seiten.

STROEBE, A. (2007): Führen in Projekten. Verlag Recht und Wirtschaft, Frankfurt/Main. ISBN 978-3-8005-7335-6. 75 Seiten.

SÜß, G.M. (2001): Projektmanagement von A-Z. Die wichtigsten Begriffe zum Projektmanagement. WEKA MEDIA Kissing. 50 Seiten.

SÜß, G.M. (2002): Risikomanagement im Projekt. WEKA MEDIA Kissing. 96 Seiten.

SÜß, G.M. (2007): Methoden und Techniken im Projektmanagement. Schneller und praxisnaher Einstieg ins Projektmanagement. Hilfsmittel für alle Phasen im Projektmanagement. WEKA MEDIA Kissing. ISBN 978-3-8111-7560-0.

TIMINGER, H. (2011): Projektmanagement. Unterlagen zur gleichnamigen Vorlesung im Sommersemester 2011. Hochschule Landshut. Verfügbar in: https://people.fh-landshut.de/~timinger/lehre/projektmanagement/vorlesung/FHL_W450_T450_Projektmanagement_LE01_V110309.pdf [Abfrage am 8. August 2013].

TUMUSCHEIT, K.D. (1998): Überleben im Projekt. 10 Projektfallen und wie man sie umgeht. mvg-Verlag Landsberg/Lech. ISBN 3-478-81255-0. 207 Seiten.

ULRICH, P. und FLURI, E. (1995): Management. 7. Auflage. Paul Haupt Bern. ISBN 3-8252-0375-1. 318 Seiten.

VERSTEEGEN, G. (Hrsg.), HINDEL, B., MEIER, E., VLASAN, A. (2005): Prozessübergreifendes Projektmanagement. Grundlagen erfolgreicher Projekte. Springer Berlin Heidelberg New York. ISBN 3-540-22388-6. 265 Seiten.

VERZUH, E. (2005): The Fast Forward MBA in Project Management. 2nd edition. John Wiley & Sons New Jersey. ISBN 0-471-69284-0. 402 pages.

WUTTKE, T., GARTNER, P., TRIEST, S. (2007): Das PMP-Examen. Für die gezielte Prüfungsvorbereitung. 3. Auflage. Redline GmbH Heidelberg. ISBN 978-3-8266-1786-7. 317 Seiten.

www.teia.de (2002): Projektmanagement und MS Project. SPC Teia Lehrbuch Verlag Berlin. ISBN 3-935539-33-9. 438 Seiten.

YOUNG, T. (1998): 30 Minuten bis zum erfolgreichen Projektmanagement. Gabal Verlag Offenbach. ISBN 3-930799-89-8. 78 Seiten.

YOUNG, T.L. (2006): Successful Project Management. 2nd edition. Kogan Page London, Philadelphia. ISBN 0-7494-4561-0. 158 pages.

ZECHNER, G. (1998): Projekte auf kommunaler Ebene erfolgreich managen. Praxishandbuch für erfolgreiche Regionalinitiativen. Methoden – Wege – Strategien. Manz Verlag Wien. ISBN 3-214-05985-8. 210 Seiten.

ZÖLLNER, U. (2003): Praxisbuch Projektmanagement. Das neue umfassende Handbuch für Führungskräfte und Projektmitarbeiter. Galileo Press Bonn. ISBN 3-89842-343-3. 610 Seiten.

25.2. Fachzeitschriften

Titel	Format	Herausgeber	Land	Beschreibung	Erscheinungsweise
englischsprachig					
International Journal of Managing Projects in Business	Print/ Online	Emerald Group Publishing	U.K.	Deckt weitreichend alle Aspekte des Projektmanagements ab, von Strategien über Planung bis zur Umsetzung.	vierteljährlich
International Journal of Project Management	Print/ Online	Elsevier	U.K.	Setzt den Schwerpunkt auf weltweit relevante Techniken, Praktiken und Forschungsergebnisse; fungiert als Forum für Erfahrungsaustausch; deckt alle Einsatzgebiete und Aspekte des Projektmanagements ab; offizielle Zeitschrift der International Project Management Association (IPMA).	8 Mal im Jahr
International Journal of Project Organisation and Management	Print/ Online	Inderscience Publishers	U.K.	Fördert den aktiven Dialog über erfolgreiche Praxis und theoretische Forschung im Bereich des Projektmanagements.	vierteljährlich
Organisational Project Management (ehemals 'The Journal of Project Program and Portfolio Management')	Print/ Online	U T S ePress	AU	Veröffentlicht wissenschaftliche Artikel über die vielfältigen Aspekte des Projekt-Portfoliomanagements, des Programm- und des Projektmanagements; Fallstudien und Forschungsberichte.	halbjährlich
PM World Journal	Online	PM World	USA	Enthält vielfältige Artikel über Projekt- und Programmmanagement.	monatlich
Project	Print/ Online	Association for Project Management	U.K.	Als die "Stimme des Projektmanagements" umfasst das Journal alle Aspekte der Projektmanagement Community und wird in mehr als 70 Ländern weltweit gelesen.	12 Mal im Jahr
Project Management Journal	Print/ Online	Wiley	USA	Enthält Artikel über Theorie und Praxis des Projektmanagements; Zeitschrift des Project Management Institutes (PMI).	vierteljährlich
Project Manager Today	Print/ Online	Larchdrift Projects Ltd.	U.K.	Enthält Fallstudien, Artikel und Software-Reviews für Projektmanager.	monatlich
Project Times	Online	Diversified Business Communications	USA/ CAN	Enthält Artikel, Blogs und Webinars zum Thema Projektmanagement.	laufend
deutschsprachig					
Projekt Magazin	Online	Berleb Media Gmbh	DE	Deckt alle wichtigen Themen und Trends zum Projektmanagement ab – vom Basiswissen bis hin zum Experten-Know-how, von der Projektplanung bis hin zur erfolgreichen Projektabwicklung.	24 Mal im Jahr
projektMANAGEMENT aktuell	Print/ Online	GPM/ spm/ pma	DE	Enthält fundierte Fachinformationen für Projektmanager in Industrie, Bauwesen, Beratungs- und Ingenieurbüros, im Bereich der Softwareentwicklung und im Dienstleistungsgewerbe.	5 Mal im Jahr

26. Musterlösungen

Vorbemerkung

Projektmanagement entstand aus einer Symbiose vieler Fachgebiete (wie Betriebswirtschaft, Organisationstheorie, Soziologie, Sozialpsychologie, Operations Research etc.). Diese Symbiose ist so vielfältig wie die Projekte, in denen sie angewandt wird. Ein Umstand, der erklären hilft, wieso im Projektmanagement kein singulärer goldener Weg existiert. Das heißt, es gibt nicht immer nur die eine schlechthin richtige Lösung, sondern ein Konglomerat vieler möglicher Lösungen, die sich situationsabhängig als mehr oder minder tauglich erweisen mögen. Die nachstehend präsentierten Musterlösungen begreifen sich daher als hoffentlich zweckmäßige Vorschläge, die aber keineswegs als allein selig machende Wahrheiten aufzufassen sind. Die Absicht der Musterlösungen besteht deshalb ausdrücklich nicht darin, einen Schimmel zu liefern, den man womöglich stur heil auswendig lernt. Vielmehr liegen deren Intentionen darin, beispielhaft die praktische Umsetzung theoretischer Überlegungen zu zeigen, das Verständnis für allgemeine Regeln und Zusammenhänge im Projektmanagement anhand von Anwendungsfällen zu vertiefen und dazu anzuregen, eigenständig erarbeitete Lösungen selbstkritisch zu überprüfen.

1.1. Folgende Fragen könnten dem an seiner Wohnungsrenovierung verzweifelnden Freund für die Zukunft weiterhelfen:
   – Hast Du einen klaren Beginn des Renovierungsvorhabens gesetzt und einen eindeutigen Fertigstellungszeitpunkt angepeilt?
   – Hattest du eine schriftliche Planung für das Sanierungsvorhaben mit klaren Festlegungen von Terminen und Kosten sowie präzisen Vorstellungen, was wie in Stand zu setzen wäre?
   – Hast Du während der Sanierung regelmäßig die tatsächlichen Ausgaben, die Dauer der einzelnen Arbeiten und die erzielten Arbeitsergebnisse mit den Plänen verglichen und bei groben Abweichungen adäquate Maßnahmen ergriffen?
   – Hattest Du nach dem vermeintlich letzten Handgriff noch Abschlussarbeiten zu erledigen, an die Du noch überhaupt nicht gedacht hattest, als Du mit der Sanierung anfingst?
   – Hast Du nach dem Abschluss der Wohnungsrenovierung schriftlich bilanziert, welche Lehren aus den eigenen Erfahrungen für die Zukunft zu ziehen sind?

1.2. Die Ursachen, warum es in der geschilderten Geschichte des Vorhabens zur Unterstützung bedürftiger KollegInnen so kam, wie es kommen musste und warum trotz bester Absichten Freundschaften zerbrachen, liegen wohl bei der höchst mangelhaften Organisation. Es fing damit an, dass ein eindeutiger Projektstart ebenso fehlte wie eine klare schriftlich fixierte Vorstellung von den Projektzielen und vom angestrebten Projektende. Dem Freundeskreis fehlten damit zentrale Orientierungspunkte, die zur Leistung anspornen und für alle motivierend wirken hätten können. Die Mängel setzten sich fort, indem sich niemand als Führungspersönlichkeit und Leiter um das Vorhaben hauptverantwortlich annahm, indem eine unmissverständliche, arbeitsteilige Aufgabenzuweisung an die einzelnen Gruppenmitglieder unterblieb, indem keinerlei systematische Planung stattfand, indem nichts schriftlich festgehalten wurde, keine Ressourcen bereitgestellt wurden und indem nichts und niemand koordiniert oder kontrolliert wurde. Als Konsequenz dieses Chaos wusste keiner, was er tun sollte und die Leute machten dann entweder gleich gar nichts mehr oder nur das, was ihnen gerade gefiel. Niemand fühlte sich mehr zuständig, Unterlassungen, aber auch Doppelgleisigkeiten traten auf, was zu Verunsicherung, zu Konflikten sowie zu Verdruss führte.

2.1. Das Bio-Glue-Projekt befindet sich anscheinend in der Ausführungsphase, denn ohne konkrete Arbeiten an der Umsetzung des Vorhabens erübrigt sich die Projektfortschritts-dokumentation. In diesem Stadium fallen außerdem laufende Kontrolltätigkeiten ebenso an, wie Steuerungsmaßnahmen zu setzen und Projektpläne nachzuführen sind.

2.2. Beim Buy-Bio-Projekt wird der Neo-Ministerialrat – gemäß dem magischen Dreieck des Projektmanagements – damit zu rechnen haben, dass der Ressourceneinsatz kurz-fristig massiv erhöht werden muss, um in der halben Zeit die von ihrer inhaltlichen Qualität her unveränderten Ergebnisse erzielen zu können. Mit anderen Worten: wäh-rend der ersten Hälfte der ursprünglich präliminierten Projektlaufzeit wird an den Auf-tragnehmer, der die Marktstudie durchführt, (vermutlich sogar überproportional) mehr zu zahlen sein.

2.3. Das Bottle-Design-Projekt ist ein:

a) Externes Projekt

Das Graphikbüro „Promo-Design" wird von einer fremden Firma (Mountain-Milk) als privater Auftraggeber mit dem Vorhaben betraut. Der Umstand, dass es sich um ein von außen beauftragtes Unterfangen handelt, verleiht etwa dem Projektmarke-ting einen größeren Stellenwert.

b) Entwicklungsprojekt

Es geht um die Neukonzeption einer Sache (einer futuristischen Trinkmilchflasche) und um die Herstellung eines Prototyps.

Diesfalls wird die Projektplanung inhaltliche Freiräume für Experimente lassen müssen. Weil man sich bei Entwicklungsarbeiten leicht verzettelt und weil die Ge-fahr besteht, dass man sich lange perfektionistisch herumspielt, wird dafür auf die Termintreue besonders zu achten sein.

c) Veränderungsbedingtes Projekt

Der Zeitgeschmack besitzt eine autonome Veränderungsdynamik und das Vorhaben stellt eine Anpassungsreaktion auf Modeströmungen in der Formgebung dar.

d) Die bewusste Reflexion darüber, um welche Art von Projekt es sich bei einem kon-kreten Vorhaben handelt, besitzt insofern praktische Bedeutung, als je nach Pro-jekttyp Spezifika beim Projektdesign zu beachten sind sowie unterschiedliche Tools zur Bearbeitung heranzuziehen sein werden.

3.1. Der Aushilfs-Nachtportier wird wohl wegen mangelnder Kompetenz ein „verhinderter Auf-traggeber" bleiben. Ihm fehlen sowohl Anordnungsbefugnisse, sodass er keine Personal-dispositionen treffen kann, als auch die nötigen Verfügungsberechtigungen über Ressourcen und die erforderlichen Informationsbefugnisse, sodass er auch unerlässliche Inputs nicht bereitzustellen vermag.

3.2. Im Lenkungsausschuss der Junior Scientists-Forschungsstiftung wird die Kollegin über einlangende Projektanträge zu befinden haben. Ebenso wird sie gröbere Projektände-rungen zu prüfen und zu genehmigen haben. Außerdem wird sie an einer ausgewoge-nen Verteilung der verfügbaren Mittel auf verschiedene Fachgebiete, Institutionen etc. mitzuwirken haben und schließlich wird sie die im Rahmen der Forschungsprojekte entstandenen Publikationen und Berichte abzunehmen haben.

3.3. Beschreibung der Projektleiterstelle für das Benefits-for-Kids-Projekt. Der Leiter des Benefits-for-Kids-Projektes hat zu sorgen für:

– regelmäßige Absprachen und Kommunikation mit dem Projektkoordinator von Childrensaid;
– Konkretisierung der Grundideen und Planungen für das Benefits-for-Kids-Projekt;
– Rekrutierung von MitarbeiterInnen für das Projektteam sowie deren Koordination und Führung;
– Leitung von Projektbesprechungen;
– Kontakt zu Angehörigen der gehandikapten Personen;
– Kontakte zu Bauern und zur Landwirtschaftskammer sowie zu Gesundheits- und Sozialbehörden etc.;
– Verwaltung der für das Benefits-for-Kids-Projekt vorgesehenen Mittel;
– Dokumentation der Projektarbeiten;
– Berichterstattung an den Projektkoordinator;
– PR und Marketing für das Benefits-for-Kids-Projekt.

Entwurf einer Stellenanzeige zur Suche eines Projektleiters für das Benefits-for-Kids-Projekt:

Childrensaid

Wir sind eine renommierte, international tätige, karitative Kinderhilfsorganisation und suchen per sofort eine

Projektleiterpersönlichkeit für unser Benefits-for-Kids-Projekt.

Sie sind dynamisch, entscheidungsfreudig, kreativ und wollen eine innovative Idee hauptverantwortlich umsetzen. Sie arbeiten gerne mit und für junge Menschen, sind als Projektmanager zertifiziert, haben bereits umfangreiche Erfahrung im Projektmanagement und waren schon einmal für Feriencamps verantwortlich. Sie sind belastbar und stresstolerant, durchsetzungsfähig, motivieren und führen ein junges Team, kommunizieren gerne mit Kindern, Eltern, Landwirten und Behörden.

Dann senden Sie bitte Ihre Bewerbung an office@hilfe.arg.

3.4. Checkliste zur Feststellung des Projektcharakters eines Unterfangens

Frage	ja	nein
Gibt es klare Ziele, die mit dem Vorhaben erreicht werden sollen?	☐	☐
Hat das Vorhaben innovativen einmaligen Charakter?	☐	☐
Hat das Vorhaben einen klaren Anfang?	☐	☐
Ist für das Vorhaben ein eindeutiger Endzeitpunkt vorgesehen?	☐	☐
Ist das Vorhaben frei von extremstem Zeitdruck?	☐	☐
Arbeiten mehr als zwei Personen an der Verwirklichung des Vorhabens mit?	☐	☐
Benötigt das Vorhaben spezifische, knappe Ressourcen?	☐	☐
Sind bei dem Vorhaben viele unterschiedliche Tätigkeiten zu verrichten?	☐	☐
Lässt sich der Umfang des Vorhabens einigermaßen klar abschätzen?	☐	☐
Hat das Vorhaben einen größeren Umfang?	☐	☐

Sind die allermeisten Fragen mit Ja zu beantworten, ist auf Projektorganisation zu setzen. Sind mehrere Fragen zu verneinen, ist von einer solchen Projektorganisation Abstand zu nehmen.

3.5.   a) Die Aufrechterhaltung des schon laufenden Betriebes in einem Jugendtreff stellt eine klassische Routineaufgabe dar. Für das Unterfangen ist kein zeitliches Ende in Sicht. Zu empfehlen ist eine Fortführung in der bislang bewährten (Stab-)Linien- oder Matrixorganisation

       b) Die Organisation einer einmaligen Canyoning-Tour ist ein typischer Fall für eine Projektorganisation, denn es handelt sich um ein einmaliges Unterfangen, welches zeitlich befristet ist, einen klaren Umfang besitzt und relativ präzise Ziele verfolgt.

       c) Notmaßnahmen zur Behebung massiver Hygienemängel sind kein Fall für ein Projekt, da offensichtlich akuter Handlungsbedarf besteht.

          Diesfalls wäre es wohl am besten, wenn man trachtet, das Problem schleunigst in der etablierten (hierarchischen / Linien-)Organisation zu bewältigen; zum Aufsetzen einer eigenen Projektorganisation reicht die Zeit nicht!

       d) Die Konsultation eines Wirtschaftsprüfers ist kein Projekt, sondern sollte man in der herkömmlichen Linien- oder Matrixorganisation belassen; der Zukauf einer Beratungsleistung erfordert keine Integration in die bestehende Organisation, hier handelt es sich um einen typischen Fall von Outsourcing. Wenn lediglich ein Spezialist erforderlich ist, ist es besser, diese Tätigkeit auszulagern.

       e) Eine internationale Solidaritätsaktion über einen – wenn auch längeren, so doch klar begrenzten – Zeitraum zu konzipieren und durchzuführen, stellt ein Projekt dar, zumal es sich um ein umfangreiches, zeitlich befristetes Vorhaben handelt, an dem viele Mitarbeiter langfristig beschäftigt sind.

       f) Noch nicht näher bestimmte Meinungsbildungskampagnen in Angriff zu nehmen, sollte man zumindest vorerst nicht als Projekt organisieren, sondern im Rahmen der bestehenden hierarchischen Linien- oder Matrixorganisation in Angriff nehmen, da sowohl die Ziele als auch der Umfang des Vorhabens zu unklar sind.

3.6.   a) Die Planung, Ausschreibung und Anschaffung einer neuen Fermentationsanlage stellt ein einmaliges, zeitlich befristetes, komplexeres Vorhaben dar, weswegen die Anwendung des Projektmanagements zu empfehlen ist.

          Beim geschilderten Vorhaben handelt es sich um ein

- internes (vom Leiter der eigenen Produktionsabteilung angeleiertes und von MitarbeiterInnen des eigenen Unternehmens durchzuführendes),
- krisenbedingtes (von oftmaligen Produktionsengpässen ausgelöstes)
- Investitionsprojekt (Vorbereitungen zum Ankauf eines längerfristigen Gebrauchsgutes).

       b) Bei der Markteinführung des chemischen Analysegerätes handelt es sich um ein langfristige Konkurrenzvorteile verschaffendes einmaliges Vorhaben, bei dem Geheimhaltung angesagt ist, was sich am ehesten durch Projektorganisation sicherstellen lässt, weil sich solcherart der Kreis der involvierten Personen klein halten und besser kontrollieren lässt.

          Das Vorhaben stellt ein

- internes (die Geschäftsleitung beauftragt MitarbeiterInnen der eigenen Firma),
- marktgesteuertes (als Reaktion auf Bedürfnisse der Nachfrager ausgelegtes)
- Marketingprojekt (dessen Zielrichtung ist die Markteinführung eines neuen Gerätes)

          dar.

c) Eine intensive und kontinuierliche Pflege von Kundenkontakten präsentiert sich als Daueraufgabe. Als ein zeitlich unbefristetes Unterfangen erscheint die Sache wenig geeignet für das Projektmanagement.

d) Die Suche nach verschütteten Erdbebenopfern sollte ohne Einsatz von Projektmanagement organisiert und am zweckmäßigsten von einer hierarchisch strukturierten Organisation durchgeführt werden.

Grundsätzlich herrscht Gefahr in Verzug und viel zu großer Zeitdruck, als dass man lange eine neue Organisationsstruktur aufbauen könnte. (Es sollte jeder so rasch als möglich so viele Menschen retten, wie er kann, die Zeit sollte nicht mit langwierigen Planungen vergeudet werden).

e) Den Wiederaufbau eines infolge Überflutung zerstörten Erlebnisbades sollte man unter Einsatz eines professionellen Projektmanagements in Angriff nehmen, zumal die Rekonstruktion ein einmaliges Vorhaben darstellt, das klar inhaltlich definiert und auch in einem begrenzten Zeitrahmen zu erledigen ist.

Es handelt sich um ein
- internes (der Bürgermeister erteilt den Auftrag an die Mitarbeiter der Gemeinde),
- krisenbedingtes (aufgrund eines Elementarereignisses dringend notwendig gewordenes)
- Investitionsprojekt (gilt es doch, eine Anlage wieder zu beschaffen).

f) Ein Notfallpaket für Abenteuerurlauber im Dschungel empfiehlt sich mit Projektmanagement zu entwickeln. Das Vorhaben verfolgt ein eindeutiges Ziel. Es erreicht eine entsprechende Komplexität, weil etwa tropen- und unfallmedizinisches sowie pharmazeutisches Wissen kombiniert werden muss mit Kenntnissen besonders robuster Verpackungen. Außerdem wird die Produktentwicklung in einer begrenzten Zeitspanne zu verwirklichen sein.

Es handelt sich um ein
- externes (ein Reiseveranstalter fragt das neue Produkt bei einer anderen, auf Sanitätsmaterialien spezialisierten Firma nach), teilweise
- veränderungsbedingtes (die wachsende Vorliebe für den Adrenalinkick entspricht einer globalen Modeströmung in saturierten Industrieländern) und teilweise
- marktbedingtes (die Produktentwicklung entspringt der Nachfrage am Markt)
- Entwicklungsprojekt (ein Vorhaben, das eine Produktinnovation zum Ergebnis haben soll).

3.7. a) Das LignoFood-Projekt ist in Form einer Stabs-Projektorganisation in die hierarchische Linienstruktur der Firma Ligno-Trakt eingegliedert.

Vorteile	Nachteile
+ einfache organisatorische Umsetzung	− Problem der Verantwortungsübernahme
+ flexibler Personaleinsatz	− fehlende Identifikation mit Projekt
+ Stabsstelle als Vermittlungsinstanz	− verlängerte Reaktionszeit
+ relativ hohe Akzeptanz	− Spannungsverhältnis Stab-Linie

b) Als Alternativen zur Stabs-Projektorganisation bieten sich zur Integration einmaliger Vorhaben in eine bestehende Organisationsstruktur noch folgende Varianten an:
- Matrix-Projektorganisation (Doppelzuordnung der Stellen einerseits zu einem Projekt und andererseits zu einem Funktionsbereich)
- Reine Projektorganisation (jedes Projekt stellt ein selbstständiges Element der Organisationsstruktur dar, die MitarbeiterInnen sind zur Gänze dem Projektleiter unterstellt)

243

3.8. a) Stabs-Projektorganisation (die Unternehmenshierarchie bleibt unverändert; sie wird ergänzt durch einen Projektkoordinator, der keine Weisungsbefugnisse besitzt [für projektungeübte Organisationen])

Matrix-Projektorganisation (eine Kombination aus reiner Projekt- und Stabs-Projektorganisation; Mitarbeiter sind administrativ ihrem bisherigen Vorgesetzten unterstellt; in Projektbelangen verfügt der Projektleiter aber über ein Zugriffsrecht auf Projektmitarbeiter)

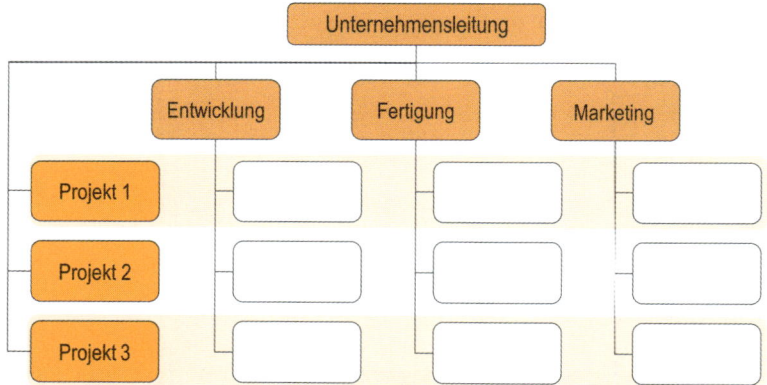

244

Reine Projektorganisation (Projektmitarbeiter werden aus Stammorganisation herausgelöst und über Projektleiter zu einer neuen Organisationseinheit zusammengefasst)

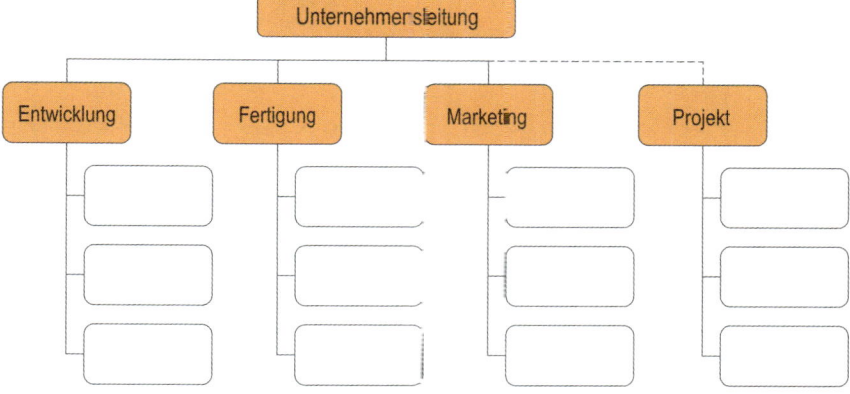

Pool-Projektorganisation (die funktionalen Abteilungen verstehen sich als Dienstleistungsanbieter und die Projektleiter agieren als Kunden)

b) Als spezifische Begleitmaßnahmen sind im Fall der Firma Good-Food beim Projekt „50-Jahrjubiläumsschrift" zu empfehlen:

– Schulung für die Geschäftsführung und die Mitarbeiter in Sachen Projektmanagement

– Hinzuziehen eines externen, erfahrenen Projektleiters (oder zumindest passendes Coaching für Projektleiter sicherstellen)

– Bewusste Betonung der Eigenständigkeit der Mitarbeiter und Kreativitätsförderungsaktionen (Prämien für Vorschläge etc.)

4.1. a) Folgende Verfahren erlauben in graphisch einprägsamer Form Projektvergleiche:

Projektprofil	
+ differenziertes Bild gemäß Projektmerkmalen + klare Brücke zur Selektion von spezifischen Projektmanagementtools	– relativ aufwendig, bei mehreren zu vergleichenden Projekten geht Überblick leicht verloren – erfasst keine Umfeldbedingungen des Projektes
Portfoliotechnik	
+ relativ übersichtlich und anschaulich + rasch zu erstellen	– eher oberflächlich; geringer Informationsgehalt – jedenfalls reduktionistisch (max. 3 Projektmerkmale darstellbar)
Kraftfeldanalyse	
+ bei wenigen Projekten relativ übersichtlich + semiquantitativ	– nur wenige Projekte gleichzeitig miteinander vergleichbar – Gefahr der Selbsttäuschung (Scheinobjektivität quantifizierender Schätzungen)

b) Projektprofile zum Vergleich der drei Projekte „Hauptschul-Infoabende", „Tag der offenen Tür", „Schnupperwochen am Bauernhof"

Projektmerkmal	Ausprägungsgrad		
	gering	durchschnittlich	hoch
Komplexität			
Relative Neuartigkeit			
Umfang			
Schwierigkeitsgrad			
Bedeutung			
Risiko			
Beteiligtenanzahl			
Interdisziplinarität			
Breitenwirkung			
Profitabilität			
Popularität			
Spaßfaktor für Schüler			
Beeinflussung des laufenden Schulbetriebes			
Sicherheitsanforderungen			
Nachbearbeitungsaufwand			

● … Infoabende an Hauptschulen

▲ … Tag der offenen Tür

◆ … Schnupperwachen am Bauernhof

c) Aus dem Projektprofil lassen sich Rückschlüsse auf das zu kreierende Projektdesign ziehen. Je nach vorhabenspezifischer Ausprägung der einzelnen Projektmerkmale werden in der Projektplanung unterschiedliche Schwerpunkte zu setzen und für die Durchführung unterschiedliche Werkzeuge und Maßnahmen heranzuziehen sein. Außerdem bedingen die Projektmerkmale in ihrer unterschiedlichen Ausprägung auch unterschiedliche Gewichte für das Anforderungsprofil, welches bei der Auswahl von Projektleitung und Projektteammitgliedern zum Tragen kommt.

4.2. a) Klarheit der Projektziele (mit Berücksichtigung der Kundenwünsche)
Qualität der Projektplanung
Machbarkeitsabschätzung (voraussichtliche Wirtschaftlichkeit des Vorhabens)
Risiko
Dringlichkeit
Strategische Bedeutung

b) Projektprofil   + differenziertes Bild gemäß Projektmerkmalen
                        – relativ aufwendig und bei mehreren zu vergleichenden Projekten geht leicht der Überblick verloren
Portfolio-Technik   + relativ übersichtlich und anschaulich
                        – eher oberflächlich und jedenfalls reduktionistisch (maximal drei Projektmerkmale visualisierbar)
Kraftfeldanalyse   + relativ übersichtlich; semiquantitativ
                        – nur wenige Projekte gleichzeitig miteinander vergleichbar

c)

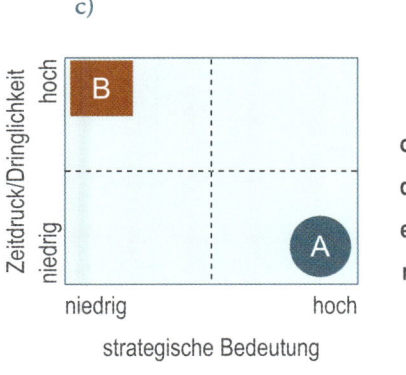

Zeitdruck/Dringlichkeit

niedrig hoch

strategische Bedeutung

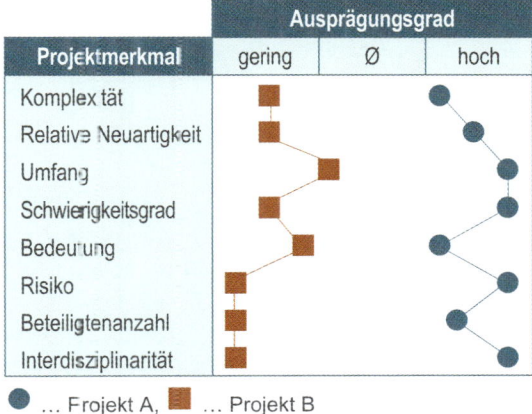

● … Projekt A, ■ … Projekt B

5.1. a) Eine Projektkurzbeschreibung sollte folgende Kernpunkte ansprechen:
- Projekttitel
- Projektträger und Projektbeteiligte
- Definition des Problems
- Mission-Statement
- Liste von Projektzielen
- Bestimmung des Projektumfanges bzw. der -ausschließungen
- Festlegen des Projektoutputs (Deliverables)
- Erörterung von Projektschranken
- Grobschätzung von Kosten und Laufzeit

b) Vorstellbar wären beispielsweise folgende Ziele:
- Bis zum 31.12. dieses Jahres sollen sich wenigstens 15 Landwirte mit Urlaub am Bauernhof verbindlich zur Beteiligung am Spezialangebot für die Besitzer rekonvaleszenter Haustiere bereit erklären.
- Bis zum 1.3. des Folgejahres sollen alle am Projekt beteiligten Bauern auf ihren Höfen jeweils für mindestens drei Tiere spezielle Betreuungsboxen mit Auslaufmöglichkeiten eingerichtet haben.
- Bis zum 31.12. des Folgejahres soll die Auslastung der vorhandenen Bettenkapazität auf sämtlichen Projektbetrieben gegenüber dem momentanen Niveau um zumindest 10 % angestiegen sein.
- Bis zum 31.12. des Folgejahres soll sich für den beteiligten Tierarzt aus dem Projekt eine Umsatzsteigerung um 1.000,- €/Monat ergeben.

Die für das Urlaub am Bauernhof-Projekt selbst entworfenen und formulierten Ziele sind zumindest nach folgenden fünf Kriterien zu prüfen:
- Sind die Zielformulierungen eindeutig (d.h. in ganzen Sätzen) abgefasst oder begnügen sich die Formulierungen mit Schlagwortgruppen? Besonders zu achten ist darauf, dass Prädikate (Personalformen von Verben) in jeder Zielformulierung vorkommen!
- Bewegt sich die Zahl der Ziele in der passenden Größenordnung (4 bis 8)? Nur zwei Ziele wäre zu wenig und zu wenig ambitiös, mehr als 8 Ziele wird man zugleich kaum im Auge behalten und ansteuern können!
- Sind die Ziele ergebnisbezogen und nicht aufgabenbezogen formuliert? D.h. gibt jedes Ziel einen zu erreichenden Zwischen- oder Endzustand vor? Mit anderen Worten: keine der Zielformulierungen sollte ausführende Tätigkeiten benennen.

247

    – Erfüllt jedes Ziel die SMART-Kriterien; im Speziellen: enthält jedes Ziel eine konkrete, messbare Zielgröße? D.h. kommt in jeder Zielformulierung mindestens eine Zahl samt zugehöriger Maßeinheit vor?

    – Ist jedes Ziel termingebunden (wird ein Erreichungszeitpunkt klar benannt)? D.h. ist bei jeder Formulierung ein Datum genannt, bis zu welchem die Vorgabe erreicht sein sollte?

c) Beim Projekt „Urlaub am Bauernhof für Besitzer rekonvaleszenter Haustiere" könnte man u.a. folgende Ausschließungen vorsehen:

    – Das Angebot erstreckt sich nicht auf Reptilien und andere exotische, giftige oder gefährliche Tiere.

    – Das Vorhaben will keine reine Pensionstierhaltung anbieten (Tiere ohne gleichzeitige Einquartierung des Besitzers bleiben ausgeschlossen und werden nicht beherbergt).

    – Das Projekt wird keine all-inclusive-Verbundangebote umfassen.

    – Die Bauernhöfe bieten keine Spa-Bereiche und keine Wellnessoasen für die Haustierbesitzer.

    – Tiere mit akut infektiösen Erkrankungen werden nicht aufgenommen.

5.2. a) Die Liste jener Ziele, die für das Ice-Ass-Projekt vorgeschlagen wurden, weist einige Mängel auf:

    – Sie umfasst etwas zu viele Ziele.

    – Sie stellt ein teilweise in sich widersprüchliches Zielbündel dar (z.B. verträgt sich eine Positionierung als ruhige Fremdenverkehrsgemeinde nicht mit einer Profilierung als Event-Location).

    – Die Formulierung der Ziele ist uneindeutig, weil keine ganzen Sätze vorlegen.

    – Kein einziges Ziel ist SMART. Es fehlen jeweils bezifferte Zielgrößen und ein eindeutiges Datum, wann der Soll-Zustand erreicht sein soll.

b) Eine verbesserte Liste von Zielen für das Ice-Ass-Projekt könnte folgendermaßen aussehen:

    – Die Besucherzahl in der Gemeinde während der Wintersaison soll im Jahr 2010 um 3 % gesteigert werden.

    – In Umfragen unter Österreichtouristen sollen in zwei Jahren mindestens 30 % der Befragten mit dem Gemeindenamen Spaß und aktive Erholung assoziieren.

    – Während des Jahres 2010 sollen mindestens 15 Artikel in Reisebeilagen zu Tageszeitungen, in Illustrierten und Journalen über die Gemeinde und die Ice-Ass-Aktion erschienen sein.

    – Für Gäste unter 25 soll es in der Wintersaison 2009/2010 mindestens 20 Spass-Esel-Hindernisrennen auf dem Dorfteich der Gemeinde geben.

    – Durch das Projekt sollen wenigstens während der nächsten 5 Jahre 30 Stück sonst vom Aussterben bedrohter Esel in der Gemeinde gehalten werden.

    – Mit den Eselrennen soll in der Wintersaison 2009/2010 für die beteiligten Bauern ein Reingewinn von mindestens 2.000,- € pro Landwirt erwirtschaftet werden.

5.3. a) Die Vertreter der Entwicklungsabteilung der Firma Sanofood werden für die Firmenleitung eine Definition für das Kiddy-med-Projekt entwerfen müssen, wobei das Dokument folgende Punkte umfassen sollte:

    – Problemdefinition

    – Formulieren des Auftrages (Mission Statement und Oberziele)

    – Liste der Projektziele

    – Bestimmung des Projektumfanges und der Ausschließungen

- Definition des Projektoutputs (der Deliverables)
- Bewertung der Projektschranken (Projektparameter)

b) Das Kiddy-med-Projekt könnte nachstehende Ziele verfolgen:
- Bis 30.6. nächsten Jahres sollen vier verschiedene Rezepturen von Spezialpuddings vorliegen, die zur Medikamentenverabreichung an Kinder geeignet sind.
- Bis 31.12. übernächsten Jahres sind mindestens 12 klinische Testserien von je zwei Puddingvarianten abgeschlossen und deren Ergebnisse in einem ca. 250-seitigen Bericht dokumentiert.
- Bis 31.12. nächsten Jahres sollen für 2 Spezialpudding-Rezepturen Patentrechte eingetragen sein.
- Im 3. Jahr nach Start des Kiddy-med-Projektes soll der Marktanteil der Firma Sanofood bei diätetischen Lebensmitteln für Kinder mindestens 35 % betragen.

c) Als Produkte des Kiddy-med-Projektes sind zu erwarten:
- Rezeptur für Pudding
- Schriftlicher Bericht über Ergebnisse klinischer Tests
- 3 Varianten von Verpackungsmustern
- Schriftliches Konzept für Markteinführungsaktivitäten
- Ergebnisse von Testverkäufen
- Patent für neuartiges Produkt

5.4. a) Das Schweinegrippe-Impfstoff-Projekt könnte folgende Ziele verfolgen:
- Innerhalb von drei Monaten ist ein Vaccin zu entwickeln, das die Immunisierung gegen den Erreger der Schweinegrippe mit 98%iger Sicherheit gewährleistet.
- Innerhalb von 6 Monaten ist die amtliche klinische Zulassung eines Impfstoffes gegen die Schweinegrippe zu erwirken.
- Innerhalb von 22 Monaten sind 200 Millionen Impfdosen gegen die Schweinegrippe zu einem Mindestabgabepreis von 20,- €/Stück abzusetzen.
- Durch das In-Verkehr-Bringen des neuen Schweinegrippe-Impfstoffes soll der Unternehmensgewinn vor Steuern innerhalb der nächsten zwei Jahre um mindestens 15 % steigen.

b) Beispiele für ausdrückliche „Nicht-Ziele" des Schweinegrippe-Impfstoffprojektes könnten sein:
- Zur Entwicklung des Impfstoffes gehört keine Werbekampagne für das neue Produkt.
- Die Entwicklung des Impfstoffes inkludiert keine Konzeption neuer Verabreichungsgeräte.
- Die Entwicklung des Impfstoffes umfasst keinerlei Vorbereitungen für den späteren Vertrieb des Serums.
- Das Projekt verzichtet auf eine Untersuchung der genetischen Struktur des Virus, sodass man diese publizieren könnte, sondern entwickelt nur die Antikörper gegen das Virus.

c) Handfeste Produkte, die das Schweinegrippe-Impfstoff-Projekt erbringen soll, könnten etwa sein:
- Hoch wirksamer Impfstoff in einer Menge von 200 Millionen Dosen
- Amtliche Registrierung samt Patentschutzdokumenten für den Impfstoff
- Gebrauchsanweisung für Ärzte bzw. Beipackzettel mit Auflistung von Nebenwirkungen und Kontraindikationen für Mediziner, Apotheker und Patienten

6.1. a) Die für das Wonder-Wheat-Projekt gewählte Zeitskalierung in Wochen scheint nicht nur angesichts der Gesamtprojektlaufzeit von beinahe 1 ½ Jahren angemessen: über eine Vegetationsperiode mit Witterungsrisiko etc. wäre es nicht sehr sinnvoll, in Tagen oder Stunden zu rechnen und bei der nicht allzu langen Gesamtlaufzeit des Projektes wären Monate oder gar Jahre zu grob. Außerdem dürften einige Arbeitspakete unvorhergesehenen Einflüssen unterliegen (z.B. Anbau oder Ernte sind witterungsabhängig und können nicht bei jedem Wetter durchgeführt werden), weshalb es passt, die Dauer in Wochen zu messen, obwohl der reale Zeitaufwand für einzelne Tätigkeiten nur Teile von Wochen beanspruchen dürfte.

b) Für das Arbeitspaket Nr. 4 Vergleichssaatgutbeschaffung errechnet sich nach der Netzplantechnik eine Pufferzeit von 5 Wochen (vgl. Abbildung Netzplan), um die man gegenüber dem frühestmöglichen Beginn später anfangen kann und dennoch im Projekt insgesamt keine Verzögerung auslöst bzw. ist das jene Zeit, um die man die Dauer des Arbeitspaketes dehnen kann und trotzdem rechtzeitig fertig wird.

c) Für das Wonder-Wheat-Projekt errechnet sich ein frühestmöglicher Abschluss nach 76 Wochen.

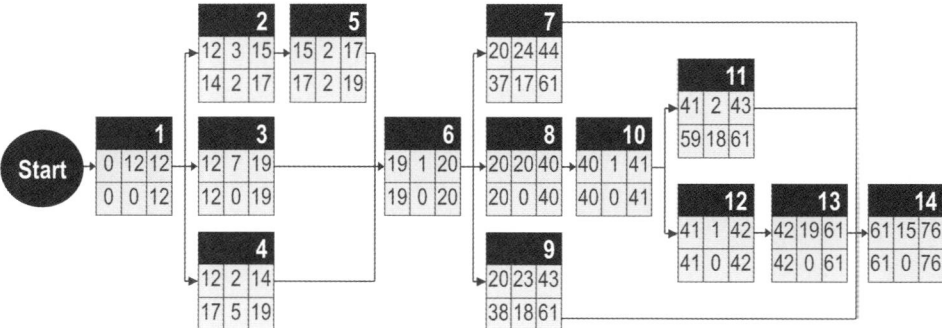

6.2. a) Beim für den Tag der offenen Hoftüre vorliegenden Plan handelt es sich um einen objektorientierten Projektstrukturplan, der mehrfach Mängel aufweist:
   – Einzelne Bereiche sind zu tief gegliedert (z.B. Sanitäreinrichtungen),
   – andere sind gar nicht ordentlich untergliedert (Verkaufsstände müssten wenigstens einen zweiten Unterpunkt haben);
   – einzelne Arbeitspaketbezeichnungen kommen an unterschiedlichen Stellen des Projektstrukturplanes wortident vor (z.B. Dekoration), was rein logisch nicht sein dürfte, da sich hinter den identen Arbeitspaketbezeichnungen vermutlich unterschiedliche Tätigkeiten verbergen, weswegen auch die Titel der Arbeitspakete voneinander verschieden sein sollten.
   – Es fehlen Arbeitspakete für Managementaktivitäten (wie gemeinsame Budgetierung, Abrechnung etc.).

Weitere Mängel:
   – Wenn ein Arbeitspaket „Tonanlage" vorgesehen ist, dann müsste ein Arbeitspaket „Musik" existieren, denn wozu sollte die Tonanlage sonst dienen.
   – Die Arbeitspaketbezeichnungen sollten (allenfalls substantivierte) Verben enthalten, um kenntlich zu machen, welche Tätigkeiten anstehen.
   – Es sind keineswegs alle Arbeiten, die für die Veranstaltungsabwicklung „Tag der offenen Hoftüre" notwendig sein werden, abgedeckt (so fehlt etwa Vorsorge für Personal etc.).

b) Ein in Listenform gehaltener phasenorientierter Projektstrukturplan für das Vorhaben „Tag der offenen Hoftüre" könnte beispielsweise folgendermaßen aussehen:

---

1. **Anlaufphase**
   1.1. Konstituierung Interessengruppe
   1.2. Abstecken Finanzrahmen
   1.3. Terminfixierung
2. **Ankündigungsphase**
   2.1. PR-Plan erstellen
   2.2. Werbemittel entwerfen
   2.3. Plakate affichieren
   2.4. Inserate schalten
3. **Vorbereitungsphase**
   3.1. Behördengenehmigungen einholen
   3.2. Festzeltmiete
   3.3. Möbel organisieren und aufstellen
   3.4. Tonanlage installieren
   3.5. Hilfskräfte anheuern
   3.6. Hinweisschilder aufstellen
4. **Abwicklungsphase**
   4.1. Speisen zubereiten
   4.2. Bedienungspersonal einweisen
   4.3. Hofführungen anbieten
   4.4. Veranstaltung moderieren
   4.5. Parkplätze einweisen
5. **Aufräum- und Abschlussphase**
   5.1. Möbelabtransport
   5.2. Endabrechnung
   5.3. Plakate und Hinweisschilder entfernen

6.3. **a)** Bei dem zum Pear-Consulting-Projekt gehörigen Planauszug handelt sich um einen Ausschnitt eines Budgetplanes, mit dem einer organisatorischen Einheit für die Erledigung ihr übertragener Aufgaben bestimmte Zahlungsmittel zu (einem) bestimmten Zeitpunkt(en) in Aussicht gestellt werden.

Außerdem gibt es an kaufmännischen Projektplänen noch:
– Finanzplan
– Kostenplan

b) Unterschiedliche kaufmännische Projektpläne und ihre Spezifika

Planart	Ziele	Charakteristika
Kostenplan	Erfassung des Gesamtaufwandes für das Projekt in monetärer Form, um abschätzen zu können, was für einen erfolgreichen Projektabschluss benötigt wird bzw. ob sich das Vorhaben überhaupt lohnt. Liefert außerdem wichtige Grundlagen für die anderen kaufmännischen Pläne.	Trachtet alle mit dem Projekt im Zusammenhang stehenden Aufwendungen unabhängig von ihrer Zahlungswirksamkeit zu erfassen und mit Preisen zu bewerten; kalkuliert zunächst zeitunabhängig.
Finanzplan	Erfassung aller Zahlungsströme; hat sicherzustellen, dass während der gesamten Projektbearbeitungszeit Liquidität zur Verfügung steht.	Betrachtet ausschließlich Zahlungen; neben Ausgaben auch Einnahmen; bringt Zeitkomponente ins Spiel.
Budgetplan	Weist Dispositionsbefugten zu Bedarfszeitpunkten Zahlungsmittel zu, damit diese ihre Aufgaben erledigen können.	Betrachtet über die Zeit Ausgaben und verknüpft sie mit Verantwortlichkeiten.

251

c) Auf die kaufmännischen Projektpläne greift man insbesondere zurück:
   - zur Kostenkontrolle während der Projektdurchführung;
   - zur Nachkalkulation in der Projektabschluss- und -nachbereitungsphase.

6.4. a) Der für das Arti-Fruit-Projekt vorliegende Planausschnitt stammt aus dem Projekt-Finanzplan.
   Er zeigt den geplanten Verlauf der Liquiditätslage über die Zeit und dient als Grundlage für Zahlungsvereinbarungen und für die laufende Absicherung der Zahlungsfähigkeit.

   b) Als kritisches Datum erweist sich im Finanzplan des Arti-Fruit-Projektes der 4.8. Ab diesem Tag ist die Liquidität nicht mehr gesichert. Um nicht in die sich bei der Planung abzeichnende Zahlungsunfähigkeit während der Projektlaufzeit zu schlittern, sind mehrere Reaktionen denkbar:
   - Man könnte zunächst mit dem Auftraggeber höhere Akontozahlungen vereinbaren oder
   - vom Auftraggeber am 3.8. eine zusätzliche Akontozahlung erbitten.
   - Andererseits könnte man danach trachten, mit Zahlungsempfängern längere Zahlungsziele zu vereinbaren.
   - Ferner bestünde die Möglichkeit, rechtzeitig (d.h. im Vorfeld noch vor Start der Projektdurchführung) um Einräumung eines Kredites bei der Bank vorzusprechen.
   - Als Ultima Ratio - wenn alle anderen Versuche der Liquiditätsabsicherung scheitern - bliebe noch, allenfalls das Projekt abzublasen.

   c) Die inhaltlichen (Zahlungs)Positionen entstammen dem Projektstrukturplan bzw. den Arbeitspaketbeschreibungen, welche den Strukturplan im Detail verfeinern.
   - Die Datumsangaben entstammen dem Zeitplan (aber Achtung: bei länger dauernden Arbeitspaketen ist das jeweilige Datum der Zahlungswirksamkeit extra zu ermitteln!)
   - Die voraussichtlichen Ausgaben lassen sich aus dem Kostenplan ableiten, sofern es sich um zahlungswirksame Kosten handelt; Zahlungen, die nicht als Kosten zu qualifizieren sind (z.B. Spenden) sind allenfalls aus Budgetplänen herauszulesen.
   - Ausschließlich im Finanzplan tauchen die Zahlungseingänge auf.

6.5. a) Ein Kostenplan bewertet sämtliche Aufwendungen, die zur Fertigstellung des Vorhabens nötig sind, monetär und ordnet diese Werte Arbeitspaketen oder Vorgängen zu. Die Zahlungswirksamkeit der Aufwendungen bleibt unberücksichtigt.
   Ein Finanzplan betrachtet sämtliche im Zusammenhang mit dem Vorhaben anfallenden Zahlungen (Ausgaben und Einnahmen) im Zeitverlauf und saldiert diese, um die Liquidität über die gesamte Projektlaufzeit sicherzustellen (nicht zahlungswirksame Aufwands- oder Ertragsgrößen bleiben unberücksichtigt).
   Ein Budgetplan stellt organisatorischen Einheiten (Verantwortlichen) zum jeweiligen Bedarfszeitpunkt Zahlungsmittel zur Verfügung (zeigt also nur zeitlich gestaffelte, von individueller Verantwortung zu tragende Auszahlungen)

b) Ausschnitt des Budgetplanes:

Arbeitspaket: „Drucklegung" Verantwortlicher: Francis FUNNY (Dispositionsbefugter)		Projekt 08/15 Titel: Jubel-Print
Zeitpunkt	**Zu erwartender Zahlungsgrund/-zweck**	**Betrag (Zahlung)**
Mai 2015	-	-
	Entlohnung Graphiker für Layout	
1. Juli 2015	Anzahlung – Layout	2.000,-
1. August 2015	Schlusszahlung – Layout	4.000,-
	Broschürenproduktion	
1. September 2015	Druckerei Vervielfältigung	5.000,-
15. September 2015	Buchbinderei	2.500,-

6.6. a) Es handelt sich um den Ausschnitt aus einem Projektstrukturplan in Listenform, welcher nach dem Prinzip der Objektorientierung erstellt wurde.

b) Neben der Objektorientierung kommen als gebräuchliche Prinzipien zur Erstellung von Projektstrukturplänen (samt spezifischen Vor- und Nachteilen) folgende Ansätze in Frage:

Prinzipieller Ansatz	Vorteile	Nachteile
Funktionsorientiert	An Verantwortlichkeiten orientiert Erlaubt später leichtere Kompetenzzuweisungen	Koordinationsaufgaben können zu kurz kommen, durch die reine Verrichtungsorientierung können wichtige Objekte oder Phasen übersehen werden Überlappungen können Probleme machen
Phasenorientiert	Am Ablauf orientiert; lässt sich daher leichter in einen Projektablaufplan überführen	Objekte und Funktionen, die im Projekt zu involvieren wären, können leicht übersehen werden Bei den Phasenübergängen können Brüche auftreten
Mischform	Wenn geschickt genutzt, werden die Vorteile aller Prinzipien synergetisch genutzt Sollte eindimensionales Denken ausschließen	Wenn ungeschickt angegangen, dominieren die Nachteile der kombinierten Prinzipien; durch die Mischung der Prinzipien kann leichter ein Chaos entstehen U.U. komplexer und aufwendiger in der Ausführung

c) Ein Projektstrukturplan
   – dient zur Unterteilung des gesamten Vorhabens in Teilaufgaben und Arbeitspakete;
   – ist eine wichtige Bezugsbasis für alle weiteren Projektpläne (Projektablaufplan, Projektterminplan, Ressourcen- und Kapazitäts- sowie kommerzielle Pläne);

- fungiert als Grundlage für die Verteilung von Verantwortlichkeiten und für Risikoanalysen;
- bildet die zentrale Bezugsgrundlage für die Dokumentation und für Projektberichte;
- liefert ein Mittel zur Strukturierung von Projektstatussitzungen;
- taugt als Grundlage für projektinterne Kommunikation.

Im Projektstrukturplan müssen für jedes Ziel, das der Projektauftrag vorgibt, eigene Arbeitspakete vorgesehen sein. Außerdem müssen die im Strukturplan aufgelisteten Arbeitspakete in Summe als Output sämtliche unter den Deliverables in der Projektauftragsdefinition aufscheinenden Leistungen erbringen.

6.7. Checkliste zur Ressourcen- und Kapazitätsplanung

Frage	ja	nein
Wurden alle benötigten Verbrauchsgüter berücksichtigt?	☐	☐
– Wurde insbesondere der Bedarf sowie die Verfügbarkeit der Einsatzstoffe erhoben?	☐	☐
– Sind der Energiebedarf und die Möglichkeit seiner Deckung erhoben worden?	☐	☐
– Ist benötigtes kurzlebiges projektrelevantes Wissen hinsichtlich Erforderlichkeit und Bereitstellungsmöglichkeit erfasst worden?	☐	☐
Wurden alle zur Projektrealisierung nötigen Gebrauchsgüter bedacht?	☐	☐
– Wurden Ansprüche an sowie Disponibilität von Betriebsstätten erfasst?	☐	☐
– Sind Bedarf und Verfügbarkeit zentraler Betriebsmittel qualitativ, quantitativ und zeitlich aufeinander abgestimmt worden?	☐	☐
– Sind der Bedarf an personenunabhängigem Know-how und seine Deckung analysiert worden?	☐	☐
Wurden die Beanspruchung und Verfügbarkeit des Personals – womöglich differenziert nach unterschiedlichen Qualifikationserfordernissen – ermittelt?	☐	☐
Berücksichtigen die Ermittlungen von Ressourcenbedarf und -verfügbarkeit die jeweilige zeitliche Verteilung möglichst genau?	☐	☐
Wurden die Überlegungen in erster Linie auf besonders kostspielige bzw. beschränkt verfügbare Engpassressourcen gebündelt?	☐	☐
Erfolgte eine systematische, jeweils ressourcenspezifische Bedarfsermittlung?	☐	☐
Fand eine nach Einzelressourcen spezifisch differenzierte, sorgfältige Erhebung der Kapazitätsverfügbarkeiten statt?	☐	☐
Wurden absehbare Veränderungen im Ressourcenbestand berücksichtigt?	☐	☐
Wurden Kapazitätsengpässe (Überlastungen) eruiert?	☐	☐
Wurden Kapazitätsreserven (Unterauslastungen) geortet?	☐	☐
Wurde ein Kapazitätsausgleich versucht durch		
– Ausgleich im Rahmen von Pufferzeiten?	☐	☐
– Abänderung der Vorgangsdauer?	☐	☐
– Substitution (Einsatz von Ersatzmitteln)?	☐	☐
– Kapazitätserweiterung?	☐	☐
– Projektverlängerung?	☐	☐
Wurden zur Verstetigung der Kapazitätsauslastung Modifikationen im Projektablaufplan erwogen?	☐	☐

6.8. **a)** Für die Erstellung eines Projektstrukturplanes sollten folgende Dokumente verfügbar sein:

- formeller Auftrag, die Projektidee zu verfolgen (Go-Entscheidung; Titel des Projekts; Rahmen)
- Bestellung des Projektleiters und allenfalls bereits der Projektteammitglieder
- Definition des Projektauftrages (inkl. Projektziele; Aussage zur Notwendigkeit des Vorhabens; Deliverables, Einschränkungen und Ausschließungen)

b) Projektstrukturplan „Gladiolenglück"

---

1. **Forschung und Entwicklung**
   1.1. Entwicklung eines Gladiolendüngers
   1.2. Erstellung eines Probe-Wirkstoffgemisches
   1.3. Tests bei Versuchspflanzungen
   1.4. Registrierung und Zulassung des Präparates

2. **Marketing**
   2.1. Marktforschung
   2.2. Entwicklung einer Werbestrategie
   2.3. Gestaltung einer neuen Verpackung
   2.4. Entwurf und Druck von Plakaten und Anzeigen
   2.5. Weitere Promotion-Aktivitäten (Presseaussendungen etc.)

3. **Kundenberatung**
   3.1. Erhebung spezifischer Wünsche von Gladiolenzüchtern und Gladiolenproduzenten
   3.2. Erstellung einer Beratungsbroschüre
   3.3. Beratungscampagnen bei Gladiolengärtnern

4. **Technik und Produktion**
   4.1. Herstellung des Düngers
   4.2. Mischung Wirkstoffe und Dünger
   4.3. Abfüllung des Präparates
   4.4. Produktionsstandort/-linie planen

5. **Einkauf**
   5.1. Beschaffung Rohchemikalien
   5.2. Anschaffung spezifischer Maschinen
   5.3. Kauf Verpackungsmaterial
   5.4. Lieferantenauswahl
   5.5. Entsorgung

6. **Finanzen**
   6.1. Projektkostenrechnung
   6.2. Projektbuchhaltung
   6.3. Kostenplanung Projekt
   6.4. Rentabilitätsberechnungen
   6.5. Zahlungswesen

7. **Personal**
   7.1. Bereitstellung von Teammitgliedern
   7.2. Schulungen für Projektmitarbeiter

8. **Controlling**
   8.1. Verfolgung Projektkostenverlauf
   8.2. Qualitätsüberprüfung (Stichproben)
   8.3. Abnahme von Reports

9. **Logistik**
   9.1. Planung der Lagerhaltung
   9.2. Aufbau eines Vertriebsnetzes

6.9.   a) Checkliste für Arbeitspaketbeschreibungen

Frage	ja	nein
Ist das Projekt konkret bezeichnet?	☐	☐
Wird das Arbeitspaket exakt benannt?	☐	☐
Ist klar, wer für das Arbeitspaket verantwortlich ist?	☐	☐
Sind allfällige Sachbearbeiter genannt?	☐	☐
Enthält die Arbeitspaketbeschreibung 3 -5 SMARTe, als ganze Sätze formulierte Ziele?	☐	☐
Sind Lösungswege zur Erreichung der Ziele klar beschrieben?	☐	☐
Sind die zu erwartenden Ergebnisse klar beschrieben?	☐	☐
Sind die zu liefernden Outputs angeführt?	☐	☐
Sind die zu erledigenden Einzelaufgaben klar abgegrenzt?	☐	☐
Sind für jede Einzelaufgabe klare Zwischen- und Endergebnisse angeführt?	☐	☐
Sind die nötigen Voraussetzungen für eine erfolgreiche Arbeitspaketbearbeitung angeführt?	☐	☐
Ist eine sorgfältige Schnittstellenanalyse vorhanden?	☐	☐
Sind die Inputs, die von anderen Arbeitspaketen benötigt werden, benannt?	☐	☐
Ist das Erstellungsdatum sichtbar?	☐	☐
Gibt es eine Unterschrift des Erstellers der Arbeitspaket-Beschreibung?	☐	☐

7.1.   a) Die Situationsschilderung beim Vino-Cook-Projekt deutet klar auf eine Akkumulation von Konflikten hin.

– Die Uneinigkeit, wer als Verhandlungsführer auftreten und für die Gruppe sprechen soll, ist als Rollenkonflikt zu qualifizieren.

– Das gegenseitige Misstrauen wegen unterschiedlichen Informationsstandes lässt sich als Beurteilungskonflikt begreifen.

– Die von der Mittelknappheit ausgelöste Unruhe signalisiert die Existenz eines Verteilungs- bzw. Ressourcenkonflikts.

Der Projektleiter sollte die Symptome für die verschiedenen Konflikte als solche erkennen, die jeweiligen Konfliktarten richtig identifizieren und artspezifisch handeln:

– Für den Umgang mit dem Rollenkonflikt empfiehlt sich eine klare Rollenaufteilung (Responsibility-Matrix).

– Dem Beurteilungskonflikt wäre mit Information und allfälligen Schulungsangeboten zu begegnen.

– Der Verteilungskonflikt wäre entweder dadurch in den Griff zu bekommen, dass man für eine Ressourcenaufstockung sorgt oder dass man Prioritätensetzungen intern klar ausdiskutiert.

b)

Konflikte bieten Chancen:	Konflikte sind mit Gefahren verbunden:
+ in ihnen schlummern konstruktive Kräfte	– Instabilitäten, die auch den Projekterfolg gefährden können
+ bewirken offenes Zutage-Treten von Problemen und machen sie so erst einer Lösung zugänglich	– Wecken negative Emotionen
+ stimulieren neue Ideen	– Verursachen Stress
+ ermöglichen Wandel	– Rauben Motivation
+ wecken kreative Potenziale	– Beeinträchtigen Arbeitsklima
+ regen an, über neue Arbeitsweisen nachzudenken	– Steigern Unzufriedenheit im Team
+ wenn nach außen gerichtet, schweißen sie im Inneren zusammen	– Stören Kommunikation
	– Binden unnötig Ressourcen
	– Veranlassen Führungskräfte zu autoritärem Verhalten

7.2. **a)** Die für die Arbeit am Kochbrand-Projekt geschilderten Symptome lassen auf fehlende Motivation schließen, welche auf unbefriedigte Bedürfnisse zurückzuführen sein dürfte. (Einzelne flüchten, haben resigniert bzw. befleißigen sich subtiler Formen der Rache oder des Kampfes, indem sie zynisch werden.)

b) Um auf die sich im Kochbrand-Projekt abzeichnende Demotivation zu reagieren, stehen folgende Instrumente zur Verfügung:

	Lob	Kritik
Reihenfolge und abnehmende Häufigkeit	kurzes (eher beiläufiges) Lob	Erinnerung an Regeln, Ziele, Vereinbarungen
	ausdrückliche Anerkennung	
	schriftliche Anerkennung	kurzes Kritikgespräch
	Hinweise „nach oben"	offizielles Kritikgespräch
	Zuweisung attraktiverer Aufgaben	Aufgabenänderung
	Übertragung verantwortungsvollerer Aufgaben	Sechs-Augen-Ermahnung
		Abmahnung (formell)
	Beförderung	Degradierung oder Kündigung

Begleitend wäre als Motivationsförderung zu sorgen für:
– Information
– Integration
– Identifikation
– Initiative

7.3. **a)** Im Rahmen des Hortivit-Projektes wird das geschilderte Verhalten des Projektleiters zu Konflikten führen; mittelfristig gilt:
– Das Verabsäumen der Informationsweitergabe provoziert Beurteilungskonflikte.
– Das Unterlassen von Entscheidungen beschwört Rollenkonflikte herauf.
– Die unzureichende Ressourcenzuweisung wird in Verteilungskonflikte münden.

Langfristig können die Auseinandersetzungen lähmend wirken und das gesamte Projekt zum Scheitern bringen.

b) Als Mitglied des Hortivit-Projektteams sollte man das Heraufdämmern von Konflikten möglichst frühzeitig erkennen, dann mit dem Projektleiter die Situation samt ihren Ursachen offen ansprechen und die aufkeimende Spannung möglichst ins Produktive zu wenden trachten. Sollten alle vermittelnden Vorstöße nicht fruchten, wären eventuell als Ultima Ratio Vorgesetzte des Projektleiters auf das Missmanagement hinzuweisen.

Der Projektleiter sollte ebenfalls die Konfliktpotenziale erkennen; sich deren Ursachen klar bewusst machen, jedenfalls Schuldzuweisungen vermeiden und aufgrund der erkannten Konfliktursachen sich um adäquate sachliche Lösungen bemühen; da die Konflikte aus sachlichen Divergenzen resultieren, ist eine Emotionalisierung zu vermeiden und auf Sachebene Klärung bzw. Abhilfe zu schaffen. Im konkreten Fall des Hortivit-Projektes wäre möglichst rasch
– eine entsprechende Informationsstruktur und Kommunikationskultur im Projekt aufzubauen und zu pflegen.
– Außerdem wären klare Festlegungen mit der Gruppe zu diskutieren und festzuschreiben. Wenn der Projektleiter selbst nicht entscheiden will oder kann, muss er überdies entsprechend delegieren.
– Was die Ressourcenzuweisung betrifft, wird ein nachvollziehbarer Verteilungsschlüssel auf den Tisch zu legen sein, eine Zusatzdotierung anzustreben sein und, falls das nicht erreichbar sein sollte, eine Aufgabenredimensionierung zu vereinbaren sein.

7.4. a) Im Rahmen der Überwachung des Projektverlaufes sind laufende Soll-Ist-Vergleiche anzustellen, d.h. die ursprünglichen oder später revidierten Planwerte sind den tatsächlichen Größen gegenüberzustellen (insbesondere um die Zielerreichungsgrade zu erfassen).

Die Projektkontrolle sollte vor allem drei Dimensionen Augenmerk schenken:
- den Kosten (kommt es zu Kostenüberschreitungen)
- den Terminen (gerät das Vorhaben in Verzug oder schreiten die Projektarbeiten rascher voran als geplant)
- der Qualität (in welchem Ausmaß werden die inhaltlichen Leistungsziele realisiert oder treten bei der Leistungserbringung allenfalls Qualitätsmängel auf)

b) Um Kontrollaufgaben wahrnehmen zu können, sollte man auf eine à jour gehaltene Projektdokumentation zurückgreifen. Im Einzelnen sollten jedenfalls jene Dokumente, die zentrale Soll-Vorgaben enthalten, herangezogen werden:
- Projektauftrag samt Zielen des Vorhabens
- Liste der Deliverables
- Strukturplan
- Terminplan
- Kosten- und Finanzplan

Außerdem sollten Kontrollen jene Dokumente erfassen, aus denen sich das tatsächliche Projektgeschehen herauslesen lässt, die da wären:
- Fortschrittsberichte (Tasks completed charts)
- Vorliegende Zwischenresultate, -berichte
- Zeitaufzeichnungen der Mitarbeiter
- Projektbuchhaltung

c) Sofern bei Kontrollen massive Kostenüberschreitungen zu konstatieren sind, sollte man als erstes die Ursachen für diese Mehraufwendungen ergründen. Dies kann im Rahmen einer Krisensitzung mit dem Projektteam geschehen. Sodann wird zweitens, je nachdem, welche Gründe für die Kostenüberschreitungen verantwortlich zu machen sind, ursachenabhängig adäquat zu reagieren sein:
- Bei Planungsfehlern empfiehlt sich ein vorläufiger Projektstop, solange bis eine Planüberarbeitung vorliegt.
- Bei Mehraufwendungen, welche von zusätzlichen Leistungsforderungen des Auftraggebers verursacht sind, wäre jener Zusatzaufwand, der mit den neuen Wünschen einhergeht, zu kalkulieren und hierauf wären die Abgeltungen mit dem Auftraggeber neu auszuhandeln.
- Bei unkontrolliertem Ausgabeverhalten von Projektteammitgliedern wird zu Disziplinierungsmaßnahmen zu greifen sein, außerdem werden die kostspieligsten Positionen zu eruieren und Sparpotenziale auszuschöpfen sein. Um Verschwendung in den Griff zu bekommen, kann man etwa bei allen größeren Ausgaben vorschreiben, dass vorab eine Genehmigung beim Projektleiter einzuholen ist.

7.5.   a)   Checkliste zur Überprüfung der Güte von Projektfortschrittsberichten

Frage	ja	nein
Sind das Projekt und das Arbeitspaket exakt bezeichnet?	☐	☐
Wird der Arbeitspaketverantwortliche explizit benannt?	☐	☐
Ist ein Berichtszeitraum exakt abgegrenzt und kenntlich gemacht?	☐	☐
Sind die für den Berichtszeitraum geplanten Tätigkeiten aufgelistet?	☐	☐
Sind für die Berichtsperiode geplante, aber nicht begonnene Tätigkeiten explizit angeführt?	☐	☐
Sind Gründe für einen Zeitverzug ursprünglich geplanter Tätigkeitsbeginne genannt?	☐	☐
Sind im Berichtszeitraum abgeschlossene Aufgaben festgehalten?	☐	☐
Gibt es Nennung nicht fertiggestellter Aufgaben, die schon abgeschlossen sein sollten?	☐	☐
Werden Begründungen für eine Verzögerung ursprünglich geplanter Tätigkeitsabschlüsse geliefert?	☐	☐
Sind Pläne für die nächste Berichtsperiode dargelegt?	☐	☐
Sind anhängige oder absehbare Probleme expliziert?	☐	☐
Werden Aufgaben, deren Erfüllung Änderungen im Zeit- oder/und Kostenaufwand erwarten lassen, benannt?	☐	☐
Nimmt der Bericht auf Soll-Werte (aus Zielvorgaben, Projektplänen und Arbeitspaketbeschreibungen) Bezug?	☐	☐

b)   Der vorliegende Fortschrittsbericht zum Projekt „Laborerneuerung der Firma Geno-Tech" ist äußerst rudimentär und nimmt keinerlei Bezug auf die Zielgrößen der Projektplanung; es wird nur der Zeitaufwand angeführt; es fehlt eine Darlegung, was von den geplanten Arbeiten inhaltlich erreicht und schon erledigt wurde. Formal fehlt eine Benennung des Projektes, des Arbeitspaketes und des Verantwortlichen. Es wird auch kein Soll-/Ist-Kostenvergleich angestellt. Es wird nicht angeführt, was schon begonnen oder/und schon fertiggestellt sein sollte laut Planung, aber noch nicht gestartet bzw. abgeschlossen wurde; es werden für solche Abweichungen auch keine Gründe geliefert. Es fehlt auch eine Vorschau darauf, welche Tätigkeiten als nächstes anstehen. Ab gehen ferner Hinweise auf Vorgänge oder Ereignisse, welche Änderungen im Zeit- und Kostenaufwand erwarten lassen bzw. auf sonstige sich abzeichnende Probleme. Grundsätzlich wären statt verschiedener Tätigkeiten die schon (oder noch nicht) erreichten Ergebnisse anzuführen.

7.6.   Checkliste zur Überprüfung des Konfliktmanagements

Frage	ja	nein
Kam es im Projekt zu keinen Zerwürfnissen innerhalb des Bearbeitungsteams?	☐	☐
Gab es keine Schuldzuweisungen, sobald Probleme auftraten?	☐	☐
Hat die Projektleitung regelmäßig auf das Auftreten von Konfliktsymptomen geachtet?	☐	☐
Gab es regelmäßig Feedbackrunden?	☐	☐
Wurde versucht, auftretende Konflikte nicht zu ignorieren oder unter den Tisch zu kehren?	☐	☐
Waren Versuche erkennbar, mit Konflikten konstruktiv umzugehen?	☐	☐
Wurde versucht, die Ursachen eines Konfliktes sachlich zu ergründen?	☐	☐
Wurden unterschiedliche Konfliktarten bewusst unterschieden und versucht, konflikttypadäquat zu reagieren?	☐	☐
Gab es im Falle von Spannung vermittelnde Gespräche?	☐	☐
Wurden zu Projektbeginn Regeln für die Entscheidungsfindung formuliert?	☐	☐
Wurden von Anfang an Spielregeln für die Zusammenarbeit im Projekt vereinbart? (Insbesondere zu Kommunikation und Information)	☐	☐
Waren Verantwortlichkeiten stets klar?	☐	☐
Wurde kein Projektteammitglied ausgegrenzt?	☐	☐
Waren Gespräche über Konflikte stets lösungsorientiert?	☐	☐
Verhielten sich die Führungskräfte bei auftretenden Konflikten unparteiisch?	☐	☐
Wurde bei Argumentationen klar zwischen Sachverhalt und Persönlichem getrennt?	☐	☐
Wurden während der Projektarbeit Personen aus dem Team entfernt?	☐	☐
Haben die Verantwortlichen den konstruktiven Umgang mit Konflikten honoriert?	☐	☐
Wurden kritische Situationen nie verharmlost?	☐	☐
Sind Projektteammitglieder aufeinander zugegangen und sich nicht gegenseitig ausgewichen?	☐	☐
Gab es beim Auftreten von Konflikten ein klares Bemühen, deren Inhalte klar zu begrenzen?	☐	☐
Führten Diskrepanzen zwischen Bedarf und Verfügbarkeit von Ressourcen zu Reibereien?	☐	☐
Wurde(n) durch die Konflikte		
– neue Ideen generiert?	☐	☐
– kreative Potentiale entdeckt?	☐	☐
– die Loyalität innerhalb des Teams im Endeffekt verbessert?	☐	☐
– neue Arbeitsweisen erwogen/entdeckt?	☐	☐
Wurden beim Auftreten von Konflikten		
– Mitarbeiter zu Gesprächen gebeten?	☐	☐
– neutrale Vermittler eingesetzt?	☐	☐
– Konsequenzen gegenüber notorischen Störenfrieden gezogen?	☐	☐

8.1. Um beim Flower-Power-Projekt aufgetretenen Motivationsproblemen im Rahmen eines Abschlussmeetings auf den Grund zu gehen, empfiehlt es sich, ein Ursache-Wirkungs-(Fishbone)-Diagramm gemeinsam zu erstellen. Dieses könnte etwa folgendermaßen aussehen:

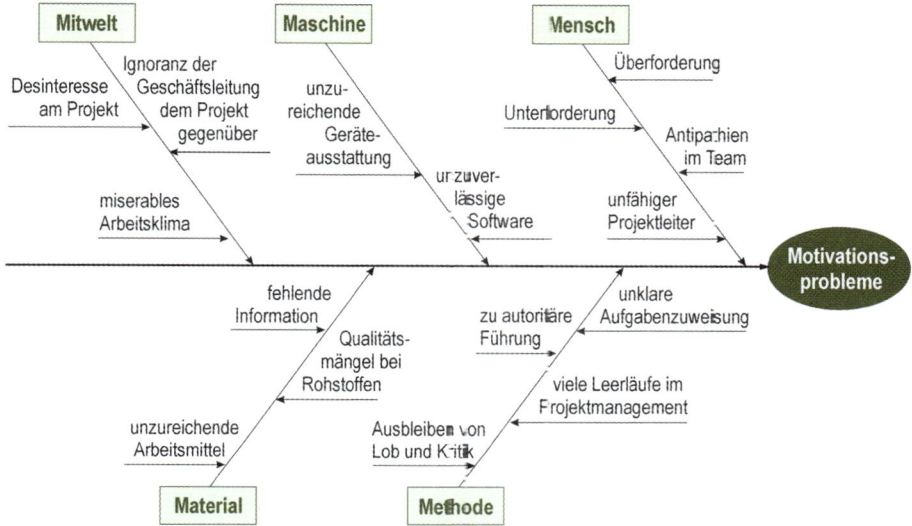

Eine alternative Lösungsmöglichkeit bestünde darin, eine Checkliste vorzubereiten, auf deren Basis nach dem Ausfüllen und Auswerten eine Diskussion geführt werden könnte.

Frage	ja	nein
Hatten MitarbeiterInnen Gelegenheit, sich selbst einzubringen?	☐	☐
Wurden MitarbeiterInnen zur Mitgestaltung aufgefordert und ermuntert?	☐	☐
War den MitarbeiterInnen klar, welche Aufgaben sie erfüllen sollten?	☐	☐
Wurden die Aufgaben als sinnerfüllend empfunden?	☐	☐
Hatten MitarbeiterInnen eigene Verantwortungsbereiche?	☐	☐
Wurden die MitarbeiterInnen gelobt?	☐	☐
Wurde Kritik geübt?	☐	☐
Hatten MitarbeiterInnen nötige Ressourcen zur Verfügung?	☐	☐
Waren die den MitarbeiterInnen übertragenen Aufgaben fordernd, aber weder unter- noch überfordernd?	☐	☐
Herrschte ein angenehmes Arbeitsklima?	☐	☐
Gab es gehäufte „Leerläufe"?	☐	☐
Hat sich die Projektleitung diktatorisch gebärdet?	☐	☐

8.2. a) Zur Beurteilung der Güte eines Finanzplanes sollten folgende Unterlagen vorhanden sein:
   – ursprünglicher Finanzplan
   – Projektdokumentation
   – Reports des Projektcontrolling
   – Projektnachkalkulation mit Übersicht tatsächlicher Zahlungsein- und -ausgänge

   b) Eine Checkliste zur Überprüfung der seinerzeitigen Güte des Finanzplanes könnte folgendermaßen aussehen:

Frage	ja	nein
Kam es während des Projekts zu Liquiditätsengpässen?	☐	☐
Wurden alle tatsächlich zu leistenden Zahlungen in der seinerzeitigen Planung vorgesehen?	☐	☐
Waren Zahlungen im Plan ausgewiesen, die gar nicht zu leisten waren?	☐	☐
Wurden die Einnahmen seinerzeit richtig vorauskalkuliert?	☐	☐
Haben die geplanten mit den tatsächlichen Zahlungsterminen übereingestimmt?	☐	☐
Liegt der Finanzplan schriftlich vor?	☐	☐
Liegen schriftliche Buchhaltungsunterlagen und Aufzeichnungen vor?	☐	☐
Wurde steuernd in die Zahlungsströme eingegriffen?	☐	☐
Waren Revisionen des Finanzplanes erforderlich?	☐	☐

8.3.   Checkliste zur abschließenden Projektbewertung

Frage	ja	nein
Vorbereitungsphase		
Wurden Ideen systematisch selektiert?	☐	☐
Wurden die Projektvoraussetzungen gründlich geprüft?	☐	☐
Wurden Machbarkeitstests durchexerziert?	☐	☐
Wurden Projektziele schriftlich festgehalten?	☐	☐
War die Kostenvorabschätzung in ihrer Größenordnung zutreffend?	☐	☐
Wurden Optionen zur Zielerreichung aufgelistet?	☐	☐
Wurden Optionen zur Zielerreichung abgewogen?	☐	☐
Gab es einen schriftlich akkordierten Projektauftrag?	☐	☐
Projektplanung		
Gab es einen schriftlichen Projektstrukturplan (PSP)?	☐	☐
Musste der PSP während der Planung oder Ausführung des Projektes stark verändert werden?	☐	☐
Wurde ein zutreffender Projektablaufplan erstellt?	☐	☐
Wurde ein zutreffender Projektterminplan erstellt?	☐	☐
Wurde ein zutreffender Projektkapazitäts- und -ressourcenplan erstellt?	☐	☐
Wurde ein zutreffender Kostenplan erstellt?	☐	☐
Wurde ein zutreffender Budgetplan erstellt?	☐	☐
Wurde ein zutreffender Finanzplan erstellt?	☐	☐
Sind über einzusetzende Ressourcen passende Verträge abgeschlossen worden?	☐	☐
Ausführung		
Sind ausreichend Mitarbeiter zur Verfügung gestanden?	☐	☐
Sind ausreichend Ressourcen zur Verfügung gestanden?	☐	☐
Wurden Maßnahmen der Mitarbeitermotivation gesetzt?	☐	☐
Sind die MitarbeiterInnen zu Feedback aufgefordert worden?	☐	☐
Sind Konflikte aufgetreten?	☐	☐
Wurden auftretende Konflikte professionell behandelt?	☐	☐
Wurden regelmäßig Kontrollmaßnahmen gesetzt?	☐	☐
Wurden regelmäßig Korrekturmaßnahmen gesetzt?	☐	☐
Gab es schriftliche Projektdokumentation?	☐	☐
Waren (häufige) Planänderungen notwendig?	☐	☐
Gibt es ein Projektabnahmeprotokoll?	☐	☐
Abschlussphase		
Gibt es Erfolgs- und Fehlerberichte aus der Projektbearbeitungsperiode?	☐	☐
Sind Schlüssel-Kennzahlen erhoben worden?	☐	☐
Sind Aufzeichnungen ausgewertet worden?	☐	☐
Hat eine Projektnachkalkulation stattgefunden?	☐	☐

9.1.   a)   Im studentischen Fallstudienprojekt zeichnen sich folgende prinzipiellen Probleme ab:
   – zu große Gruppe
   – offenbar ungeklärte Rollen und daher Rollenkonflikte
   – ungenügende Projektdefinition, daher Zielkonflikte
   – fehlende Projektleitung
   – anscheinend keine klaren Regeln für die Arbeit im Team zu Projektbeginn vereinbart

b) Die Gruppe sollte
   - sich eine klare Projektdefinition erstellen;
   - ein Mitglied mit Projektleitungsbefugnissen ausstatten;
   - sich dann in zwei Untergruppen à 6 Personen teilen und auch eine entsprechende Arbeitsteilung vornehmen;
   - die Rollen der einzelnen Teammitglieder klar definieren;
   - klare Verantwortlichkeiten und Aufgabenzuweisungen schaffen;
   - nach Möglichkeit eine klare Projektplanung nachholen;
   - Regeln zur gemeinsamen Entscheidungsfindung festlegen.

9.2. a) Prinzipiell offenbart die geschilderte Situation bei der Erstellung einer Pflanzenschutzberatungsbroschüre für einen Feldtag zwei Problemkreise:
   - Terminverzug
   - Qualitätsmängel der Zwischenresultate

→ Sofort nach Erkennen der prekären Lage empfiehlt es sich, das Team zu einer gemeinsamen Zusammenkunft einzuladen, um nach den genauen Ursachen (nicht aber nach den „Schuldigen") der Terminabweichungen zu suchen.

   - Wenn anscheinend Planungsfehler für Verzögerungen verantwortlich sind, sollte man schleunigst eine Neuplanung, diesmal aber möglichst fehlerfrei vornehmen.
   - Wenn sich einzelne Mitarbeiter als zu wenig engagiert, mit anderen Vorhaben zu sehr beschäftigt oder sonst wie „faul" gezeigt haben, wäre deren Motivation zu erhöhen (etwa durch In-Aussicht-Stellen von Prämien bzw. Sanktionen).
   - Ergänzend kann man versuchen, die für die Erarbeitung der Beratungsbroschüre bereitgestellten Kapazitäten zu erhöhen (zusätzliche Autoren und Photographen beauftragen; Überstunden anordnen).
   - Ferner kann man Möglichkeiten der Substitution zu nutzen trachten (praktisch hieße dies, z.B. statt der säumigen andere Autoren und anstelle des bisher vorgesehenen einen anderen Setzer zu suchen bzw. eventuell vorhandene Zeichnungen statt neuer Photos für die Broschüre zu verwenden).
   - Die Reduktion des Leistungsumfanges böte sich als weitere Option (praktisch umgesetzt könnte dies bedeuten, den Umfang der Broschüre gegenüber dem ursprünglich geplanten zu reduzieren und beispielsweise weniger Fotos und/oder Artikel, als seinerzeit beabsichtigt, in die Broschüre aufzunehmen oder überhaupt am Feldtag notfalls nur Auszüge zu verteilen bzw. Handout oder Vorabdruck zur Verfügung zu stellen).
   - Schließlich könnte man eine Änderung der Vorgangsdauer anstreben, was sich etwa folgendermaßen bewerkstelligen ließe: den Aufwand für die Setzerei könnte man durch strikte, bei der Manuskriptgestaltung zu beachtende Formatvorlagen für die Autoren verkürzen.
   - Als letzten Ausweg könnte man den Druck gänzlich abblasen und den angekündigten Feldtag ohne Broschürenpräsentation abwickeln.

→ Um dem Problem unzureichender respektive mangelhafter Texte beizukommen, wäre für eine bessere Qualität der Arbeit zu sorgen. Konkret erreichen könnte man dies durch klare Vorgaben (etwa einheitliches Gliederungsschema für alle Beiträge; Richtwerte für die Länge; Richtlinien für die einheitliche Zitation etc.), durch Schulungsmaßnahmen für Mitarbeiter (etwa eine eintägige Schreibwerkstatt für jene, die zur Broschüre einen Fachartikel beisteuern sollen) oder durch Hinzuziehen von Experten als Hilfestellung für Autoren (etwa indem man den Pflanzenschutzfachleuten für die Abfassung des Textes Profi-Journalisten beistellt).

b) Welche der prinzipiellen Reaktionsmöglichkeiten in die Tat umgesetzt wird, hängt u.a. ab von:
  – den für die Misere als verantwortlich anzusehenden Ursachen;
  – dem Auftraggeber und seinen Vorstellungen;
  – der Wichtigkeit der Broschüre und ihrer Präsentation im Rahmen des Feldtages;
  – der Flexibilität der Mitarbeiter und Kommitment der Mitarbeiter im Team;
  – der Verfügbarkeit von Finanzmitteln;
  – der Verfügbarkeit anderer Autoren; Photographen; Setzer.

9.3. Den beiden Ratsuchenden wären unterschiedliche Tipps zu geben:

Bekannter A sollte sein Camp als Projekt organisieren; dafür ein Team bilden; dieses zu einem Start-Workshop zusammenrufen; gemeinsam eine Definition des Projektauftrages erarbeiten. Mit diesem Konzept sollte A von den Organen der Studentenvertretung einen offiziellen Auftrag einholen; dann sind gemeinsam mit dem Projektteam die verschiedenen Planungsschritte (Projektstrukturplan, Arbeitspaket-Beschreibungen; Projektablaufplan; Projektterminplan; Kapazitäts- und Ressourcen-, Kosten-, Finanz- und Budgetplan) abzuarbeiten (iterativ); dann ist die Projektdurchführung abzuwickeln; dabei wäre sorgfältig auf die Dokumentation zu achten; schließlich ist auf Motivation und Organisation der Mitarbeiter zu achten, eine laufende Kontrolle des Arbeitsfortschritts ist sicherzustellen und wo notwendig, sind Korrekturmaßnahmen zu setzen. Nach dem Camp bleibt, gemeinsam für eine systematische Nachbereitung zu sorgen und einen dezidierten Projektabschluss nach vorheriger Erfolgskontrolle zu setzen.

Bekanntem B ist zu raten, die Aufnahme eines Notbetriebes im Labor nicht als Projekt organisieren zu wollen; dafür ist der Zeitdruck zu groß; im Rahmen der gegebenen Organisation sollte er – allenfalls in Abstimmung mit seinem Vorgesetzten – zweckmäßige Anordnungen für die rasche Installierung eines Notbetriebes (durchaus autoritär) treffen.

9.4. Um sich ein Bild von den bisherigen Leistungen erfolgreicher ProjektleiterInnen anhand von schriftlichen Unterlagen zu machen, ließen sich folgende Schriftstücke heranziehen:
  – Dokumentationen jener Projekte, die zuvor von diesen Persönlichkeiten betreut wurden
  – (Kunden)Rückmeldungen zu vorher bereits abgeschlossenen, von den Persönlichkeiten zu verantwortenden Projekten
  – Feedbackdokumente (Rückmeldungen) von ehemaligen Projektteammitgliedern
  – Dokumente über einschlägige Aus- und Weiterbildung der Persönlichkeiten
  – Personalakte (und darin enthaltene allfällige Belobigungen oder Informationen über spezielle Erfolgsprämien etc.).

9.5. Die Deliverables stehen dafür, was das Projekt hervorbringen soll; der Projektstrukturplan stellt dar, wie und mit welchen Arbeiten das Hervorbringen des gewünschten Outputs bewerkstelligt werden soll; die Terminplanung legt fest, bis wann die Hervorbringungen des Projektes vorliegen sollen.

27. Fallbeispiele

Zur Vertiefung des Verständnisses sei das konkrete Funktionieren des Projektmanagements anhand von Fallbeispielen veranschaulicht. Diese Fallbeispiele sind einerseits aus dem studentischen Milieu gewählt, um dem Erfahrungshorizont von Neueinsteigern möglichst entgegenzukommen. Andererseits illustrieren sie jeweils verschiedene Varianten der Organisation, Planung und Realisierung einmaliger Vorhaben.

27.1. Die Ausgangssituation

Eine größere Gruppe von ca. 30 eifrigen Studierenden sitzt in gelöster Atmosphäre beisammen. Sie überlegen, was sie im Zuge oder neben ihrer Ausbildung zusätzlich machen könnten, um Erfahrungen im Projektmanagement und in der Teamarbeit zu sammeln, um soziales Engagement zu zeigen oder/und um Geld zu verdienen. Nachdem die Studierenden eine lange Reihe von Ideen geboren und diskutiert haben, kristallisieren sich ein paar Favoriten heraus:

- Einigen Anklang findet das Vorhaben „Gruppenseminararbeiten". Dabei sollte ein Lehrveranstaltungsleiter dafür gewonnen werden, dass er Gruppen von 3 bis 5 Studierenden zusammenstellt und diese dann als Team jeweils mit der Erstellung einer Semesterarbeit betraut.

- Ebenso auf Interesse stößt die Idee, einen einmaligen „Studentenflohmarkt" als Benefizveranstaltung zu organisieren. Dessen Reinerlös sollte unverschuldet in Not geratenen KollegInnen zugutekommen.

- Außerdem gefällt manchen der Vorschlag einer „autonomen Studiengangsentwicklung". Dabei würde eine Gruppe von Studierenden völlig auf sich alleine gestellt innerhalb eines halben Jahres einen komplett neuen Studiengang entwerfen und für dessen Etablierung sorgen.

- Andere wiederum halten die „Weiterführung der Kinderkrippe" für verfolgenswert. Die schon seit Jahren existente Einrichtung betreut Babies und Kleinkinder untertags, damit ihre Eltern ungehindert die Ausbildung abschließen können.

- Schließlich begeistern sich einige für die „Organisation eines Firmenjubiläums". Eine größere etablierte Firma sollte als Auftraggeber für ein Pilotvorhaben gewonnen werden, um kommerziell Gewinn zu lukrieren und um den Einstieg in das Geschäft mit Veranstaltungsprojekten zu wagen.

Angesichts der fortgeschrittenen Stunde und da sich keine eindeutige Entscheidung abzeichnet, beschließen die Anwesenden, die Sache nochmals zu überschlafen und in ein paar Tagen abermals zusammen zu kommen, um festzulegen, wer sich welchem Vorhaben weiter widmen soll.

27.2. Die Auswahlentscheidung

Zur Zusammenkunft, bei der entschieden werden soll, wer welche Vorhaben weiter verfolgt, erscheinen 29 Personen. Im Zuge abermals entflammter Debatten verwirft die Runde ziemlich einmütig die Idee, sich um die kontinuierliche Weiterführung der Kinderkrippe anzunehmen, mit dem Argument, dass sich dabei keine Erfahrungen im Projektmanagement sammeln lassen, weil ja in diesem Falle die unbefristete Aufrechterhaltung einer Routinetätigkeit das zentrale Anliegen darstellt. Zu den verbleibenden vier Grundideen stellen die versammelten KollegInnen Machbarkeitsüberlegungen an. Das heißt, sie schätzen vorab die Erfolgswahrscheinlichkeit grob ein. Dabei kommen den allermeisten massive Zweifel, ob sie als Studierende innerhalb relativ kurzer Zeit wirklich völlig selbstständig ein Studienangebot einführen können, zumal ihnen sicherlich die gesetzlichen Befugnisse dazu fehlen. Die Gruppe schließt daher die autonome Studiengangsentwicklung als unrealistisch von allen weiteren Überlegungen aus.

Den verbleibenden drei Ideen (Gruppenseminararbeiten, karitativer Studentenflohmarkt und kommerzielle Organisation eines Firmenjubiläums) räumen alle ganz gute Aussichten ein. Die gesamte Gruppe beschließt daher, sich aufzusplitten und dass sich je eine Teilgruppe einem der drei Vorhaben widmet. Wer bei welcher Teilgruppe bzw. bei welchem Projekt mitmacht, hat jeder frei nach persönlichen Präferenzen zu entscheiden. Dabei lassen sich einige lediglich von ihren Gefühlen bzw. von persönlichen Neigungen leiten. Andere stellen rationale Überlegungen an: Vicki Vifzack beispielsweise möchte bewusst nur bei einem kleinen feinen (das ist für sie ein nicht allzu schwieriges, wenig aufwändiges und möglichst risikoloses) Projekt mitmachen. Sie notiert ein paar wichtige Projektmerkmale und zeichnet daneben auf, wie diese ihrer Einschätzung nach bei den drei Projektideen ausgeprägt sein dürften (vgl. Abbildung 87).

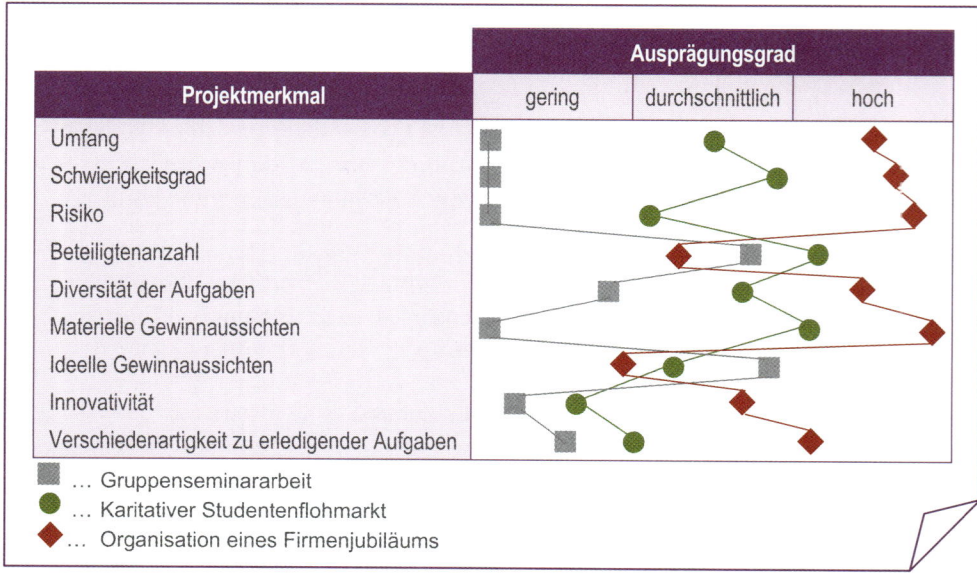

Abbildung 87: Die Profile der drei Fallbeispielprojekte im Vergleich

Ein Vergleich der drei Projektprofile zeigt ihr, dass eine Gruppenseminararbeit ihren Vorstellungen wohl am nächsten kommt.

Heino Swotter sucht komplexe Herausforderungen, die ihn persönlich möglichst weit voranbringen und die seinen Einstieg ins reale Geschäftsleben begünstigen, wofür er auch bereit ist, ziemlich viel an Zeit und Engagement zu investieren. Seine rationalen Abwägungen stützt er auf eine Portfoliodarstellung (vgl. Abbildung 88).

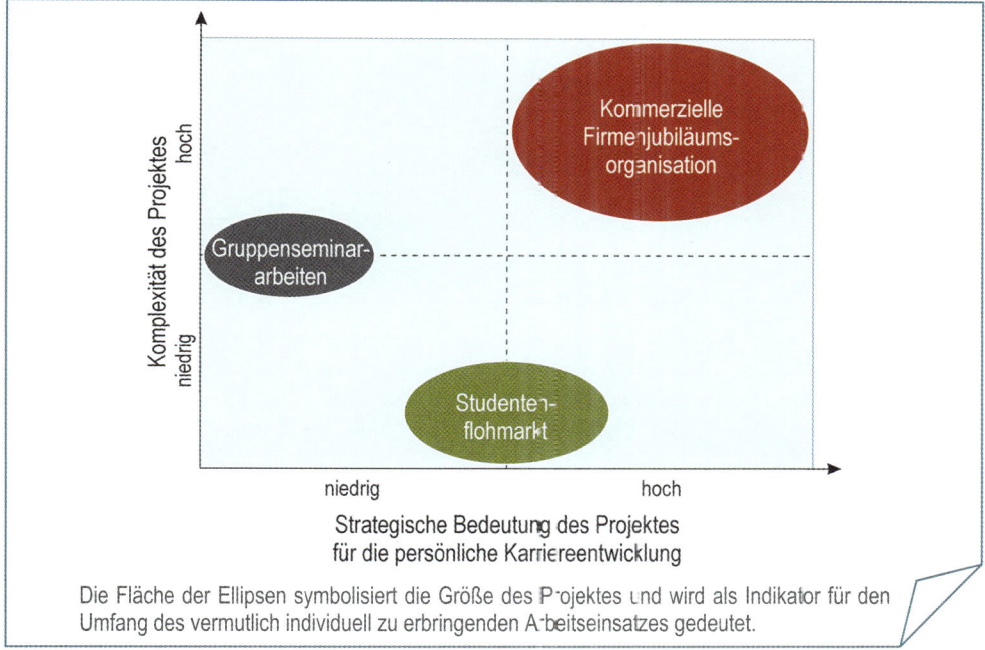

Abbildung 88: Portfoliodarstellung der drei Fallbeispielprojekte

Da sich Heino Swotter von Projekten angesprochen fühlt, die hohe Komplexität besitzen und die hohe strategische Bedeutung für seine persönliche Karriere versprechen, entscheidet er sich für jenes Vorhaben, das im rechten oberen Quadranten des Portfolios angesiedelt ist und das ist seinen subjektiven Erwartungen und Einschätzungen zufolge die kommerzielle Organisation eines Firmenjubiläums.

Pepita Penseur ist eine ausgesprochen systematische, analytische Denkerin, die relativ genau weiß, was sie will: Wenn sie ein Projekt in Angriff nimmt, dann soll ihr zusätzliches Engagement zu allererst für andere von Nutzen sein. Fast ebenso wichtig ist ihr, dass sie selbst Spaß an der Sache hat. Dann will sie durch die Arbeit am Projekt eine gewisse kommerzielle Erfahrung sammeln, aber auch organisatorische Erkenntnisse gewinnen. Ein bisschen Wert legt sie schließlich auch darauf, dass das Mitmachen bei einem Projekt ihrer persönlichen Karriere förderlich sein sollte. Die relative Bedeutung, die sie ihren eigenen Zielen jeweils subjektiv beimisst, drückt sie in Prozent aus: Mit 30 % rangiert die soziale Hilfe an erster Stelle, gefolgt vom Spaßfaktor mit 25 %, dem kommerziellen Erfolg mit 20 % und den organisatorischen Lerneffekten mit 15 %. An letzter Stelle steht mit 10 % ihre individuelle Karriereförderung.

Im Weiteren erstellt sie eine Nutzwertanalyse. Zu diesem Zweck schätzt sie bei jedem der drei in Frage kommenden Projekte ein, wie gut das Vorhaben jedes der ihr wichtigen Ziele zu erfüllen vermag. Wo sie glaubt, dass mit dem Projekt eine ihrer Absichten zur Gänze erreicht wird, gibt sie 10 Punkte und wo sie denkt, dass das Projekt für ein Ziel gar nichts bringt, weist sie null Punkte zu. Das Ergebnis dieser Einschätzung von Pepita Penseur zeigt die obere Hälfte von Übersicht 41.

Übersicht 41: Nutzwertanalyse für die drei Fallbeispielsprojekte

Ziele	Soziale Hilfe	Spaßfaktor	Kommerzielle Erfahrung	Organisatorische Lerneffekte	Karriereförderung	
Zielgewichte [in %]	30	25	20	15	10	
Projekte	Teilnutzen (= geschätzter Zielerreichungsgrad) [in Punkten]					
Gruppenseminararbeit	2	5	0	4	3	
Karitativer Studentenflohmarkt	10	8	6	6	1	
Organisation eines Firmenjubiläums	1	6	10	7	9	
	Gewichtete Teilnutzwerte					Gesamtnutzwert
Gruppenseminararbeit	60	125	0	60	30	275
Karitativer Studentenflohmarkt	300	200	120	90	10	720
Organisation eines Firmenjubiläums	30	150	200	105	90	575

Um zur Entscheidung zu kommen, welches Projekt am besten ihren Wunschvorstellungen entspricht, multipliziert sie jeden Punktewert, der den Grad der Zielerreichung zum Ausdruck bringt, mit dem jeweiligen Zielgewicht. Dann addiert sie für jedes Projekt diese gewichteten Einzelwerte. Ihre Wahl fällt schließlich auf jenes Projekt mit dem größten Gesamtnutzwert (= der höchsten Gesamtsumme), also auf den „Karitativen Studentenflohmarkt".

Am Ende des Entscheidungsfindungsprozesses steht fest, dass 22 Personen Gemeinschaftsseminararbeiten in Angriff nehmen wollen, 4 Leute beim Studentenflohmarkt mitmachen und 3 das kommerzielle Organisieren eines Firmenjubiläums wagen.

Die anschließenden Fallstudienpräsentationen erörtern zwei der drei von den Studierenden weiter verfolgten Vorhaben separat voneinander. Für jedes der beiden Projekte wird jeweils vorgestellt, wie zentrale Dokumente und Bearbeitungsschritte aussehen könnten, damit sie den Anforderungen eines professionellen Projektmanagements genügen. Die Exempel führen bewusst verschiedene Varianten der Bezeichnung und Ausgestaltung solcher Dokumente vor Augen. Zusätzlich mögen Hinweise zur Methodenauswahl (warum, welches Verfahren bzw. Werkzeug zum Einsatz kommt) ein Gefühl für situationsadäquates Handeln vermitteln.

27.3. Gruppenseminararbeit

Auf Ersuchen der Studierenden bietet Claude Savant, seines Zeichens Dozent an der Universität, ein Seminar zum Projektmanagement an. Am 5. Oktober, anlässlich der Startlehrveranstaltung teilt er die 22 Studierenden in 5 Gruppen zu je 4 bzw. 5 Personen ein. Er weist jeder Gruppe ein Thema zu, welches sie gemeinschaftlich zu bearbeiten hat. Die Ergebnisse sind spätestens in der Lehrveranstaltung am 18. Jänner mündlich zu präsentieren und in einer Seminararbeit schriftlich zu dokumentieren, welche bis zum 25. Jänner abzugeben ist.

Das aus Fini Findig, Ralf Rabotatz, Vicki Vifzack und Willi Wichtig bestehende Team soll sich mit „Kriterien für die Auswahl von ProjektleiterInnen bei universitären Forschungsvorhaben – Theoretische Erwägungen und empirische Befunde" auseinandersetzen.

Die 4 treffen sich nach der ersten Seminareinheit, um ihr weiteres Vorgehen abzustimmen. Da sie dem Lehrveranstaltungsleiter bis zum nächsten Seminartermin einen Gruppenverantwortlichen namhaft machen sollen, einigen sie sich darauf, dass Willi Wichtig diese Rolle übernimmt. Weiters beschließen sie, alle wichtigen, das Projekt betreffenden Entscheidungen möglichst konsensuell treffen zu wollen; sollte Einstimmigkeit nicht zu erreichen sein, entscheidet die Mehrheit, bei Stimmengleichstand das Los. Zwar sind die grundsätzliche inhaltliche Ausrichtung der Arbeit und die Teamzusammensetzung ebenso wie die zeitlichen Eckpunkte und der abzuliefernde Output von Haus aus extern vorgegeben, trotzdem diskutieren sie als erstes den Arbeitsauftrag, den sie erhalten haben und sie besprechen die Ziele ihres gemeinsamen Projekts.

Da es sich um ein recht überschaubares Unterfangen handelt, dessen Zielgruppe sich weitgehend auf den Dozenten reduziert, der ja als Auftraggeber fungiert, beschränken die Studierenden die Auftragsdefinition auf ein paar Kernpunkte, die sie auf einem Blatt schriftlich festhalten (vgl. Projektskizze).

Im Zuge der Festschreibung der Projektziele bemerkt die Gruppe, dass sie zwar eine Vorstellung über die gemeinsam angestrebte Mindestnote entwickelt hat, dass aber die Beurteilungskriterien, die Dozent Savant anlegt, noch unklar sind. Ebenso herrscht Unklarheit über den Richtumfang, der für die Seminararbeit gilt. Willi Wichtig hält deshalb beim Lehrveranstaltungsleiter Rücksprache. Er erfährt, dass die schriftliche Version rd. 20 Seiten haben sollte und dass in die Notenfindung die mündliche bzw. schriftliche Leistung zu je 50 % eingehen. Als Qualitätsmaßstäbe werden Originalität, Art und Ausmaß eigenständiger Erhebungen, Umfang der verarbeiteten Literatur, Nachvollziehbarkeit der Darstellung, inhaltliche, logische und formale sowie sprachliche Stimmigkeit herangezogen.

Bei einem nächsten Treffen machen sich die 4 Studiosi an die Planung und Aufteilung der Tätigkeiten. In einem ersten Planungsschritt verschaffen sie sich einen Überblick darüber, was zu erledigen sein wird, indem sie einen gemischt orientierten Projektstrukturplan in Listenform erstellen. Selbiger entspricht in groben Zügen auch der Disposition ihrer Seminararbeit. Sie orientieren sich an den selbst formulierten Zielen sowie an den Outputs, die sie aufgelistet haben und achten darauf, dass jedes Ziel und jeder Output seine Deckung in einem Arbeitspaket findet (vgl. Gliederung).

Projektskizze

Projektkurztitel: Gruppenseminararbeit „Auswahlkriterien für ForschungsprojektleiterInnen an Universitäten"

Auftraggeber: Doz. Claude Savant

Verantwortlicher Ansprechpartner: Willi Wichtig

Teammitglieder: Fini Findig, Ralf Rabotatz, Vicki Vifzack

Beschreibung des Ausgangsproblems: Verschiedene universitäre Einrichtungen scheinen unsystematisch vorzugehen oder von Fall zu Fall recht unterschiedliche Kriterien anzuwenden, wenn Personen als Leiter von Forschungsprojekten zu bestellen sind. Die Selektion ist aber bislang noch nicht ausreichend erforscht.

Grundintention: Im Rahmen einer gemeinsam zu erstellenden Seminararbeit sollen einfache Techniken des Projektmanagements eingeübt, erste praktische Erfahrungen gesammelt und ein Teilgebiet des Projektmanagements als explorative Studie über das Problem der Projektleiterauswahl vertieft werden.

Projektziele:
- Zu Semesterende sollen alle vier Gruppenmitglieder die erfolgreiche Lehrveranstaltungsteilnahme in einem Zeugnis (mindestens mit der Note „befriedigend") bescheinigt bekommen.
- Bis spätestens Ende Dezember soll eine Liste mit jenen 5 Auswahlkriterien erstellt sein, die in den betrachteten Fallbeispielen am häufigsten von den universitären Einrichtungen bei der Forschungsprojektleiterbestellung angewandt wurden.
- Zu Semesterschluss sollen außerdem die Zusammenarbeit im Team und Erfahrungsberichte über das Management des eigenen Projekts in einem 5-seitigen Schriftstück dokumentiert vorliegen.
- Bis längstens Mitte November sollen die 20 international am häufigsten zitierten einschlägigen Literaturstellen über Kriterien zur Auswahl von Projektleitern ausgewertet und zu einem rund 4-seitigen Text komprimiert sein.

Projektausschließungen: Die Seminararbeit will weder eine Vollerhebung an einer Universität liefern noch Repräsentativität beanspruchen.

Deliverables: Als Projektendprodukte sind geplant:
- Einerseits 15 Powerpointfolien als Grundlage für eine 20-minütige mündliche Präsentation sowie
- andererseits eine Textfassung in Form einer klassischen Seminararbeit.
- Schließlich eine 5-seitige Kurzdokumentation über die gesammelte Projektmanagementerfahrung.

Als Zwischenprodukte werden zu erstellen sein:
- Eine Dokumentation der Literaturrecherchen (verwendete Suchmaschinen, abgefragte Schlagworte, Trefferzahlen)
- Adresslisten von Interviewpartnern
- Fragebogenentwurf
- Ausgefüllte Fragebögen
- Datei mit Auswertungsergebnissen
- Textkonzepte
- Tabelle mit Häufigkeitsangaben zu den Auswahlkriterien
- 4-seitiger Zwischenbericht über die Literatur zu Auswahlkriterien bei der Projektleiterbestellung

Erstellt am 5.10. von F.F., R.R., V.V., W.W.

Gliederung (Projektstrukturplan)

Auswahlkriterien für Forschungsprojektleiterlnnen an Universitäten

1. Einleitung
2. Material und Methoden
   2.1.   Literaturrecherchen
       2.1.1.   Dokumentation des Suchprozesses
       2.1.2.   Vorgehensweise bei der Literaturauswertung
   2.2.   Befragung von universitären Entscheidungsträgern
       2.2.1.   Stichprobe von Interviewpartnern
       2.2.2.   Fragebogenentwurf
       2.2.3.   Interviews
       2.2.4.   Eingabe der Fragebögen
       2.2.5.   Auswertung der Antworten
   2.3.   Verfahren zur Auswertung von Stellenausschreibungen in Zeitungen
3. Ergebnisse
   3.1.   Spezielles Aufgabenprofil für Leiter von Forschungsprojekten im Spiegel der Fachliteratur
   3.2.   Von universitären Entscheidungsträgern angewandte Auswahlkriterien
   3.3.   Aus Stellenanzeigen abgeleitete Auswahlkriterien
4. Diskussion
   4.1.   Vergleich eigener Resultate mit Befunden anderer Autoren
   4.2.   Stellungnahme ausgewählter Entscheidungsträger zu den eigenen Resultaten
5. Zusammenfassung und Schlussfolgerungen
6. Text redigieren und layoutieren
7. Erarbeitung von Powerpointfolien
8. Vorbereitung und Abhaltung der mündlichen Präsentation
9. Dokumentation der eigenen Erfahrungen bei der Projektabwicklung

Erstellt am 8.10. unter Mitwirkung von: F.F., R.R., V.V., W.W.

Anschließend überlegen die Teammitglieder, wer welche Aufgaben übernehmen soll. Entsprechend den persönlichen Stärken und Vorlieben meldet sich Vicki Vifzack für jene Arbeitspakete, die mit Literatursuche, -auswertung und -darstellung zu tun haben (2.1., 3.1. und 4.1.). Ralf Rabotatz interessiert sich für Auswertungsarbeiten und Präsentationsvorbereitung, weshalb er die Arbeitspakete 2.2.4 und 2.2.5., 2.3., 3.3. sowie 7. übernimmt. Fini Findig möchte ihr Kommunikationstalent einsetzen, sie sagt zu, die Arbeitspakete 2.2.1., 2.2.2. und 2.2.3., 3.2., 4.2. und 8. zu erledigen. Willi Wichtig soll primär Koordinationsaufgaben ausführen und jene Tätigkeiten übernehmen, die besondere Syntheseleistungen erfordern, weswegen er sich um die Arbeitspakete 1., 5., 6. und 9. kümmern wird.

Da es sich um ein recht überschaubares Vorhaben handelt und da noch dazu Start- und Endzeitpunkt extern fix vorgegeben sind, erstellt das Team eine einfache Terminliste (als Meilensteinliste) mit absoluten Datumsangaben (vgl. Terminplan).

Terminplan
Gruppenseminararbeit „Auswahlkriterien für ForschungsprojektleiterInnen"

Meilenstein	Datum
Start	5. Oktober
Einleitungstext	15. Oktober
Fragebogenentwurf	20. Oktober
Stichprobenliste mit Interviewpartnern	25. Oktober
Abschluss Interviews	10. November
Vorliegen einer Datei mit allen codierten Antworten	14. November
Auswahlkriterienliste und kommentierender Text laut Literaturauswertung	15. November
Tabellen mit Auswertungsergebnissen der Befragung	20. November
Liste und kommentierender Text Auswahlkriterien laut Umfrage	20. Dezember
Textentwürfe Kapitel „Diskussion"	8. Jänner
Fertige Powerpointfolien	10. Jänner
Draft „Zusammenfassung und Schlussfolgerungen"	12. Jänner
Mündliche Präsentation	18. Jänner
Fertig redigierter und layoutierter Text	20. Jänner
Abgabe Seminararbeit	25. Jänner
Erfahrungsbericht über Teamzusammenarbeit und Projektmanagement	31. Jänner

Version vom 8.10. gemeinsam erstellt von: F.F., R.R., V.V., W.W.

Nachdem jeder weiß, wann, von wem, was vorzuliegen hat, machen sich alle an ihre Arbeit, denn aufwändige Ressourcenplanungen und kommerzielle Kalkulationen erübrigen sich, weil außer der Arbeitskraft der Studierenden und der in Bibliotheken und im Internet zugänglichen Quellen keine speziellen Einsatzmittel erforderlich sind. Bei der beschränkten Zahl an Teammitgliedern fällt auch die Kapazitätsplanung nicht zu schwer. Die Zeiten, während derer einzelne Teammitglieder wegen Vorbereitung auf Prüfungen nicht für das Projekt arbeiten können und die Ferienzeiten bzw. Feiertage berücksichtigen die Studierenden schon im Rahmen der Terminfestlegung. Das heißt, sie fixieren die Termine in der Meilensteinliste, indem sie etwa wochenweise ihre persönliche zeitliche Verfügbarkeit abschätzen und daneben die angenommene Dauer jener Tätigkeiten stellen, die zur Erreichung eines Meilensteines nötig sind, woraus sich dann das jeweilige Fertigstellungsdatum errechnet.

Die Meilensteinliste signalisiert, wann welche Zwischenergebnisse vorzuliegen haben, auf die dann die anderen zugreifen können. Sie dient der Gruppe auch als Anhaltspunkt für die Kontrolle des Projektfortschrittes.

Willi Wichtig organisiert außerdem ca. alle 3 Wochen ein Treffen, um die Beiträge der Einzelnen aufeinander abzustimmen. Die KollegInnen vereinbaren zudem, dass jedes Teammitglied spätestens einen Tag vor dem Treffen einen maximal einseitigen Kurzbericht über seine erledigten Arbeiten und über aufgetretene Probleme an alle anderen per e–mail schickt.

Im Sinne der Selbstkontrolle vereinbaren die Teammitglieder ferner, um sich selbst über den geleisteten Zeitaufwand Rechenschaft zu geben und um den Gesamtaufwand für das Vorhaben nicht ausufern zu lassen, dass dieser Fortschrittsbericht auch eine Angabe über den in das Projekt investierten Zeitaufwand enthalten solle (vgl. Fortschritts-Kurzbericht).

Gruppenseminararbeit „Auswahlkriterier für ForschungsprojektleiterInnen"

Fortschritts-Kurzbericht

von Fini Findig über den Zeitraum 10.10 bis 31.10.
erstellt am 3.11.

Abgeschlossene Arbeiten: - 4-seitiger Entwurf für Fragebogen mit insgesamt 35 Fragen
- Liste mit Namen, Adressen und Telefonnummern von 40 potentiellen Interviewpartnern

Begonnene, noch laufende Tätigkeiten: Probeinterviews

Geplante, aber nicht begonnene Tätigkeiten: keine

Absehbare Probleme: - äußerst geringe Bereitschaft angefragter Entscheidungsträger für ein Interview
- zu wenig Informationen über Stand der Literatur, sodass Fragebogen noch unzureichend ausgestaltet ist

Für das Projekt geleistete Arbeitsstunden: 45

Um eine reibungslose Projektabwicklung sicherzustellen, lesen die Teammitglieder als Vorbereitung auf die Meetings die Berichte durch und stellen den anderen allenfalls noch benötigte Informationen zur Verfügung. Zudem geben die Teammitglieder einander anlässlich der Treffen regelmäßig offenes Feedback. Sie hören auf die Sorgen und Problemschilderungen der anderen, sie bauen einander gegenseitig auf und sie unterstützen einander. Sobald sie meinen, ein(e) Kollege(in) bringt sich nicht in erforderlichem Maße ein, machen sie in freundlicher Art und Weise auf den Umstand gleich aufmerksam, hinterfragen die Ursachen, erwägen ursachenadäquate Reaktionen und trachten den- oder diejenige(n) mitzuziehen. Zur Hebung der Stimmung im Team unternehmen sie auch ab und zu einen Kino- oder Kaffeehausbesuch.

Idealerweise sollte die Abfassung der Seminararbeit nun klaglos funktionieren, so nicht irgendetwas Unvorhergesehenes passiert. Nach Abgabe der schriftlichen Seminararbeit und nachdem die LehrveranstaltungsteilnehmerInnen ihre Zeugnisse erhalten haben, setzt sich das Team nochmals kurz zusammen, um über den Verlauf der Projektbearbeitung gemeinsam zu reflektieren. Sie notieren, was besonders gut gelaufen ist, wo und warum Probleme aufgetreten sind und halten die wesentlichen Lessons learned schriftlich fest (vgl. Projektnachschau). Abschließend feiern sie gemeinsam bei einem Abendessen ihren Erfolg.

Projektnachschau

zur Gruppenseminararbeit: „Auswahlkriterien für ForschungsprojektleiterInnen"

als Protokoll des letzten Gruppentreffens am 15.2. zusammengestellt von Willi Wichtig

Generelle Einschätzung der Projektresultate:

* Erhaltene Abschlussnote: gut
* Mündliche Seminarpräsentation hat zum vorgegebenen Termin stattgefunden und wurde mit sehr gut beurteilt.
* Schriftliche Fassung der Seminararbeit wurde mit einwöchiger Verspätung abgegeben.
* Zeitaufwand jedes Teammitgliedes lag um ca. 15 % höher als ursprünglich gedacht und veranschlagt.

Besonders Gelungenes:

+ Hervorragendes Arbeitsklima (unter anderem vermutlich wegen gemeinsamer sozialer Aktivitäten)
+ Ausgezeichnete gruppeninterne Kommunikation (klagloser e-mail Austausch; Nutzung von Facebook, kurze Reaktionszeiten; intensiver Informationsaustausch anlässlich relativ häufiger Treffen auf der Uni bei diversen Lehrveranstaltungen)
+ Idee, Zeitaufzeichnungen zu führen; gab Rechenschaft über den von jedem ins Projekt investierten Zeitaufwand; daraus ablesbar sehr hohes Kommittent aller für die Gruppen-seminararbeit

Aufgetretene Probleme:

– Terminverzug beim Erstellen der schriftlichen Endfassung, wegen unterschätzten Prüfungsstresses gegen Semesterende in anderen Fächern und wegen technischer Schwierigkeiten (Dateien mit wichtigen Konzeptteilen ließen sich plötzlich nicht mehr öffnen, weil sie beschädigt waren; da es auch keine Ausdrucke gab, mussten größere Textpassagen nochmals neu formuliert werden)
– Verärgerung des Dozenten, weil die schriftliche Fassung der Seminararbeit ankündigungs- und kommentarlos mit einer Woche Verzug abgegeben wurde. Die verspätete Abgabe hat zur Herabsetzung der Note geführt.

Lessons learned:

➢ Früher mit dem Erstellen von Texten beginnen, außerdem alle Konzepte doppelt auf Festplatte und USB-Stick speichern sowie jedenfalls ausdrucken!
➢ Vor allem gegen Ende des Projektes etwas Zeitreserve für unvorhersehbare Schwierig-keiten einkalkulieren.
➢ Sobald Terminverzug absehbar wird, Auftraggeber (Lehrveranstaltungsleiter) sofort unter Angabe der Gründe informieren! (Hätte Notenabschlag eventuell verhindert).

27.4. Organisation eines Firmenjubiläums

Unter der Leitung von Heino Swotter, der sich mit Rudi Pfiffig und Susi Strebsam zusammen getan hat, beginnt das kleine Grüppchen mit der Akquisition eines ersten Auftrages. Sie kontaktieren Bekannte, die bei Unternehmen arbeiten und erzählen ihnen über ihre Geschäftsidee; ferner schicken sie Schreiben an Geschäftsführungen mittelgroßer Firmen, von denen sie wissen, dass dort ein rundes Jubiläum demnächst ansteht. Nach längeren, teilweise etwas zähen Bemühungen zeigt endlich jemand an der Idee der Studenten Interesse. Herr Paunch, seines Zeichens Leiter der traditionsreichen Brauerei Gerstinger und Hopf kann sich eine Zusammenarbeit mit jungen, ambitionierten Kräften gut vorstellen. Die Firma wird nämlich nächstes Jahr 200 Jahre alt und möchte das Jubiläum zum Anlass nehmen, sich ein etwas jugendlicheres Image zu verpassen. Herr Paunch lädt die Studiosi zu einem Gespräch ein, die ihm vielleicht bei seiner Absicht mit erfrischenden und unkonventionellen Ansätzen helfen könnten.

Vor der ersten Zusammenkunft mit ihrem potentiellen Auftraggeber setzen sich die Drei zusammen und überlegen, was sie mit Herrn Paunch erörtern wollen. Sie nehmen sich vor, offensiv nachzufragen, welche konkreten Erwartungen die Brauereigeschäftsführung an das Feiern des Jubiläums hegt, in welchen Dimensionen sich die Jubiläumsfeier bewegen und was damit erreicht werden soll, welche Bedürfnisse zu befriedigen und welche Intentionen zu verfolgen sind. Außerdem legen sie sich ein paar Ideen für verschiedene Veranstaltungsformen zurecht, deren Realisierung sie sich gut vorstellen können und deren Verwirklichung sie sich auch selbst zutrauen. Ihre eigenen Vorstellungen reichen von einem klassischen Zeltfest über eine Serie von bierseligen Kabarettabenden bis zu einem größeren Konzertevent.

Beim ersten Treffen der Studierenden mit Herrn Paunch stellt sich heraus, dass der Brauereigeschäftsführer das Firmenjubiläum am liebsten ein ganzes Jahr lang mit einer Fülle von Aktivitäten gefeiert hätte, wovon er sich eine entsprechende Kunden- und Medienresonanz sowie Absatz-, Marktanteils- und Gewinnsteigerungen erhoffe. Dieses umfassende Ansinnen sehen Heino Swotter und seine beiden Mitstreiter für sich als eine Schuhnummer zu groß an, zumal keiner von ihnen das Studium wegen des Projektes gleich ganz an den Nagel hängen möchte. Herr Paunch geht auf die Vorbehalte ein. Er erläutert, dass seine Biermarken zwar bei der älteren Generation gut ankommen, dass sie aber unter 40-Jährige nur unzureichend anzusprechen vermögen. Er will deshalb im Jubiläumsjahr bewusst unkonventionell vorgehen und jungen Einsteigern eine Chance geben, damit sie für ihresgleichen ein außergewöhnliches Event organisieren, an dem möglichst viele junge Leute teilnehmen sollen. Bei Fragen danach, wie dieses Event seiner Meinung nach aussehen und in welchem Kostenrahmen sich das Vorhaben bewegen soll, hält sich Herr Paunch bewusst bedeckt. Vielmehr fordert er die Studenten auf, ihm in den nächsten Tagen einen schriftlichen Projektvorschlag zukommen zu lassen (vgl. Projektdraft). Er gibt ihnen den Hinweis mit auf den Weg, dass sich die an jüngere Konsumentenschichten gerichtete Aktivität in ein umfassendes Jubiläumsprogramm einzufügen hat und dass die Veranstaltung schon ein paar tausend Leute mobilisieren muss.

ProtoProject
Studenteninitiative für Projektmanagement
Universitätsgässle 5
4321 Metropoldorf
t: + 0900 007 08 15
@: office@studipm.com

Jubi(er)läum – 200 Jahre Brauerei Gerstinger und Hopf

Projectdraft

erstellt von ProtoProject – Studenteninitiative für Projektmanagement

unter der Leitung von Heino Swotter unter Mitwirkung von Rudi Pfiffig und Susi Strebsam
für Brauerei Gerstinger und Hopf GesmbH, vertreten durch Geschäftsführer Beppo Paunch

Ausgangslage: Gerstinger und Hopf produziert am Markt gut eingeführte Biere, die hauptsächlich von älteren Kunden gekauft werden. Die Marke gilt bei unter 40-Jährigen zwar als solide, aber auch als verstaubt und ziemlich uncool. Mittelfristig droht deshalb der Absatz abzubröckeln.

Grundabsicht: Das Jubi(er)läum-Projekt will das 200-jährige Bestehen der Brauerei Gerstinger und Hopf zum Anlass nehmen für ein Event, das auf die Altersgruppe der 20- bis 40-Jährigen zugeschnitten ist. Die Veranstaltung soll sich in eine über das Jahr verteilte Serie von Jubiläumsaktivitäten einfügen und als Auftakt für einen modernisierten Marktauftritt dienen, der dem Firmenimage mittelfristig zu einem jugendlicheren Touch verhelfen und den Bierabsatz merklich beleben soll.

Projektziele:

- In der zweiten Junihälfte des Jubiläumsjahres soll am Brauereigelände ein Event stattfinden, zu dem mindestens 10.000 Personen, vorwiegend im Alter von 20 bis 40 Jahren kommen.
- Im Vorfeld der Veranstaltung sollen eine Woche vor deren Stattfinden wenigstens 20 % der Zielgruppe (das sind alle 20- bis 40-Jährigen, die im Umkreis von 30 km des Brauereistandortes leben) bei Befragen über eines der geplanten Highlights Bescheid wissen.
- In den beiden auf das Event folgenden Monaten soll sich eine Steigerung der Bierabsatzmenge gegenüber dem Vergleichszeitraum des Vorjahres um 2 % einstellen.
- Am Veranstaltungstag sollen wenigstens 25 % der Eventbesucher trendige Merchandisingartikel mit dem Logo von Gerstinger und Hopf beim Verlassen des Festgeländes gut sichtbar tragen.
- Im Web 2.0, auf mindestens 3 Radiostationen bzw. 2 Fernsehkanälen und in ca. 15 Printmedien sollen in einem Zeitraum von 3 Wochen vor bis 3 Wochen nach dem Event insgesamt mindestens 25 Berichte zur und über die Veranstaltung gebracht werden.

Im Rahmen des Jubi(er)läumsprojektes werden PR-Aktivitäten und Medienbetreuung zu erbringen, ein Veranstaltungs- und Sicherheitskonzept zu erstellen und umzusetzen sowie diverse Attraktionen (etwa Bungeejumping vom Getreidesilo; Weltrekordversuch im Bierfasslschupfen; Hopfenstangenkletterwettbewerb; Bierbad im Braukeller) zu organisieren und schließlich ein Gastroservice sowie ein Verkauf von Merchandising Artikeln auf die Beine zu stellen sein.

Das Jubi(er)läumsprojekt umfasst aber keinerlei Produktentwicklung (also kein Design von trendigen Merchandisingartikeln oder eines modernisierten Logos respektive einer neuen, zielgruppenangepassten Biersorte). Genauso inkludiert das Vorhaben keinerlei Entwicklung von Marketingstrategien, die auf die jüngere Zielgruppe abgestimmt sind.

Im Endeffekt sorgt das Jubi(er)läumsprojekt für ein eintägiges Event mit mehreren Konzerten von zumindest drei verschiedenen Bands. Überdies wird die Veranstaltung mindestens vier hippe Actions bieten. Schließlich werden mehrere Presseaussendungen und intensive begleitende Medienarbeit der Firma Gerstinger und Hopf positives publizistisches Echo verschaffen.

Der Gesamtkostenrahmen dürfte sich auf ca. 500.000,- € belaufen.

Das Jubi(er)läumsprojekt kann nur unter folgenden Voraussetzungen von ProtoProject übernommen werden: Wesentliche Teile (vor allem der Ausführungsarbeiten) dürfen und können an externe Firmen ausgelagert und an Subauftragnehmer weiter vergeben werden. Die Studierendengruppe bekommt von der Brauerei einen in der Veranstaltungsorganisation erfahrenen Projektkoordinator beigestellt, der auch als Mentor und Begleiter fungiert. Die Entscheidung, die detaillierte Projektplanung gegen angemessenes Honorar an das ProtoProject-Team zu vergeben, erfolgt innerhalb der nächsten drei Wochen.

Geschäftsführer Paunch fühlt sich vom Grobentwurf des Projektes sehr angesprochen, denn der Vorschlag trifft seine Wunschvorstellungen recht gut. Herrn Paunch beschleichen aber gewisse Zweifel, ob sich die relativ kleine Studentengruppe (obwohl alle drei vor Elan zu strotzen scheinen) nicht wegen ihrer Unerfahrenheit mit dem vergleichsweise großen Vorhaben etwas überhebt. Genährt wird seine Skepsis vom Umstand, dass die Gruppe zwei Ziele formuliert hat, deren Erreichen sie kaum selbst in der Hand hat (Steigerung Bierabsatz und Mitnahme von Merchandisingartikeln). Er schlägt deshalb vor, ein gemischtes Projektteam zu bilden, dem neben den drei Studenten genauso viele Mitarbeiter der Firma Gerstinger und Hopf angehören. Ferner meint er, dass Veranstaltungsankündigung, eventbegleitende Öffentlichkeitsarbeit bzw. Medienbetreuung in die Hände von Vollprofis gehören, am besten in jene der Stamm-PR-Agentur Promopoint, welche auch sonst immer für die Brauerei arbeitet. Ebenso wären alle Aktivitäten mit Bezug zu Merchandising Artikeln an die Marketing-Consultant-Firma Mountebank auszulagern, mit der Gerstinger und Hopf schon lange kooperiert. Gleiches gilt für den Gastroservice, der vom Cateringunternehmen Munch (welches der Brauerei nahe steht) zu organisieren sei. Vorstellbar wäre für Herrn Paunch sogar die Betreuung eines Konzertveranstalters, um ein attraktives und professionelles Musikprogramm sicherzustellen. Die Beauftragung und Koordination dieser Firmen gedenkt Herr Paunch über ein rein firmeninternes Projektteam abzuwickeln. Ein auf jüngere Konsumenten ausgerichtetes Event braucht seiner Meinung nach aber unbedingt noch zusätzliche Attraktionen, die möglichst bierbezogen sein und einen Hauch von Abenteuer vermitteln sollten. Die im Projectdraft angedeuteten Ideen (Weltrekordversuch, Bungeejumping etc.) scheinen ihm verfolgenswert.

Gegenüber dem ursprünglichen Projektvorschlag ergäben sich also Modifikationen: Angesagt wäre eine Konzentration von ProtoProject auf die Vorbereitung und Durchführung von Attraktionen mit dem speziellen Kick und begleitend dazu eine Abstimmung und Kooperation mit den diversen anderen noch zu beauftragenden Firmen. Heino Swotter und sein kleines Team können sowohl dieser vorgeschlagenen Reduktion des Projektumfanges einiges abgewinnen, als auch der Einbindung von Brauereimitarbeitern in das Projektteam. In einer Diskussion wird schließlich Einigung darüber erzielt, dass sich die Studenteninitiative nur um jenen Teil des für jüngere Leute gedachten Jubiläumsevents kümmert, der Action-Elemente umfasst. Der Brauereigeschäftsführer gibt daraufhin grünes Licht für eine detailliertere Projektplanung. Herr Paunch und Heino Swotter kommen zudem überein, dass den Studenten für die detaillierte Projektplanung ein Honorar von 3.000,- € gezahlt wird, wenn die Dokumente zeitgerecht in einem Monat vorliegen und wenn die Pläne vom Koordinator aller Jubiläumsaktivitäten, Herrn Bedon, approbiert wurden. Ferner vereinbaren beide, dass Heino Swotter die Verantwortung und Leitung für die Planungen übernimmt und dass die Brauerei innerhalb einer Woche drei Personen für das Projektteam nominieren wird.

Eineinhalb Wochen später kommt das um Othmar Gscheit, Ludwig Lustig und Sunny Fröhlich erweiterte Team zu einem Workshop zusammen, bei dem die Arbeit an der detaillierten Projektplanung aufgenommen wird. Nach einer Vorstellungsrunde fängt die Gruppe damit an, die Projektidee und die Projektziele – ausgehend vom bereits vorliegenden Projectdraft – zu diskutieren und so auszuformulieren, dass den vom Auftraggeber, Herrn Paunch, vorgegebenen Rahmensetzungen Rechnung getragen wird. Es entsteht zunächst eine Projektbeschreibung für das nunmehr mit dem leicht veränderten Kurztitel „Jubi(er)läumsactions" bezeichnete Vorhaben (vgl. Projektbeschreibung).

Jubi(er)läumsactions – Attraktionen beim Young-People-Event im Rahmen der Veranstaltungsserie „200 Jahre Brauerei Gerstinger und Hopf"

Projektbeschreibung

Projektkurztitel: Jubi(er)läumsactions

Auftraggeber: Hr. Paunch; Geschäftsführer der Brauerei Gerstinger und Hopf GesmbH; als Projektkoordinator des Auftraggebers fungiert Hr. Bedon

Projektleiter: Heino Swotter

Projektteam: Sunny Fröhlich, Othmar Gscheit, Ludwig Lustig, Rudi Pfiffig, Susi Strebsam

Vorbemerkung: Die Brauerei Gerstinger und Hopf will das Kundensegment der 20- bis 40-Jährgen speziell ansprechen. Sie plant für die zweite Hälfte des Jubiläumsjahres ein Event u.a. mit Rock-, Punk- und Popkonzerten, mit einer „Beer and more"-Genussmeile sowie vor allem mit bierbezogenen, zielgruppenadäquaten Adventure-Attraktionen.

Projektvision: Jubi(er)läumsactions sorgt für Aktivitäten mit dem Adrenalinkick beim Young-People-Event im Rahmen der 200-Jahr-Feierlichkeiten der Brauerei Gerstinger und Hopf. Es bietet ein spektakuläres Angebot an Betätigungsmöglichkeiten mit Bierbezug und sorgt damit für Aufmerksamkeit und Gesprächsstoff bei den Menschen und bei Medien.

Projektziele:

➢ Beim in der zweiten Junihälfte des Jubiläumsjahres stattfindenden Young-People-Event sollen fünf verschiedene, bierbezogene Adventure-Attraktionen angeboten werden.
➢ Spätestens zwei Wochen vor dem Event sollen Medienvertreter mindestens drei dieser Attraktionen persönlich testen können.
➢ Bei Befragungen im Vorfeld (rund eine Woche vor) der Veranstaltung sollen wenigstens 10 % der Zielgruppe (sämtliche 20- bis 40-Jährigen im Umkreis von 30 km) zumindest von einer der Attraktionen wissen und sich von dieser besonders angesprochen fühlen.
➢ Am Veranstaltungstag sollen ca. 20 % aller (rund 10.000) Eventbesucher wenigstens bei einer der Attraktionen dabei sein.
➢ Bei wenigstens 10 % der Leute aus der Zielgruppe sollen die Adventure-Attraktionen auch noch eine Woche nach der Veranstaltung Gesprächsthema sein.

Projektinhalt: Im Speziellen sieht Jubi(er)läumsactions die Organisation folgender Attraktionen vor:

– Bierbad im ehemaligen Braukeller (mit bierschaumbasiertem Hairshampooing bzw. -styling sowie mit Bierbrause in den seinerzeitigen Personalduschen
– Weltrekordversuche im Bierfasslweitwurf, Bierfassstemmen und im Bierflaschenjonglieren
– Bungeejumping vom Getreidesilo
– Hopfenstangenkletterwettbewerb
– Bierkistenwettstapeln in der alten Mälzerei

Aus ethischen Erwägungen nicht veranstaltet werden irgendwelche Formen von Wetttrinken. Aus hygienischen und organisatorischen Gründen ausgeschlossen bleiben alle Arten von Betriebsbesichtigungen.

Damit Jubi(er)läumsactions erfolgreich realisiert werden kann, müssen:

– das Stattfinden des gesamten Young-People-Events gewährleistet,
– die einzelnen Attraktionen im Gesamtprogramm des Young-People-Events entsprechend eingebettet
– die benötigten Räumlichkeiten für die Öffentlichkeit zugänglich gemacht bzw. wo nötig adaptiert und
– die Informationen, die zur Abstimmung mit anderen am Young-People-Event Beteiligten gebraucht werden, rechtzeitig verfügbar sein.

Unter den genannten Voraussetzungen werden zwei Wochen vor dem Young-People-Event wenigstens drei Attraktionen intern getestet fertig bereit stehen, sodass sie von Medienvertretern ausprobiert werden können. Spätestens zwei Tage vor dem Event sind alle Attraktionen einsatzbereit und am Veranstaltungstag werden geschätzte 2.000 Leute begeistert von den Attraktionsangeboten Gebrauch gemacht haben.

Das Team entwickelt anschließend einen Projektstrukturplan, wobei sich dessen Gliederung hauptsächlich an den einzelnen Attraktionen orientiert, von denen jede als eigenes Workpackage definiert wird (vgl. Projektstrukturplan). In gemeinsamer Diskussion erfolgt sodann eine Aufteilung der Verantwortlichkeiten. Gemäß den persönlichen Stärken und Neigungen findet sich für jedes Workpackage ein(e) Hauptzuständige(r).

Der jeweilige Leader verfasst für sein Workpackage eine separate, detaillierte Darstellung. Im Falle des Jubi(er)läumsactions-Projektes scheint das Erstellen von ausgefeilten Arbeitspaketbeschreibungen angebracht, weil es sich um ein relativ umfassendes und daher auch nicht mehr so einfach zu überblickendes Vorhaben handelt. Während dieser Tätigkeit des Abfassens von Arbeitspaketbeschreibungen diskutieren die Mitglieder des Projektteams immer wieder miteinander und gleichen ihre jeweiligen Vorstellungen gegenseitig ab, damit sich ein stimmiger Gesamtprojektentwurf ergibt. Da die Wiedergabe der Entwürfe für sämtliche Workpackages den Rahmen eines Lehrbuches übersteigen würde, sei im Folgenden nur ein einzelner Teil der Beschreibungen herausgegriffen (vgl. Workpackage-Description). Aus dem gleichen Grund wird sich auch die Darstellung der weiteren vom Team entwickelten Pläne stets auf einen kleinen Ausschnitt beschränken.

Jubi(er)läumsactions
Workpackage-Description Beer-Hairshampooing

Workpackageleader: Susi Strebsam   **Datum: 15. September**

Ziele des Workpackages:

➢ Es sollen bis zum Young-People-Event 10 Plätze für Bier/Ei-Haarewaschen und Hairstyling einge-richtet sein.
➢ Während des eintägigen Events sollen mindestens 500 Leuten der Kopf gewaschen und die Haare geföhnt werden.
➢ Bis spätestens 6 Monate vor dem Event soll im Brauereigelände ein für das Beer-Hairshampooing geeigneter Raum gefunden werden.
➢ Der für das Bierfrisieren zu verwendende Raum soll bis spätestens 3 Wochen vor den Event adaptiert sein.
➢ Während der beiden Wochen unmittelbar vor dem Young-People-Event soll täglich vier Stunden lang die Möglichkeit des Testkopfwaschens für Medienvertreter bestehen.

Im Workpackage zu erledigende Tätigkeiten (Vorgänge):

– Suche nach mitarbeitswilligen Friseuren
– Rekrutierung von Hilfspersonal für Haarwäsche und -trocknung bzw. laufende Reinigung
– Konzeption von speziellen Kurzzeitanstellungsverträgen
– Sammeln und Weiterleiten der unterschriebenen Kurzzeitarbeitsverträge
– Meldungen bei Sozialversicherung veranlassen
– Einweisen der Friseure in Örtlichkeit und Veranstaltungsablauf
– Anleiten des Hilfspersonals
– Benötigten Friseurbedarf (Kopfwaschbecken, Haartrockner, Spiegel, Stühle, Kämme, Bürsten und andere Utensilien) ermitteln und spezifizieren lassen
– Friseurbedarf bestellen
– Friseureinrichtung liefern, aufstellen und Friseurbedarfsartikel bereitstellen lassen
– Raum für den provisorischen Frisiersalon suchen
– Plan für nötige Raumadaptierungen erstellen lassen
– Allenfalls erforderliche Bewilligungen für Adaptierungen einholen
– Adaptierungsarbeiten ausführen
– Leistungsverzeichnis für zu erledigende Installateur- und Anschlussarbeiten erstellen
– Kostenvoranschläge von Installationsfirmen einholen
– Anbote vergleichen und Beauftragung eines Installateurs
– Durchführung von Installationsarbeiten
– Überprüfung der Funktionstüchtigkeit des Beer-Hairshampooing-Salons
– Baustellenreinigung
– Abwicklung des Events
– Abtransport Frisiersaloneinrichtung
– Abschlussreinigung
– Rechnungen einholen und Honorarzahlungen veranlassen

Workpackageresultate:

– Adressliste mit 50 anzufragenden Friseuren
– Temporärer Bierfrisiersalon mit 10 Plätzen
– Rund 500 Hairstylings
– Rund 50 Vorab-Hairstylings für Medienvertreter
– Renovierter, veranstaltungsgeeigneter Nassraum

Input von anderen Workpackages:

– Reinigungskräfte von WP „Bierbrause"
– Richtlinien für Kurzzeitarbeitsverträge von WP „Projektmanagement"
– Security von WP „Projektübergreifende Organisation"

Output für andere Workpackages:

– Lage und Beschreibung des Bierfrisiersalons an WP „Projektmanagement" zur Weiter-leitung an Projektkoordinator und PR-Agentur
– Rechnungen und Honorarnoten an WP „Projektmanagement"
– Kurzzeitarbeitsverträge und Daten für Sozialversicherungsmeldungen an WP „Projekt-management"

In einem weiteren Schritt bringen die Mitarbeiter – nachdem alle Workpackage-Beschreibungen vorliegen – die einzelnen dort vorgesehenen Tätigkeiten (bzw. Vorgänge) in eine sachlogische Reihenfolge. Sie berücksichtigen dabei die verschiedenen Formen der Abhängigkeiten und vor allem die bei der Schnittstellenanalyse in den Workpackage-Beschreibungen angeführten Input- und Outputbeziehungen zwischen den Arbeitspaketen. Sie charakterisieren den Ablauf, indem sie bei jeder Tätigkeit bzw. bei jedem Vorgang den oder die Vorgänger bezeichnen.

In einem eigenen Arbeitsgang schätzen sie für jede Tätigkeit (bzw. für jeden Vorgang) die vermutliche Dauer. Im konkreten Fall wählt das Team für die Zeitskalierung Tage als adäquate Einheiten, weil die Gesamtprojektlaufzeit sich in der Größenordnung eines Jahres bewegt und weil mit relativ vielen miteinander verflochtenen, und vergleichsweise kurzen Vorgängen zu rechnen ist. Die Daten (Vorgangsbezeichnung, jeweilige(r) Vorgänger sowie Dauer) speist Heino Swotter in eine Projektmanagementsoftware ein. Da das Jubi(er)läumsactions-Projekt doch etwas größer und komplexer ist, sollte sich der Rückgriff auf ein solches Tool lohnen. Das händische Aufzeichnen des Ablaufes und das Terminkalkulieren wären nämlich ziemlich mühsam und vor allem eine Korrektur bzw. Nachführung bei Planungsänderungen wäre jeweils einigermaßen aufwendig. Mit Hilfe des EDV-Programmes lassen sich die Projektablauf- und Terminplanung als vernetzter Balkenplan übersichtlich darstellen (vgl. Ausschnitt Ablauf- und Terminplan).

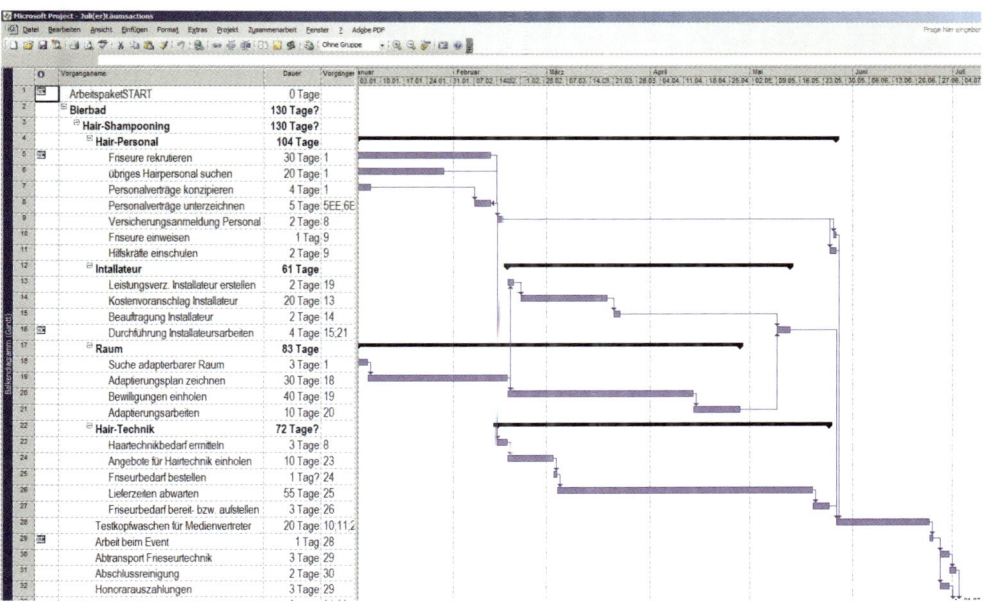

Um dem Auftraggeber, Herrn Paunch, eine solide Information geben zu können, was der ganze Spaß kosten dürfte, wendet sich das Team der kaufmännischen Planung zu. Im Rahmen einer analytischen Kostenkalkulation schätzen die Mitarbeiter für jeden Vorgang den Ressourcen- und Einsatzmittelbedarf zunächst mengenmäßig ab. Hierauf ermitteln sie die Stundensätze für die verschiedenen Personalkategorien und die Stückpreise für Betriebsmittel bzw. die für externe Leistungen anzunehmenden Tarife. Durch Multiplikation der jeweils erforderlichen Einsatzmenge mit dem Preis pro Mengeneinheit ergibt sich der jeweilige Betrag für die Kosten. Um nicht in einem Wust von Einzelbeträgen unterzugehen, aggregieren die Teammitglieder die Kostenpositionen. Der Übersicht halber fassen sie zunächst bei jedem Vorgang die Einzelpositionen nach Kostenarten zusammen. Im gegenständlichen Fall unterscheidet die Gruppe zwischen Personalkosten für interne und jenen für externe Kräfte. Innerhalb der Sachkosten differenziert das Jubi(er)läumsactions-Team zwischen jenen für externe Leistungen und Aufträge einerseits und denjenigen für Materialien und Betriebsmittel andererseits. Als Sammelposition für sonstigen bewerteten Aufwand fungiert schließlich die Kategorie der sonstigen Kosten. Um eine rasche Orientierung zu erleichtern zieht das Team jeweils immer mehrere Einzelvorgänge zu einer Vorgangsgruppe zusammen, sodass ein überschaubares Kostentableau pro Workpackage entsteht (vgl. Kostentableau).

Jubi(er)läumsactions – Kostentableau (Ausschnitt)					
Vorgangsgruppe	**Personalkosten**		**Sachkosten**		**Sonstiges**
	Intern	Extern	Externe Leistungen und Aufträge	Materialien/ Betriebsmittel	
Hair Personal	4.050,-	6.500,-	800,-	300,-	50,-
Installateur	500,-	-	7.900,-	-	-
Raum	8.300,-	-	35.000,-	2.500,-	3.000,-
Hair Technik	600,-	2.900,-	10.000,-	3.000,-	100,-
Test für Medienvertreter	200,-	4.150,-	-	100,-	-
Arbeit bei Event	500,-	18.400,-	-	2.000,-	-
Nacharbeiten	1.250,-	1.000,-	2.500,-	100,-	150,-
Summe Workpackage Beer-Hairshampooing	15.400,-	32.950,-	56.200,-	8.000,-	3.300,-
Gesamtsumme Workpackage					**115.850,-**

Nach Fertigstellung der Projektplanungen übergibt Heino Swotter das entstandene Schriftstück Herrn Bedon. Dieser meldet nach kritischer Prüfung einigen kleinere Änderungs- und Einsparungswünsche an. Selbige haben ein paar Nachbesserungen in den Plänen zur Folge. Aber schließlich erhält das Jubi(er)läumsactions-Projekt auf Empfehlung von Herrn Bedon die Freigabe zur Durchführung vom Geschäftsführer, Herrn Paunch. Er sichert auch die gemäß Planungen benötigten Mittel zu.

Das Jubi(er)läumsactions-Team beginnt plangemäß zu arbeiten. Die Arbeitspaketverantwortlichen sorgen für die Ausführung der vorgesehenen Tätigkeiten. Sie halten periodisch (alle 14 Tage) in kurzen Progress-Reports den Fortgang der Arbeiten fest und informieren über sich abzeichnende Probleme (vgl. Progress-Report). Heino Swotter als Projektleiter achtet auf die fristgerechte, qualitätsvolle, sich im präliminierten Kostenrahmen bewegende Erledigung der Aufgaben; wo Schwierigkeiten auftauchen oder größere Abweichungen von den Plänen auftreten, versucht er gemeinsam mit dem verantwortlichen Workpackageleader, die Ursachen dafür zu ergründen. Er trachtet bei der Problembewältigung zu helfen und leitet allenfalls nötige ursachenadäquate Steuerungsmaßnahmen ein. Um einen klaglosen Informationsaustausch zu gewährleisten, um den Zusammenhalt im Team zu stärken und um gemeinsam anstehende Probleme erörtern und lösen zu können, findet alle 3 Wochen ein Projektjourfix statt. Allen Workpackageleadern gelingt es so, für das Event sämtliche Attraktionen zeitgerecht bereitzustellen. Das Fest wird zu einem vollen Erfolg, zumal rund 2.000 Leute mehr als ursprünglich geplant die Attraktionen stürmen. Die allermeisten Besucher sind voll begeistert von den hippen Actions. Nachdem die letzten Gäste das Brauereigelände verlassen haben, zeigt sich Herr Paunch bei einem Gläschen Bier ebenfalls höchst zufrieden.

Progressreport

Jubi(er)läumsactions
Datum: 15. März

Workpackage: Beer-Hairshampooing
Workpackage-Leader: Susi Strebsam

% completed

Vorgang	0	25	50	75	100
Personalverträge unterzeichnen				X	
Versicherungsanmeldung Personal				X	
Adaptierungsbewilligungen einholen		X			
Leistungsverzeichnis – Installateur				X	
Kostenvoranschlag – Installateur		X			
Friseurbedarf bestellen					X

Problemmeldung:
- Kostenvoranschlag von Installateuren könnten sich verzögern, da es Schwierigkeiten bei der Formulierung des Leistungsverzeichnisses gibt; klärendes Gespräch des Projektleiters mit Architekt könnte hilfreich sein.
- Geplante Kosten für behördliche Bewilligungen werden wegen zwischenzeitlich eingetretener Gebührenerhöhung um 25 % überschritten werden.

Nach Abbau der Attraktionen und nach Erledigung aller noch anstehenden Abschlussarbeiten kommt das Jubi(er)läumsactions-Team nochmals zu einer Abschlussbesprechung zusammen, wo alle gemeinsam den Projektverlauf Revue passieren lassen, sich gegenseitig Feedback geben, den von Heino Swotter vorbereiteten Projektabschlussbericht diskutieren und den Dank der Brauereigeschäftsführung entgegen nehmen dürfen. Die um Ideen aus der Abschlussbesprechung ergänzte Endversion des Projektabschlussberichts wird Herrn Paunch übermittelt (vgl. Projektabschlussbericht). Als informellen Schlusspunkt gibt es eine große von der Brauerei ausgerichtete Feier, ehe sich Sunny Fröhlich, Othmar Gscheit und Ludwig Lustig neuen Aufgaben im Unternehmen zuwenden und ehe Heino Swotter, Rudi Pfiffig sowie Susi Strebsam sich der Beendigung ihrer Studien und dem Berufseinstieg widmen.

Jubi(er)läumsactions - Projektabschlussbericht

Ziel erreicht	Qualität	Termin	Kosten
Fünf bierbezogene Adventure-Attraktionen	ja	ja	ja
Test der Attraktionen durch Medienvertreter	ja	ja	ja
Bekanntheitsgrad der Attraktionen im Vorfeld	teilweise	ja	teilweise
Beteiligungsgrad der Besucher	übertroffen	ja	nein
Öffentlichkeitswirksamkeit (Gesprächsthema)	ja	ja	ja

Bemerkungen:

Die Attraktionen sind beim Publikum ausgesprochen gut angekommen. Im Großen und Ganzen gab es nur geringfügige Termin- und Kostenabweichungen.

Kleinere Kommunikationsprobleme mit PR-Agentur, deshalb war der Bekanntheitsgrad der Attraktionen im Vorfeld niedriger als geplant, was durch kurzfristige Werbeoffensive kompensiert wurde, die unvorhergesehene Zusatzkosten verursachte.

Alle Mitglieder des Projektteams zeigten hohes Engagement, besonders hervorhebenswert ist der Einsatz von Sunny Fröhlich und Susi Strebsam.

Anlagen: - Projektabrechnung
           - Ausschreibung und Empfehlungen für künftige Projekte
           - Feedbackbögen der Mitarbeiter
           - Besprechungsprotokolle
           - Schriftverkehr